高等职业教育系列教材

TensorFlow 深度学习实例教程

主　编　平震宇　匡　亮
副主编　邓慧斌　沈冠林　朱莹芳
参　编　凌　路　高　云　李　涛
　　　　李　阳　朱二喜　徐　佳

机械工业出版社

本书按照"强基础、重应用"的原则进行编写，在内容的安排上采用"理论+实践"的方式，由浅入深，选取的项目可以让学生很快上手。

本书主要包括 8 个项目，分别为搭建 TensorFlow 开发环境，手写数字识别：TensorFlow 初探，房价预测：前馈神经网络，服装图像识别：Keras 搭建与训练模型，图像识别：卷积神经网络，AI 诗人：循环神经网络，预测汽车油耗效率：TensorFlow.js 应用开发，花卉识别：TensorFlow Lite。

本书既可以作为高等职业院校、应用型本科院校的计算机类、电子信息类、通信类及自动化类等专业的教材，也可以作为各种技能认证考试的参考用书，还可以作为相关技术人员的参考用书。

本书配有微课视频，扫描二维码即可观看。另外，本书配有电子课件、项目代码、课程标准、电子教案，需要的教师可登录机械工业出版社教育服务网（www.cmpedu.com）免费注册，审核通过后下载，或联系编辑索取（微信：13261377872，电话：010-88379739）。

图书在版编目（CIP）数据

TensorFlow 深度学习实例教程 / 平震宇，匡亮主编．—北京：机械工业出版社，2022.11（2025.1 重印）
高等职业教育系列教材
ISBN 978-7-111-70365-5

Ⅰ．①T… Ⅱ．①平… ②匡… Ⅲ．①人工智能-算法-高等职业教育-教材 Ⅳ．①TP18

中国版本图书馆 CIP 数据核字（2022）第 041838 号

机械工业出版社（北京市百万庄大街 22 号　邮政编码 100037）
策划编辑：和庆娣　　责任编辑：和庆娣　解　芳
责任校对：张艳霞　　责任印制：张　博

北京建宏印刷有限公司印刷

2025 年 1 月第 1 版·第 4 次印刷
184mm×260mm · 15.25 印张 · 395 千字
标准书号：ISBN 978-7-111-70365-5
定价：65.00 元

电话服务　　　　　　　　　　　　网络服务
客服电话：010-88361066　　　　　机　工　官　网：www.cmpbook.com
　　　　　010-88379833　　　　　机　工　官　博：weibo.com/cmp1952
　　　　　010-68326294　　　　　金　书　网：www.golden-book.com
封底无防伪标均为盗版　　　　　　机工教育服务网：www.cmpedu.com

前言 Preface

　　党的二十大报告指出，推动战略性新兴产业融合集群发展，构建新一代信息技术、人工智能、生物技术、新能源、新材料、高端装备、绿色环保等一批新的增长引擎。人工智能是新一轮科技革命和产业变革的核心驱动力，给我国经济社会带来了极其深远的影响，既为促进经济建设注入了新动能，又为服务社会发展带来了新机遇。2019 年，全国有 171 所高职院校开设了人工智能技术服务专业，为我国人工智能技术的发展提供科技和人才支撑，推动我国人工智能技术迈向新的高度。

　　深度学习带来了机器学习技术的革命，参与了人类重大的工程挑战，比如自动驾驶、医疗诊断和预测、跨语言的自由交流、更通用的人工智能系统等领域。本书主要介绍基于深度学习的基本概念以及 TensorFlow 深度学习框架应用开发技术，不仅介绍了深度学习的基础理论和主流的模型及算法（包括神经网络、卷积神经网络、循环神经网络等），而且重点讲解了如何基于 TensorFlow 框架针对不同的应用场景进行深度学习模型的选择、构建和应用。TensorFlow 是 Google 于 2011 年发布的用于机器学习和深度学习功能的开源框架，在学术、科研和工业领域得到了广泛应用。

　　本书省略了烦琐的深度学习数学模型的推导，从实际应用问题出发，通过具体的项目介绍如何使用深度学习解决实际问题，主要包括手写数字识别、房价预测、服装图像识别、AI 诗人、花卉识别等经典深度学习项目。在项目讲解过程中深入浅出地介绍了 TensorFlow 常用模块的使用方法，建立和训练模型的方式，在服务器、嵌入式设备和浏览器等平台部署模型的方法。本书包括 8 个项目，分别为搭建 TensorFlow 开发环境，手写数字识别：TensorFlow 初探，房价预测：前馈神经网络，服装图像识别：Keras 搭建与训练模型，图像识别：卷积神经网络，AI 诗人：循环神经网络，预测汽车油耗效率：TensorFlow.js 应用开发和花卉识别：TensorFlow Lite。

　　本书的编写理念是"以学生能力提升为本位"，指导原则是"理论以够用为度，技能以实用为本"，编写团队精心设置教学内容，重构知识与技能组织形式，体现案例教学、任务驱动等教学改革成果。本书主要特色与创新如下。

1. 编写主体体现校企双元组合

　　职业教育的课堂教学需要及时反映技术发展的最新动态，为了编写出高质量的工作手册式教材，制定合理的编写流程，需明确学校编写人员和企业编写人员的科学分工。企业编写人员将企业案例汇聚到实践项目中，把企业项目转化为教学项目，学校编写人员按照教学规律对技术内容进行适当转化和合理编排，这实质上是人才供需双方在人才培养目标和培养方式上达成共识的过程，也是一种取长补短、优势互补的协同化工作方式。

2. 教材内容项目化

按照人工智能专业高素质技能人才必备的素质、知识和能力要求,将这些目标落实在基于真实工作过程的学习性工作任务载体中,围绕"将真实企业项目转化为教学任务,以项目为背景,以知识为主线,以提高能力和兴趣为目的,全面提升技能水平和职业素养"的思路进行教材设计,完整呈现企业典型项目的开发过程。

3. 将"1+X"内容充分融入教材,职业技能标准规范化

本书涉及的知识点在"1+X"计算机视觉应用开发职业技能等级证书考核体系中占有相当大的比例,深入研究职业技能等级标准与有关专业教学标准,将证书培训考核知识点有机融入教材内容,推进书证融通、课证融通。积极发挥职业技能等级证书在促进院校人才培养、实施职业技能水平评价等方面的优势。

本书编写团队由江苏省科技创新团队、江苏省青蓝工程优秀教学团队核心成员、国家精品在线开放课程开发团队中的骨干教师组成,包括平震宇、匡亮、沈冠林、朱莹芳、凌路、高云、李涛、李阳、朱二喜。同时,吸收了知名企业一线专家深度参与本书的编写,无锡新思联信息技术有限公司的邓慧斌、徐佳,联合新大陆、澳鹏科技(无锡)有限公司以及瀚云科技有限公司等企业将其项目转化为教学项目。

在本书的编写过程中,得到了江苏信息职业技术学院孙萍、顾晓燕、华驰等老师的大力支持与帮助,他们为本书的编写提出了许多宝贵的意见和建议,在此向他们表示衷心的感谢。

虽然对书中所述内容尽量核实,并进行了多次文字校对,但因时间所限,书中难免有疏漏之处,恳请广大读者批评指正。

编 者

二维码资源清单

序号	名称	页码	序号	名称	页码
1	1.1 人工智能、机器学习与深度学习	2	34	4.5 任务4：花卉识别	125
2	1.1.1 人工智能	2	35	4.5.3 构建与训练模型	129
3	1.1.2 机器学习	2	36	项目5 图像识别：卷积神经网络	132
4	1.2.1 深度学习发展简史	5	37	5.1 认识卷积神经网络	133
5	1.2.3 深度学习的应用	9	38	5.2 卷积神经网络的基本结构	135
6	1.3 任务1：认识深度学习框架	13	39	5.2.1～5.2.3 卷积运算、填充、步长	135
7	2.1 TensorFlow 架构	27	40	5.2.4～5.2.5 多输入通道和多输出通道、池化层	138
8	2.1.4 TensorFlow 运行机制	31	41	5.3 TensorFlow对卷积神经网络的支持	140
9	2.2.1 张量的阶	32	42	5.4 任务1：识别CIFAR-10 图像	145
10	2.2.2 现实世界中的数据张量	35	43	5.4.2 CIFAR-10 数据集	146
11	2.2.3 MNIST 数据集	39	44	5.5 任务2：搭建经典卷积网络	150
12	2.2.4 索引与切片	43	45	5.5.2 AlexNet	152
13	2.2.5 维度变换-1	47	46	5.5.3 VGG 系列	154
14	2.2.5 维度变换-2	47	47	5.5.4 ResNet-1	156
15	2.2.6 广播机制	51	48	5.5.4 ResNet-2	156
16	2.3.1 合并与拼接	54	49	项目6 AI诗人：循环神经网络	164
17	2.3.2 最大值、最小值、均值、和	58	50	6.1 认识循环神经网络	165
18	2.3.3～2.3.5 张量比较、排序、取值	60	51	6.2 任务1：电影评论分类	167
19	项目3 房价预测：前馈神经网络	67	52	6.2.4 SimpleRNNCell 使用方法	171
20	3.1 任务1：实现一元线性回归模型	68	53	6.2.5 RNN 分类 IMDb 数据集	173
21	3.2.1 神经元	72	54	6.3.1 长短期记忆（LSTM）	176
22	3.2.2 激活函数	74	55	6.3.2 文本生成：AI诗人	178
23	3.3 任务2：房价预测	78	56	7.1 认识 TensorFlow.js	187
24	3.4.1 前馈神经网络拓扑结构	87	57	7.1.2 TensorFlow.js 的核心概念——模型与内存管理	188
25	3.4.2 损失函数	89	58	7.2 任务1：预测汽车油耗效率-1	194
26	3.4.3 反向传播算法	92	59	7.2 任务1：预测汽车油耗效率-2	194
27	3.4.4 梯度下降算法	95	60	7.3 任务2：手写数字识别-1	200
28	4.1 认识 tf.keras	103	61	7.3 任务2：手写数字识别-2	200
29	4.1.1～4.1.3 Keras 与 tf.keras、层、模型	103	62	8.1 认识 TensorFlow Lite	212
30	4.2 任务1：服装图像识别	108	63	8.2 TensorFlow Lite 体系结构	213
31	4.2.2 训练模型	111	64	8.3 任务1：TensorFlow Lite 开发工作流程	216
32	4.3 任务2：保存与加载模型	116	65	8.4.1 选择模型	221
33	4.4 任务3：tf.data 优化训练数据	120	66	8.4.2 Android 部署	226

目录 Contents

前言
二维码资源清单

项目 1 搭建 TensorFlow 开发环境 ... 1

项目描述 ... 1
思维导图 ... 1
项目目标 ... 1

1.1 人工智能、机器学习与深度学习 ... 2
1.1.1 人工智能 ... 2
1.1.2 机器学习 ... 2
1.1.3 深度学习 ... 4

1.2 深度学习简介 ... 5
1.2.1 深度学习发展简史 ... 5
1.2.2 深度学习的工作原理 ... 7
1.2.3 深度学习的应用 ... 9

1.3 任务 1：认识深度学习框架 ... 13
1.3.1 TensorFlow ... 13
1.3.2 Keras ... 14
1.3.3 PyTorch ... 14
1.3.4 Caffe ... 15
1.3.5 MXNet ... 15
1.3.6 PaddlePaddle ... 16

1.4 任务 2：搭建深度学习开发环境 ... 17
1.4.1 安装 Anaconda ... 17
1.4.2 使用 Conda 管理环境 ... 20
1.4.3 安装 TensorFlow ... 21
1.4.4 常用编辑器 ... 22

拓展项目 ... 24

项目 2 手写数字识别：TensorFlow 初探 ... 26

项目描述 ... 26
思维导图 ... 26
项目目标 ... 26

2.1 TensorFlow 架构 ... 27
2.1.1 TensorFlow 架构图 ... 27
2.1.2 TensorFlow 1.x 和 2.0 之间的差异 ... 28
2.1.3 TensorFlow 数据流图 ... 29
2.1.4 TensorFlow 运行机制 ... 31

2.2 任务 1：张量的基本操作 ... 32
2.2.1 张量的阶、形状、数据类型 ... 32
2.2.2 现实世界中的数据张量 ... 35
2.2.3 MNIST 数据集 ... 39
2.2.4 索引与切片 ... 43
2.2.5 维度变换 ... 47
2.2.6 广播机制 ... 51

2.3 任务 2：张量的进阶操作 ... 54
2.3.1 合并与分割 ... 54
2.3.2 最大值、最小值、均值、和 ... 58
2.3.3 张量比较 ... 60
2.3.4 张量排序 ... 63
2.3.5 张量中提取数值 ... 64

拓展项目 ... 65

项目 3 房价预测：前馈神经网络 67

项目描述 67
思维导图 67
项目目标 67

3.1 任务1：实现一元线性回归模型 68
3.1.1 准备数据 69
3.1.2 构建模型 69
3.1.3 迭代训练 70
3.1.4 保存和读取模型 71

3.2 认识神经网络 72
3.2.1 神经元 72
3.2.2 激活函数 74

3.3 任务2：房价预测 78
3.3.1 准备数据集 79
3.3.2 构建模型 81
3.3.3 训练模型 83

3.4 前馈神经网络 87
3.4.1 前馈神经网络拓扑结构 87
3.4.2 损失函数 89
3.4.3 反向传播算法 92
3.4.4 梯度下降算法 95

拓展项目 100

项目 4 服装图像识别：Keras 搭建与训练模型 102

项目描述 102
思维导图 102
项目目标 102

4.1 认识 tf.keras 103
4.1.1 Keras 与 tf.keras 103
4.1.2 层（Layer） 104
4.1.3 模型（Model） 106

4.2 任务1：服装图像识别 108
4.2.1 构建模型 108
4.2.2 训练模型 111
4.2.3 评估模型 115

4.3 任务2：保存与加载模型 116
4.3.1 SavedModel 方式保存模型 117
4.3.2 H5 格式保存模型 118
4.3.3 检查点（Checkpoint）格式保存模型 119

4.4 任务3：tf.data 优化训练数据 120
4.4.1 训练数据输入模型的方法 120
4.4.2 tf.data API 121
4.4.3 tf.data.Dataset 122

4.5 任务4：花卉识别 125
4.5.1 下载图片 125
4.5.2 构建花卉数据集 127
4.5.3 构建与训练模型 129
4.5.4 保存与加载模型 130

拓展项目 131

项目 5 图像识别：卷积神经网络 132

项目描述 132
思维导图 132
项目目标 132

5.1 认识卷积神经网络 133

5.1.1 卷积神经网络发展历史 133
5.1.2 全连接神经网络的问题 134

5.2 卷积神经网络基本结构 135
5.2.1 卷积运算 135
5.2.2 填充 136
5.2.3 步长 137
5.2.4 多输入通道和多输出通道 138
5.2.5 池化层 139

5.3 TensorFlow 对卷积神经网络的支持 140
5.3.1 卷积函数 141
5.3.2 池化函数 144

5.4 任务 1：识别 CIFAR-10 图像 145
5.4.1 卷积网络的整体结构 145

5.4.2 CIFAR-10 数据集 146
5.4.3 构造卷积神经网络模型 148
5.4.4 编译、训练并评估模型 149

5.5 任务 2：搭建经典卷积网络 150
5.5.1 图像识别的难题 151
5.5.2 AlexNet 152
5.5.3 VGG 系列 154
5.5.4 ResNet 156

5.6 任务 3：ResNet 实现图像识别 158
5.6.1 ResNet 模型结构 158
5.6.2 BasicBlock 类 159
5.6.3 搭建 ResNet 网络模型 160
5.6.4 加载数据集并训练模型 162

拓展项目 163

项目 6　AI 诗人：循环神经网络 164

项目描述 164
思维导图 164
项目目标 164

6.1 认识循环神经网络 165
6.1.1 循环神经网络发展历史 165
6.1.2 循环神经网络的应用 166
6.1.3 循环神经网络的作用 166

6.2 任务 1：电影评论分类 167
6.2.1 IMDb 数据集 167

6.2.2 使用全连接神经网络 169
6.2.3 循环神经网络典型结构 170
6.2.4 SimpleRNNCell 使用方法 171
6.2.5 RNN 分类 IMDb 数据集 173
6.2.6 RNN 梯度消失 176

6.3 任务 2：AI 诗人 176
6.3.1 长短期记忆（LSTM） 176
6.3.2 文本生成：AI 诗人 178

拓展项目 184

项目 7　预测汽车油耗效率：TensorFlow.js 应用开发 186

项目描述 186
思维导图 186
项目目标 186

7.1 认识 TensorFlow.js 187

7.1.1 TensorFlow.js 的优点 187
7.1.2 TensorFlow.js 的核心概念 188
7.1.3 TensorFlow.js 环境配置 190

7.2 任务 1：预测汽车油耗效率 193

7.2.1	创建主页并加载数据	194	7.3.2 创建相关文件	201
7.2.2	定义模型结构	196	7.3.3 定义模型结构	203
7.2.3	数据预处理	196	7.3.4 训练模型	206
7.2.4	训练与测试模型	197	7.3.5 使用模型进行评估与预测	208

7.3 任务 2：手写数字识别 200

7.3.1 从 GitHub 获取源码并运行 200

拓展项目 210

项目 8 花卉识别：TensorFlow Lite 211

项目描述 211
思维导图 211
项目目标 211

8.1 认识 TensorFlow Lite 212

8.1.1 TensorFlow Lite 发展历史 212
8.1.2 TensorFlow Lite 的应用 213

8.2 TensorFlow Lite 体系结构 213

8.2.1 TensorFlow Lite 整体架构 213
8.2.2 TensorFlow Lite 转换器 214
8.2.3 FlatBuffers 格式 215
8.2.4 TensorFlow Lite 解释执行器 215

8.3 任务 1：TensorFlow Lite 开发工作流程 216

8.3.1 选择模型 216
8.3.2 模型转换 218
8.3.3 模型推理 219
8.3.4 优化模型 220

8.4 任务 2：TensorFlow Lite 实现花卉识别 220

8.4.1 选择模型 221
8.4.2 Android 部署 226

拓展项目 233

参考文献 234

项目 1　搭建 TensorFlow 开发环境

项目描述

自 AlphaGo 人机大战重新掀起人工智能热潮以来，人工智能经历了炒作与狂热、泡沫褪去后落地的艰难以及隐私伦理的挑战。2020 年，人工智能与产业的结合前所未有的紧密。在全球抗疫的背景下，人工智能在医疗、城市治理、工业、非接触服务等领域快速响应，从云端落地，在疫情期间，提高了抗疫的整体效率。目前，经济恢复与发展成为重点，新基建赋予了人工智能全新的使命，要求人工智能技术发挥未来产业头雁效应，通过与传统产业的深度融合，助力实体经济向数字化、智能化转型，催生新的业态，实现新的蜕变、新的发展。

TensorFlow 是开源的端到端机器学习平台，提供了丰富的工具链，推动了机器学习的前沿研究，支撑了大规模生产使用，支持多平台灵活部署。本项目将从人工智能、机器学习、深度学习的概念，TensorFlow 与深度学习之间的关系及其特点，其他主流深度学习框架的特点几个方面展开阐述，展示了 TensorFlow 的下载及其在不同平台上的安装方法，以及 TensorFlow 开发工具（如 Anaconda、PyCharm、Jupyter Notebook）的下载、安装和使用。

思维导图

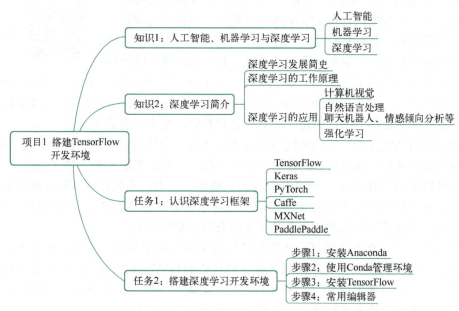

项目目标

1. 知识目标
- 掌握人工智能基本概念。
- 掌握机器学习与深度学习基本概念以及两者间关系。
- 了解深度学习的发展历史。
- 了解深度学习的工作原理。

- 了解深度学习的应用。
- 熟悉深度学习常见框架特点与优缺点。

2. 技能目标

- 能搭建 TensorFlow 开发环境。
- 能下载 TensorFlow 并在不同平台上安装。
- 能使用 Conda 管理开发环境。
- 能下载、安装和使用 TensorFlow 开发工具（如 Anaconda、PyCharm、Jupyter Notebook）。
- 能使用常用的编辑工具。

1.1 人工智能、机器学习与深度学习

人工智能诞生于 20 世纪 50 年代，当时计算机科学这一新兴领域的少数先驱开始提出疑问：计算机是否能够"思考"？人们希望计算机能够帮助甚至代替人类完成重复性劳动。计算机要像人类一样完成更多智能工作，如自动驾驶，计算机需要判断哪里是路，哪里是障碍。这些对人来说是常识的知识对于计算机却是非常困难的。

1.1 人工智能、机器学习与深度学习

1.1.1 人工智能

随着人工智能技术的发展和应用，人工智能分为强人工智能和弱人工智能。强人工智能认为有可能制造出真正能推理和解决问题的智能机器，这样的机器是有知觉的、有自我意识的。强人工智能可以有两类：一类是类人的人工智能，即机器的思考和推理就像人的思维一样；另一类是非类人的人工智能，即机器产生了和人完全不一样的知觉和意识，使用和人完全不一样的推理方式。弱人工智能认为不可能制造出能真正推理和解决问题的智能机器，这些机器只不过看起来像是智能的，但是并不真正拥有智能，也不会有自主意识。

1.1.1 人工智能

人工智能的简洁定义为：努力将通常由人类完成的智力任务自动化。约翰·麦卡锡于 1955 年对人工智能的定义为：制造智能机器的科学与工程。安德里亚斯·卡普兰（Andreas Kaplan）和迈克尔·海恩莱因（Michael Haenlein）将人工智能定义为：系统正确解释外部数据，从这些数据中学习，并利用这些知识通过灵活适应实现特定目标和任务的能力。维基百科对人工智能的定义为：人工智能是指由人制造出来的机器所表现出来的智能。

人工智能是一个综合性的领域，不仅包括机器学习与深度学习，还包括很多不涉及学习的方法。例如，早期的国际象棋程序仅包含程序员精心编写的硬编码规则，并不属于机器学习。在相当长的时间内，许多专家相信，只要程序员精心编写足够多的明确规则来处理知识，就可以实现与人类水平相当的人工智能。这一方法被称为符号主义人工智能（Symbolic AI），从 20 世纪 50—80 年代末，它是人工智能的主流范式。在 20 世纪 80 年代的专家系统（Expert System）热潮中，这一方法的热度达到了顶峰。

1.1.2 机器学习

1.1.2 机器学习

机器学习（Machine Learning，ML）是人工智能的核心，机器学习是一种能够赋予机器学

习的能力以此让它完成直接编程无法完成的功能的方法。但从实践的意义上来说，机器学习是一种利用数据训练出模型，然后使用模型进行预测的一种方法。

阿兰·图灵在其 1950 年发表的具有里程碑意义的论文《计算机器和智能》中，介绍了图灵测试以及日后人工智能所包含的重要概念。图灵还思考了这样一个问题：通用计算机是否能够学习与创新？他得出的结论是"能"。机器学习的概念就来自图灵的这个问题：对于计算机而言，除了"我们命令它做的任何事情"之外，它能否自我学习执行特定任务的方法？如果没有程序员精心编写的数据处理规则，计算机能否通过观察数据自动学会这些规则？

图灵的这个问题引出了一种新的编程范式。如图 1-1 所示，在经典的程序设计（即符号主义人工智能的范式）中，人们输入的是规则（即程序）和需要根据这些规则进行处理的数据，系统输出的是答案；利用机器学习，人们输入的是数据和从这些数据中预期得到的答案，系统输出的是规则，这些规则随后可应用于新的数据，并使计算机自主生成答案。

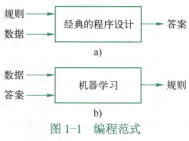

图 1-1　编程范式

a）经典的程序设计　b）机器学习

机器学习系统不是用程序编写出来的，而是用数据训练出来的。机器学习会用到各种算法与模型，使用数据不断训练机器学习算法，便可以生成基于这些数据更精准的模型。训练后，向模型中输入数据，便会获得相应的结果。

假设人们去买西瓜，想要挑选出好的西瓜，可是如何挑选？想一想做决策的过程，妈妈说瓜藤呈卷曲状的西瓜比瓜藤是直的好，所以就有了一个简单的判别标准：瓜藤是卷曲状的西瓜是好西瓜。如果希望学习成一个判断没剖开的西瓜是不是好瓜的模型，需要建立像预测西瓜好坏这样的关于预测（Prediction）的模型，需要获得训练样本的结果信息，比如（（色泽=青绿，瓜藤=卷曲，敲声=浊响），好瓜）。然后将这些数据提供给一个机器学习算法，它就能学习出一个关于西瓜的特征和它是不是好西瓜之间的一个模型。下次再去买西瓜就将新的西瓜特征（机器学习中叫作测试数据）输入计算机，不再需要考虑挑选出好西瓜的细节，训练出的模型就会直接输出这个西瓜是不是好瓜的结果。更重要的是，可以让这个模型随着时间变得越来越好，这个模型读入更多的训练数据，它就会更加准确，并且在做了错误的预测之后可以进行自我修正（机器学习中叫作强化学习）。

上面这个过程其实就是一个机器学习的过程，如果有一部分带标签的训练数据（知道是不是好西瓜的数据），则称之为监督学习。

如果只知道西瓜的特征，完全无法判断这些西瓜是不是好瓜该怎么办？也没有关系，可以将观察到的西瓜特征输入计算机，机器学习方法可以自己获取数据的内部模式，通过分析输出，往往可以得到有价值的信息，这种方式称之为非监督学习。非监督学习没有带标签的训练数据（只知道西瓜的特征，而不知道是否是好西瓜）。

这还不是最好的地方，最好的地方在于可以用同样的机器学习算法去训练不同的模型，比如可以使用同样的机器算法来预测苹果、橘子的模型，这是常规计算机程序办不到的。机器学习就是设计一个算法模型来处理数据，输出人们想要的结果，人们可以针对算法模型进行不断调优，形成更准确的数据处理能力。

机器学习的应用领域十分广泛，如数据挖掘、数据分类、计算机视觉、自然语言处理（NLP）、生物特征识别、搜索引擎、医学诊断、证券市场分析、DNA 序列测序、语音和手写识别、战略游戏和机器人运用等。

机器学习算法可以分为三个大类——监督学习、无监督学习和强化学习。

1）监督学习：对训练有标签的数据可用，但是对于其他没有标签的数据，则需要预估。

2）无监督学习：用于对无标签数据集（数据没有预处理）的处理，此时需要发掘其内在关系。

3）强化学习：介于两者之间，虽然没有精准的标签或者错误信息，但是对于每个可预测的步骤或者行为，会有某种形式的反馈。

1.1.3 深度学习

在机器学习中，有一门通过神经网络来学习复杂、抽象逻辑的方向，称为神经网络。神经网络方向的研究经历了两起两落，并从 2012 年开始，由于效果极为显著，深层神经网络技术在计算机视觉、自然语言处理、机器人等领域的应用取得了重大突破，部分任务甚至超越了人类智能水平，开启了以深层神经网络为代表的人工智能的第三次复兴。深层神经网络有一个新名字，叫作深度学习，一般来讲，神经网络和深度学习的本质区别并不大，深度学习特指基于深层神经网络实现的模型或算法。人工智能、机器学习、神经网络、深层神经网络之间的关系如图 1-2 所示。

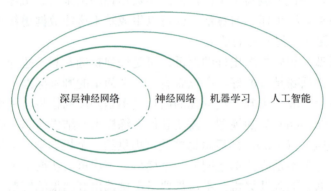

图 1-2 人工智能、机器学习、神经网络、深层神经网络之间的关系

神经网络算法是一类通过神经网络从数据中学习的算法，它仍然属于机器学习的范畴。受限于计算能力和数据量，早期的神经网络层数较浅，一般为 1~4 层，网络表达能力有限。随着计算能力的提升和大数据时代的到来，高度并行化的 GPU 和海量数据让大规模神经网络的训练成为可能。

2006 年，Geoffrey Hinton 首次提出深度学习的概念，2012 年，8 层的深层神经网络 AlexNet 发布，其性能在图片识别竞赛中有了巨大的提升，此后数十层、数百层甚至上千层的神经网络模型被相继提出，展现出深层神经网络强大的学习能力。人们一般将利用深层神经网络实现的算法或模型称作深度学习，本质上神经网络和深度学习是相同的。

深度学习算法与其他算法的对比如图 1-3 所示。基于规则的系统一般会编写显式的规则逻辑，这些逻辑一般是针对特定的任务设计的，并不适合其他任务。传统机器学习算法一般会人为设计具有一定通用性的特征检测方法，如 SIFT、HOG 特征，这些特征能够适合某一类的任务，具有一定的通用性，但是如何设计特征方法、特征方法的好坏是问题的关键。神经网络的出现，使得人为设计特征的这一部分工作可以通过神经网络让机器自动学习，不需要人类干预。但是浅层神经网络的特征提取能力较为有限，而深层神经网络擅长提取深层、抽象的高层特征，因此具有更好的性能表现。

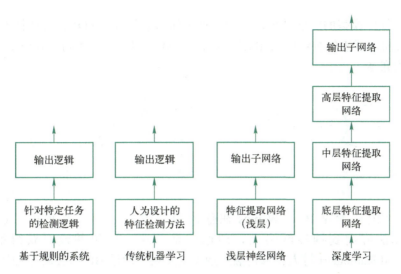

图 1-3　深度学习算法与其他算法的对比

深度学习是机器学习的一个分支领域；它是从数据中学习表示的一种新方法，强调从连续的层（Layer）中学习，这些层对应于越来越有意义的表示。"深度学习"中的"深度"指的并不是利用这种方法所获取的更深层次的理解，而是指一系列连续的表示层。数据模型中包含多少层，这被称为模型的深度（Depth）。这一领域的其他名称包括分层表示学习（Layered Representations Learning）和层级表示学习（Hierarchical Representations Learning）。深度学习通常包含数十个甚至上百个连续的表示层，这些表示层都是从训练数据中自动学习的。与此相反，其他机器学习方法的重点往往是仅仅学习一两层的数据表示，因此有时也被称为浅层学习（Shallow Learning）。

1.2　深度学习简介

在深度学习中，这些分层表示几乎总是通过神经网络（Neural Network）的模型来学习得到的。神经网络这一术语来自神经生物学，虽然深度学习的一些核心概念是从人们对大脑的理解中汲取部分灵感而形成的，但深度学习模型不是大脑模型。没有证据表明大脑的学习机制与深度学习所使用的模型相同。一些科普文章宣称深度学习的工作原理与大脑相似或者是根据大脑的工作原理进行建模的，但事实并非如此。

1.2.1　深度学习发展简史

1943 年，心理学家 Warren McCulloch 和逻辑学家 Walter Pitts 根据生物神经元（Neuron）结构，提出了最早的神经元数学模型，称为 MP（McCulloch-Pitts）神经元模型，如图 1-4 所示。

1958 年，美国心理学家 Frank Rosenblatt 提出了第一个可以自动学习权重的神经元模型，称为感知机（Perceptron），如图 1-5 所示。

1943—1969 年是人工智能发展的第一次兴盛期。1969 年，美国科学家 Marvin Minsky 等人指出了感知机等线性模型的主要缺陷，即无法处理简单的异或（XOR）等线性不可分问题。这直接导致以感知机为代表的神经网络相关研究进入了低谷期，一般认为 1969—1982 年为人工智能发展的第一次寒冬。

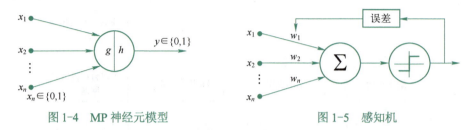

图 1-4　MP 神经元模型　　　　　　图 1-5　感知机

1974 年，美国科学家 Paul Werbos 在他的博士论文中第一次提出可以将 BP（Back Propagation）算法应用到神经网络上，遗憾的是，这一成果并没有获得足够重视。直至 1986 年，David Rumelhart 等人在《自然》杂志上发表了通过 BP 算法来表征学习的论文，BP 算法才获得了广泛的关注。

1982 年，John Hopfield 的循环连接 Hopfield 网络的提出，开启了 1982—1995 年的第二次人工智能复兴的大潮，这段时间相继提出了卷积神经网络、循环神经网络、反向传播算法等算法模型。1986 年，David Rumelhart 和 Geoffrey Hinton 等人将 BP 算法应用在多层感知机上；1989 年，Yann LeCun 等人将 BP 算法应用在手写数字图片识别上，取得了巨大成功，这套系统成功商用在邮政编码识别、银行支票识别等系统上；1997 年，应用最为广泛的循环神经网络变种之一 LSTM 被 Jürgen Schmidhuber 提出；同年双向循环神经网络也被提出。

遗憾的是，神经网络的研究随着以支持向量机（Support Vector Machine，SVM）为代表的传统机器学习算法的兴起而逐渐进入低谷，称为人工智能的第二次寒冬。支持向量机拥有严格的理论基础，需要的样本数量较少，同时也具有良好的泛化能力，相比之下，神经网络理论有基础欠缺、可解释性差、很难训练深层网络、性能一般等缺点。

神经网络发展时间线如图 1-6 所示。

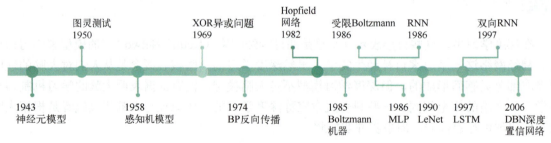

图 1-6　神经网络发展时间线

通常将神经网络的发展历程大致分为浅层神经网络阶段和深度学习阶段，以 2006 年为分割点。2006 年之前，深度学习以神经网络和连接主义的形式发展，历经了两次兴盛和两次寒冬；在 2006 年，Geoffrey Hinton 首次将深层神经网络命名为深度学习，开启了深度学习的第 3 次复兴之路。

2006 年，Geoffrey Hinton 等人发现通过逐层预训练的方式可以较好地训练多层神经网络，并在 MNIST 手写数字图片数据集上取得了优于 SVM 的效果，开启了第 3 次人工智能的复兴。在论文中，Geoffrey Hinton 首次提出了 Deep Learning 的概念，这也是（深层）神经网络被叫作深度学习的由来。2011 年，Xavier Glorot 提出了线性整流单元（Rectified Linear Unit, ReLU）激活函数，这是现在使用最为广泛的激活函数之一。2012 年，Alex Krizhevsky 提出了 8 层的深层神经网络 AlexNet，它采用 ReLU 激活函数，并使用 Dropout 技术防止过拟合，同时抛弃了逐层预训练的方式，直接在两块 GTX580 GPU 上训练网络。AlexNet 在 ILSVRC-2012 图片识别比赛中获得了第一名，比第二名在 Top-5 错误率上降低了 10.9%。

自 AlexNet 模型提出后，各种各样的算法模型相继被发表，主要有 VGG 系列、GoogLeNet、ResNet 系列、DenseNet 系列等，其中 ResNet 系列网络实现简单，效果显著，很快将网络的层数提升至数百层，甚至上千层，同时保持性能不变甚至更好。

除了有监督学习领域取得了惊人的成果，在无监督学习和强化学习领域也取得了巨大的成绩。2014 年，Ian Goodfellow 提出了生成对抗网络（GAN），通过对抗训练的方式学习样本的真实分布，从而生成逼真度较高的图片。此后，大量的生成对抗网络模型被提出，最新的图片生成效果已经达到了肉眼难辨真伪的逼真度。2016 年，DeepMind 公司将深度神经网络应用到强化学习领域，提出了 DQN 算法，在 Atari 游戏平台中的 49 个游戏取得了人类相当甚至超越人类的水平；在围棋领域，DeepMind 提出的 AlphaGo 和 AlphaGo Zero 智能程序相继打败了人类职业围棋高手李世石、柯洁等；在多智能体协作的 DOTA2 游戏平台，OpenAI 开发的 OpenAI Five 智能程序在受限游戏环境中打败了 TI8 冠军 OG 队，展现出了大量专业级的高层智能的操作。图 1-7 列出了 2006 —2019 年深度学习重大事件的时间节点。

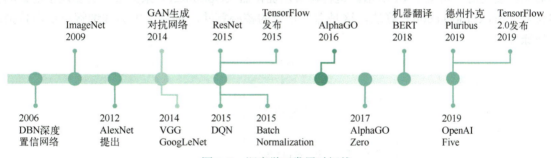

图 1-7　深度学习发展时间线

1.2.2　深度学习的工作原理

机器学习是将输入（如图像）映射到目标（如标签"猫"），这一过程是通过观察许多输入和目标的示例来完成的。深度神经网络通过一系列简单的数据变换（层）来实现这种输入到目标的映射，而这些数据变换都是通过观察示例学习到的。下面具体介绍这种学习过程是如何发生的。

神经网络中每层对输入数据所做的具体操作保存在该层的权重（Weight）中，其本质是一串数字。用术语来说，每层实现的变换由其权重来参数化（Parameterize），如图 1-8 所示。权重有时也被称为该层的参数（Parameter）。在这种语境下，"学习"的意思是为神经网络的所有层找到一组权重值，使得该网络能够将每个示例输入与其目标正确地一一对应。但其重点是一个深度神经网络可能包含数千万个参数。找到所有参数的正确取值可能是一项非常艰巨的任务，特别需要考虑的是修改某个参数值将会影响其他所有参数的行为。

想要控制一件事物，首先需要观察它。想要控制神经网络的输出，就需要衡量该输出与预期值之间的距离。这是神经网络损失函数（Loss Function）的任务，该函数也叫目标函数

（Objective Function）。损失函数的输入是网络预测值与真实目标值（即希望网络输出的结果），然后计算一个距离值，衡量该网络在这个示例上的效果好坏，如图1-9所示。

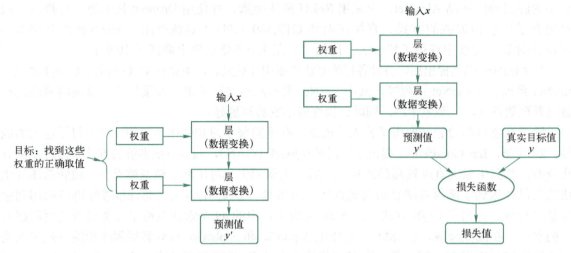

图1-8　神经网络由其权重来参数化　　　　图1-9　损失函数用来衡量网络输出结果的质量

深度学习的基本技巧是利用这个距离值作为反馈信号来对权重值进行微调，以降低当前示例对应的损失值，如图1-10所示。这种调节由优化器（Optimizer）来完成，它实现了所谓的反向传播（BackPropagation）算法，这是深度学习的核心算法。项目2中会详细解释反向传播的工作原理。

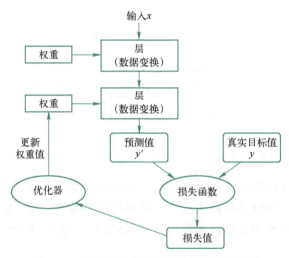

图1-10　将损失值作为反馈信号来调节权重

一开始对神经网络的权重随机赋值，因此网络只是实现了一系列随机变换。其输出结果自然也和理想值相去甚远，损失值也很高。但随着网络处理的示例越来越多，权重值也在向正确的方向逐步微调，损失值也逐渐降低。这就是训练循环（Training Loop），将这种循环重复足够多的次数（通常对数千个示例进行数十次迭代），得到的权重值可以使损失函数最小。具有最小损失的网络，其输出值与目标值尽可能接近，这就是训练好的网络。再次强调，这是一个简单的机制，一旦具有足够大的规模，将会产生魔法般的效果。

1.2.3 深度学习的应用

深度学习模型中单个生物性的神经元或者说单个特征不是智能的，但是大量的神经元或者特征作用在一起往往能够表现出智能。深度学习的一个目标是设计能够处理各种任务的算法，然而截至目前深度学习的应用仍然需要一定程度的特征化。例如，计算机视觉中的任务对每一个样本都需要处理大量的输入特征（像素），自然语言处理任务的每一个输入特征都需要对大量的可能值（如词汇表中的词）建模。

相比 20 世纪 80 年代，如今神经网络的精度以及处理任务的复杂度都有一定提升，其中一个关键的因素就是网络规模的巨大提升。在过去的 30 多年内，网络规模是以指数级的速度递增的。然而如今的人工神经网络的规模也仅仅和昆虫的神经系统差不多。深度学习算法已经广泛应用到人们生活的角角落落，如 Facebook 开发的一个移动应用，可以让盲人或者视力障碍者像正常人一样浏览照片；微软的 Skype 能够将语音实时翻译成不同的语言；Google Mail 可以代替用户自动回复电子邮件等。下面将介绍深度学习的一些主流应用。

1. 计算机视觉

计算机视觉就是深度学习应用中最活跃的研究方向之一。因为视觉是一个对人类以及许多动物毫不费力，但对计算机却充满挑战的任务。计算机视觉的应用广泛：从复现人类视觉能力（比如识别人脸）到创造全新的视觉能力。

1）图片识别（Image Classification）是常见的分类问题。神经网络的输入为图片数据，输出为当前样本属于每个类别的概率，通常选取概率值最大的类别作为样本的预测类别。图片识别是最早成功应用深度学习的任务之一，经典的网络模型有 VGG 系列（见图 1-11）、Inception 系列、ResNet 系列等。

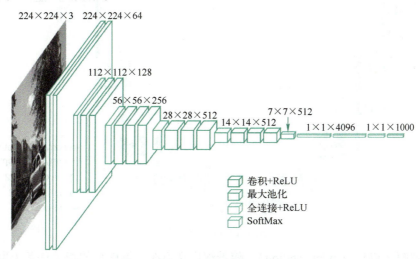

图 1-11 VGG 网络模型

2）目标检测（Object Detection）是指通过算法自动检测出图片中常见物体的大致位置，通常用边界框（Bounding box）表示，并分类出边界框中物体的类别信息。常见的目标检测算法有 R-CNN、Fast R-CNN、Faster R-CNN、Mask R-CNN、SSD、YOLO（见图 1-12）等。

3）语义分割（Semantic Segmentation）是通过算法自动分割并识别出图片中的内容，可以将语义分割理解为每个像素点的分类问题，分析每个像素点属于物体的类别。常见的语义分割模型有 FCN、U-Net（见图 1-13）、SegNet、DeepLab 等。

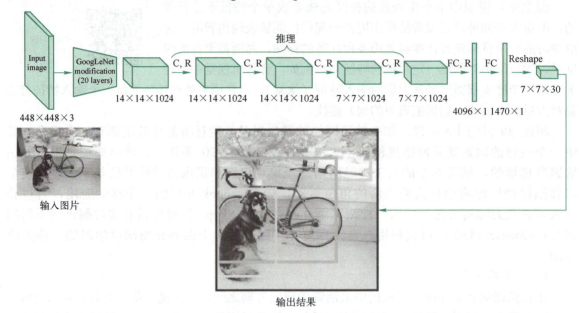

图 1-12　YOLO 算法

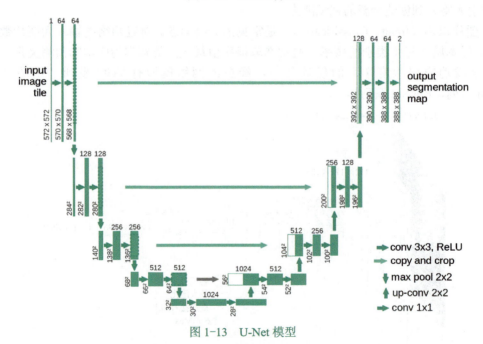

图 1-13　U-Net 模型

4）视频理解（Video Understanding）。随着深度学习在二维图片的相关任务上取得较好的效果，具有时间维度信息的三维视频理解任务受到越来越多的关注。常见的视频理解任务有视频分类、行为检测、视频主体抽取等。常用的模型有 C3D、TSN、DOVF、TS-LSTM 等。

5）图片生成（Image Generation）。通过学习真实图片的分布，并从学习到的分布中采样而获得逼真度较高的生成图片。目前主要的生成模型有 VAE 系列、GAN 系列等。其中，GAN 系列算法近年来取得了巨大的进展,最新的 GAN 模型产生的图片样本达到了肉眼难辨真伪的效果,GAN 模型生成的图片如图 1-14 所示。由于生成模型已经是深度学习研究的指导原则,因此还有大量图像合成工作使用了深度模型。尽管图像合成通常不包括在计算机视觉内,但是能够进行图像合成的模型通常用于图像恢复,即完成修复图像中的缺陷或从图像中移除对象这样的计算机视觉任务。

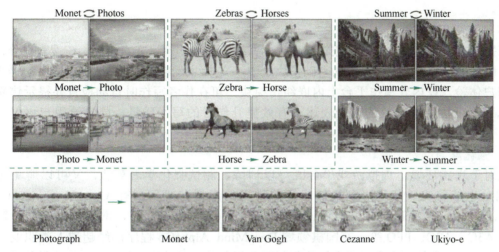

图 1-14　GAN 模型生成的图片

2. 自然语言处理

自然语言处理(Natural Language Processing,NLP)是指用计算机对自然语言的形、音、义等信息进行处理,即对字、词、句、篇章的输入、输出、识别、分析、理解、生成等的操作和加工。

(1)机器翻译(Machine Translation)

机器翻译属于自然语言信息处理的一个分支,是能够将一种自然语言自动生成为另一种自然语言又无须人类帮助的计算机系统。目前,谷歌(Google)翻译、百度翻译、搜狗翻译等翻译平台逐渐凭借其翻译过程的高效性和准确性占据了翻译领域的主导地位。过去的机器翻译算法通常是基于统计机器翻译模型,这也是 2016 年前 Google 翻译系统采用的技术。2016 年 11 月,Google 基于 Seq2Seq 模型上线了 Google 神经机器翻译系统(GNMT),首次实现了源语言到目标语言的直译技术,在多项任务上实现了 50%~90% 的效果提升。常用的机器翻译模型有 Seq2Seq、BERT、GPT、GPT-2 等,其中,OpenAI 提出的 GPT-2 模型参数量高达 15 亿个,甚至发布之初以技术安全考虑为由拒绝开源 GPT-2 模型。

(2)聊天机器人(Chatbot)

聊天机器人也是自然语言处理的一项主流任务,通过机器自动与人类对话,对于人类的简单诉求提供自动回复,自动回答用户所提出的问题以满足用户的知识需求。在回答用户问题时,首先要正确理解用户所提出的问题,抽取其中关键的信息,在已有的语料库或者知识库中进行检索、匹配,将获取的答案反馈给用户。聊天机器人常应用在咨询系统、娱乐系统、智能家居等中。

(3)情感倾向分析

对包含主观信息的文本进行情感倾向性判断,可在线训练模型调优效果,为口碑分析、话题监控、舆情分析等应用提供帮助。通过对产品多维度评论观点进行倾向性分析,可以给用户提供该产品全方位的评价,方便用户进行决策。

(4) 文本分类

对文本按照内容类型(如体育、教育、财经、社会、军事等)进行自动分类,为文本聚类、文本内容分析等应用提供基础支持。文本分类对文本内容进行深度分析,输出文本的主题一级分类、主题二级分类,在个性化推荐、文本聚合、文本内容分析等场景具有广泛的应用价值。

(5) 文本纠错

识别文本中有错误的片段,进行错误提示并给出正确的建议文本内容,在搜索引擎、语音识别、内容审查等功能更好运行的基础模块之中,文本纠错能显著提高这些场景下的语义准确性和用户体验。在内容写作平台上内嵌纠错模块,可在作者写作时自动检查并提示错别字情况。从而降低因疏忽导致的错误表述,有效提升作者的写作质量,同时给用户更好的阅读体验。

3. 强化学习

相对于真实环境,虚拟游戏平台既可以训练、测试强化学习算法,又可以避免无关干扰,同时也能将实验代价降到最低。目前常用的虚拟游戏平台有 OpenAI Gym、OpenAI Universe、OpenAI Roboschool、DeepMind OpenSpiel、MuJoCo 等,常用的强化学习算法有 DQN、A3C、A2C、PPO 等。在围棋领域 DeepMind AlphaGo 程序已经超越人类职业围棋高手,AlphaGo 取得的研究成果正在快速复制到各行各业,谷歌旗下的 DeepMind 做的第一件事是用机器学习来管理数据中心。为了解决服务器集群的冷却管理问题,DeepMind 训练了 3 个神经网络,并在某一个数据中心进行了应用,比人管理的时候节电 40%。DeepMind 认为,这个神经网络不只可以用于数据中心,还具有一定的通用性,准备把它扩展到发电厂、半导体制造等行业。在 DOTA2 和星际争霸游戏上,OpenAI 和 DeepMind 开发的智能程序也在限制规则下战胜了职业队伍。

在真实环境中,机器人的控制也取得了一定的进展。如 UC Berkeley 在机器人的 Imitation Learning、Meta Learning、Few-shot Learning 等方向取得了不少进展。美国波士顿动力公司在人工智能应用中取得了喜人的成就,其制造的机器人在复杂地形行走、多智能体协作等任务上表现良好(见图 1-15)。

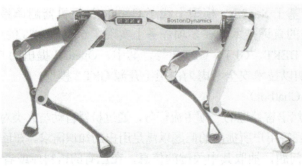

图 1-15 波士顿动力 Spot 机器狗

自动驾驶(Autonomous Driving)被认为是强化学习短期内能技术落地的一个应用方向,很多公司投入大量资源在自动驾驶上,如百度、Uber、Google 无人车等,其中百度的无人巴士"阿波龙"已经在北京、雄安、武汉等地展开试运营。

1.3 任务1：认识深度学习框架

人工智能从学术理论研究到生产应用的产品化开发过程中通常会涉及多个不同的步骤和工具，这使得人工智能开发依赖的环境安装、部署、测试以及不断迭代改进准确性和性能调优的工作变得非常烦琐、耗时，也非常复杂。为了简化、加速和优化这个过程，学界和业界都做了很多的努力，开发并完善了多个基础的平台和通用工具，也被称作机器学习框架或深度学习框架。这些框架有早期从学术界走出的 Caffe、Torch 和 Theano，还有现在产业界由 Google 领导的 TensorFlow、Amazon 选择的 MXNet、Facebook 倾力打造的 PyTorch、Microsoft 内部开源的 CNTK 等。

1.3 任务1：认识深度学习框架

哪一个深度学习框架最好用？哪一个深度学习框架更适合？下面来深入研究这些框架背后的设计思想与技术本质。

1.3.1 TensorFlow

2015 年 11 月，Google 正式开源发布 TensorFlow，TensorFlow 由谷歌大脑团队开发，其命名来源于其本身的运行原理。由于 Google 的巨大影响力，TensorFlow 很快成为深度学习领域应用广泛的框架。很多企业都在基于 TensorFlow 开发自己的产品或将 TensorFlow 整合到自己的产品中，如 Airbnb、Uber、Twitter、英特尔、高通、小米、京东等。

2011 年，谷歌大脑的雏形起源于一项斯坦福大学与谷歌公司的联合研究项目，由 Google 杰夫·迪恩（Jeff Dean）、格雷·科拉多（Greg Corrado）与斯坦福大学人工智能教授吴恩达（Andrew Ng）共同发起，把深度学习技术带到了人工智能问题的解决中，并建立起了第一代大型深度学习软件系统 DistBelief，这是一个运行在谷歌云计算平台上的服务。随后，Google 在其商业产品中广泛应用部署了 DistBelief 的深度学习神经网络，包括搜索、YouTube、语音搜索、广告、相册、地图、街景和 Google 翻译等。

2013 年 3 月，Google 收购了 DNNResearch，DNNResearch 创始人 Geoffrey Hinton 也由此进入了谷歌大脑团队工作。Geoffrey Hinton 和 Jeff Dean 等开始简化和重构 DistBelief 的代码库，使其变成一个更快、更健壮的应用级别代码库，形成了 TensorFlow。对 DistBelief 进行了多方面的改进后，使其可在小到一部手机、大到数千台数据中心服务器的各种设备上运行，TensorFlow 也成了基于 DistBelief 研发的第二代人工智能学习系统，可被用于语音识别或图像识别等机器学习和深度学习领域。谷歌大脑用 16000 台计算机模拟人类大脑的活动，并在学习了 1000 万张图像后，成功在 YouTube 视频中找出了"猫"，这意味着机器第一次有了猫的概念。

2014 年 1 月，Google 收购了英国的 DeepMind，DeepMind 成为谷歌大脑之外另一个研究人工智能方向的团队。DeepMind 的首要人工智能研究平台是开源软件 Torch7 机器学习库，Torch7 非常灵活且快速，能够快速建模。在 Google 的大力支持下，AlphaGo 横空出世，使人工智能第一次战胜人类职业围棋高手。2016 年 4 月，DeepMind 宣布将开始在所有的研究中使用 TensorFlow。这样 Google 的两大人工智能团队也统一到 TensorFlow 上。

TensorFlow 的编程接口支持 C++和 Python，Java、Go、R 和 Haskell API 也将被支持，是所有深度学习框架中支持的开发语言最全面的，TensorFlow 可以在 AWS 和 Google Cloud 中运行，支持 Windows 7、Windows 10、Windows Server 2016，TensorFlow 使用 C++ Eigen 库，可以在 ARM 架构上编译和优化，使其可以在各种服务器和移动设备上部署自己的训练模型，也是在所有深度学习框架中支持运行平台最多的。

由于直接使用 TensorFlow 过于复杂，包括 Google 官方在内的很多开发者尝试构建一个高级 API 作为 TensorFlow 更易用的接口，包括 Keras、Sonnet、TFLearn、TensorLayer、Slim、Fold、PrettyLayer 等。

TensorFlow 仍在快速的发展中，但由于 TensorFlow 接口设计频繁变动、功能设计重复冗余、符号式编程开发和调试非常困难等问题，TensorFlow 1.x 版本一度被业界诟病。2019 年，Google 推出 TensorFlow 2 正式版本，其以动态图优先模式运行，从而能够避免 TensorFlow 1.x 版本的诸多缺陷，已获得业界的广泛认可。

1.3.2 Keras

Keras 是第二流行的深度学习框架，但并不是独立框架。Keras 由 Python 编写而成，以 TensorFlow、Theano 或 CNTK 为底层引擎。Keras 是在 TensorFlow 上层封装的高级 API 层，具有较好的易用性。Keras 的目标是只需几行代码就能让用户构建一个神经网络。

Keras 的创造者是谷歌 AI 研究员 Francois Chollet，他也参与了 TensorFlow 的开发，他最初创造 Keras 是为了自己有一个好的工具来使用 RNNs。研究 LSTM 在自然语言处理中的应用时用 Theano 做了一个可重用的开源实现，逐渐变成了一个框架，并命名为 Keras。Keras 在 2015 年 3 月开源，最初因为同时支持 CNN 和 RNN、可以通过 Python 代码而不是通过配置文件来定义模型等特点而逐渐流行起来。2017 年，Keras 成为第一个被 Google 添加到 TensorFlow 核心中的高级别框架，这让 Keras 变成 TensorFlow 的默认 API，使"Keras + TensorFlow"成为 Google 官方认可并大力支持的平台。

Keras 层层封装让用户在新增操作或获取底层的数据信息时过于困难，存在过度封装导致缺乏灵活性的问题，性能也存在瓶颈。Keras 有助于快速入门，但是用户不应该依赖它，需要进一步学习使用 TensorFlow。

1.3.3 PyTorch

PyTorch 是 Facebook 倾力打造的首选深度学习框架，2017 年 1 月 Facebook 人工智能研究院（FAIR）在 GitHub 上开源了 PyTorch，迅速占领了 GitHub 热度榜榜首。Facebook 用 Python 重写基于 Lua 语言的深度学习库 Torch，PyTorch 不是简单地封装 Torch 提供 Python 接口，而是对 Tensor 上的全部模块进行了重构，新增了自动求导系统，使其成为流行的动态图框架，这使得 PyTorch 对于开发人员更为原生，与 TensorFlow 相比也更加年轻、更有活力。PyTorch 继承了 Torch 灵活、动态的编程环境和用户友好的界面，支持以快速和灵活的方式构建动态神经网络，还允许在训练过程中快速更改代码而不妨碍其性能，即支持动态图形等尖端 AI 模型的能力，是快速实验的理想选择。

PyTorch 专注于快速原型设计和研究的灵活性，很快就成为 AI 研究人员的热门选择。PyTorch 的社区发展迅速，其现在是 GitHub 上增长速度第二的开源项目。

2018 年 12 月 8 日，Facebook 在 NeurIPS 大会上正式发布 PyTorch 1.0 稳定版，目前领导

PyTorch 1.0 核心开发工作的是 Facebook 的 AI 基础设施技术负责人 Dmytro Dzhulgakov。PyTorch 1.0 拥有能在命令式执行模式和声明式执行模式之间无缝转换的混合前端,这样就不需要开发人员通过重写代码来优化性能或从 Python 迁移,能够无缝地共享用于原型设计的即时模式和用于生产环境的图执行模式之间的大部分代码。PyTorch 1.0 将即时模式和图执行模式融合在一起,既具备研究的灵活性,也具备生产所需的最优性能。

1.3.4 Caffe

Caffe(Convolutional Architecture for Fast Feature Embedding)意为"用于特征提取的卷积架构",它是一个清晰、高效的深度学习框架,核心语言是 C++。Caffe 最初发起于 2013 年 9 月,其作者贾扬清用 NVIDIA 的一块 K20 GPU 组装了一个机器,然后用大概两个月的时间写了整个架构和 ImageNet 所需要的各个实现。2013 年 12 月正式在 GitHub 上发布开源。

Caffe 是一款十分适合深度学习入门的开源框架,它的代码和框架都比较简单,代码易于扩展,运行速度快,也适合深入学习分析。正是由于 Caffe 有着更小的系统框架,使得一些探索性的实验更加容易一些。

在 Caffe 之前,深度学习领域缺少一个完全公开所有代码、算法和各种细节的框架,导致很多研究人员需要一次又一次重复实现相同的算法,所以 Caffe 对于深度学习开源社区的贡献非常大,Caffe 是学术界和业界公认的最老牌的框架之一,是很多人入门的基础。

2016 年 11 月,贾扬清在 Facebook 官网介绍了 Caffe2go,它使用 UNIX 理念构建的轻量级、模块化框架,核心架构非常轻量化,可以附加多个模块,是一个在手机上也能运行的神经网络模型,可以在移动平台上实时获取、分析、处理像素。Caffe2go 规模更小、训练速度更快、对计算性能要求较低。Caffe2go 是 Facebook 继 PyTorch 后的第二个 AI 平台,因为其大小、速度和灵活性上的优势,Facebook 曾将 Caffe2go 推上了战略地位,和研究工具链 Torch 一起组成了 Facebook 机器学习产品的核心。

2017 年 4 月 18 日,Facebook 开源了 Caffe2,Facebook 的 AI 双平台定位逐渐清晰,Caffe2 的开发重点是性能和跨平台部署,PyTorch 则专注于快速原型设计和研究的灵活性。Caffe2 一开始的定位就是工业界产品级别的一个轻量化的深度学习算法框架,更注重模块化,支持大规模的分布式计算,支持跨平台,Caffe2 也使用 C++ Eigen 库,支持 ARM 架构。此外,Caffe2 为移动端实时计算做了很多优化,支持移动端(如 iOS、Android),服务器端(如 Linux、Mac、Windows),甚至一些物联网设备(如 Raspberry Pi、NVIDIA Jetson TX2 等平台部署)。Caffe2 将 AI 生产工具标准化,目前全球各地的 Facebook 服务器和超过 10 亿部手机通过 Caffe2 运行神经网络,其中包括 iPhone 和 Android 手机。

贾扬清发文介绍"PyTorch 1.0 = Caffe2 + PyTorch"。虽然 Facebook 的 Caffe2 和 PyTorch 两个团队一直在独立发展,但是二者的组件已经被大量共享,双方也意识到将各自的优势特性整合到一个包中的重要性,实现从快速原型到快速部署执行的平稳过渡是有重要意义的,这样也可以轻松地使用共享工具提高开发效率。最终可以将 PyTorch 前端的灵活用户体验与 Caffe2 后端的扩展、部署和嵌入式功能相结合。

1.3.5 MXNet

MXNet 是一个轻量级、可移植、灵活的分布式开源深度学习框架,也是 Amazon 官方主推的深度学习框架。MXNet 支持卷积神经网络（CNN）、循环神经网络（RNN）和长短时间记忆网络（LTSM），可用于图像、手写文字和语音的识别和预测以及自然语言处理。

MXNet 项目诞生于 2015 年 9 月，作者是当时在卡耐基梅隆大学（CMU）读博士的李沐。MXNet 在 2016 年 11 月被 Amazon 选为官方开源平台，2017 年 1 月 23 日，MXNet 项目进入 Apache 基金会，成为 Apache 的孵化器项目。Amazon 和 Apache 的双重认可使 MXNet 生命力更加强大，成为能够与 Google 的 TensorFlow、Facebook 的 PyTorch 和微软的 CNTK 分庭抗礼的顶级深度学习框架。值得一提的是，MXNet 的很多作者都是中国人，其最大的贡献组织为百度。

在 2014 年 NIPS 上，同为上海交大校友的陈天奇和李沐在讨论到各自在做深度学习 Toolkits 的项目时，发现他们都在做很多重复性的工作，如文件加载等，于是他们和几个优秀的 C++机器学习系统的开发人员共同成立了 DMLC（Distributed（或 Deep）Machine Learning Community），发起了通过配置来定义和训练神经网络的 CXXNet 和提供类似 NumPy 的张量计算接口的 Minerva 两个深度学习项目，其本意是更方便地共享各自项目的代码，并给用户提供一致的体验。CXXNet 擅长使用卷积神经网络进行图片分类，但它的灵活性不足，用户只能通过配置来定义模型，而无法进行交互式的编程。Minerva 则更灵活，但不够稳定，李沐想同时给两个项目做分布式的扩展，后来想到把两个项目合并起来，于是就有了 MXNet，可以读作"mix net"，其名字来自 Minerva 的 M 和 CXXNet 的 XNet。其中 Symbol 的想法来自 CXXNet，而 NDArray 的想法来自 Minerva。

目前主流的深度学习系统一般采用命令式编程（Imperative Programming，比如 Torch）或声明式编程（Declarative Programming，比如 Caffe、Theano 和 TensorFlow）两种编程模式中的一种，而 MXNet 尝试将两种模式结合起来，在命令式编程上 MXNet 提供张量运算，在声明式编程中 MXNet 支持符号表达式。用户可以根据需要自由选择，同时，MXNet 支持多种语言的 API 接口，包括 Python、C++（并支持在 Android 和 iOS 上编译）、R、Scala、Julia、MATLAB 和 JavaScript。

MXNet 长期处于快速迭代的过程中，为了完善 MXNet 的生态圈并推广，MXNet 先后推出了 MinPy、Keras 和 Gluon 等高级 API 封装接口，但目前前两个高级接口已经停止开发，Gluon 则模仿 PyTorch 的接口设计，成为 Amazon 主推的配套 MXNet 使用的上层 API。

MXNet 的优势是支持分布式和对内存、显存的明显优化，同样的模型，MXNet 往往占用更小的内存和显存，在分布式环境下，MXNet 的扩展性能也优于其他框架。Keras 的创造者 Francois Chollet 认为除了 TensorFlow，MXNet 和它的高级 API 接口 Gluon 也很有前景，与 TensorFlow 一样，MXNet 是为数不多的具有实际生产级和可扩展性的框架。亚马逊有一个庞大的团队在支持 MXNet，成为 MXNet 背后强大的工程力量。

1.3.6 PaddlePaddle

2016 年 8 月底，百度在 GitHub 上开源了内部使用多年的深度学习平台 PaddlePaddle（飞桨）。PaddlePaddle 能够应用于自然语言处理、图像识别、推荐引擎等多个领域，其优势在于开放的多个领先的预训练中文模型。PaddlePaddle 的 2013 年版本是百度杰出科学家徐伟主导设计和开发的，其设计思路是每一个模型的表示方式都是"一串 Layers"。百度 AI 团队对其进行了两次升级，2017 年 4 月推出 PaddlePaddle v2，PaddlePaddle v2 参考 TensorFlow 增加了 Operators 的概念，把 Layers 打碎成更细粒度的 Operators，同时支持更复杂的网络拓扑图而不只是

"串"。2017 年底推出 PaddlePaddle Fluid。Fluid 类似于 PyTorch，提供自己的解释器甚至编译器，所以不受限于 Python 的执行速度问题。

PaddlePaddle 同时支持动态图和静态图，能方便地调试模型，方便地部署，非常适合业务应用的落地实现，它也支持数百个节点的高效并行训练。可以说在过去几年，深度学习领域大规模落地应用，百度的 PaddlePaddle 可以说是这个阶段发展更快的框架，甚至是发展更快的 AI 开发生态。

深度学习框架主要有四大阵营：Google 的 TensorFlow、Facebook 的 PyTorch、Amazon 的 MXNet、百度的 PaddlePaddle。

目前，TensorFlow 和 PyTorch 框架是业界使用广泛的两个深度学习框架，TensorFlow 在工业界拥有完备的解决方案和用户基础；PyTorch 得益于其精简灵活的接口设计，可以快速设计调试网络模型，在学术界获得好评如潮。如果是出于学术目的，建议从 PyTorch 开始，因为学术研究要跟前沿，看文章并复现文章中模型的效果，选用广泛应用的框架可以节省时间成本，把重点放在优化模型、提升模型效果上。

如果是刚刚接触深度学习、以学习为目的的开发者，建议从 TensorFlow 开始。Google 倾全力打造的这个平台已经不只是一个深度学习框架，更是一个 AI 开发的生态。TensorFlow 2.0 发布后，弥补了 TensorFlow 在上手难度方面的不足，使得用户既能轻松上手 TensorFlow 框架，又能无缝部署网络模型至工业系统。本书以 TensorFlow 2.0 版本作为主要框架，实战各种深度学习算法。虽然 Keras 等框架在深度学习框架中排名很高，但它不是一个独立框架，而是作为前端对底层引擎进行上层封装的高级 API 层，可以提升易用性，此类深度学习框架的目标是只需几行代码就能让用户构建一个神经网络。Keras 可以理解为一套高层 API 的设计规范，Keras 本身对这套规范有官方的实现，在 TensorFlow 中也实现了这套规范，称为 tf.keras 模块，并且 tf.keras 将作为 TensorFlow 2.0 版本的唯一高层接口，可以避免出现接口冗余的问题。

1.4 任务 2：搭建深度学习开发环境

TensorFlow 框架支持多种常见的操作系统，如 Windows 10、Linux，Mac OS 等，同时也支持运行在 NVIDIA 显卡上的 GPU 版本和仅使用 CPU 完成计算的 CPU 版本。下面以最为常见的 Windows 系统、Python 语言环境为例，介绍如何安装 TensorFlow 框架及其他开发软件等。

开发环境安装分为以下 3 个步骤。
1）安装 Python 解释器 Anaconda。
2）安装 TensorFlow。
3）安装常用编辑器。

1.4.1 安装 Anaconda

Python 解释器是让 Python 语言编写的代码能够被 CPU 执行的桥梁，是 Python 语言的核心。用户可以从 https://www.python.org/ 网站下载新版本的解释器，像普通的应用软件一样安装完成后，就可以调用 python.exe 程序执行 Python 语言编写的源代码文件。

目前有许多优秀的集成开发环境可供用户选择，如 PyCharm、Anaconda 等。其不仅集成了 Python 解释器以及开发环境、交互式命令终端等，还集成了许多常用的 Python 库。下面将使用

Anaconda 作为 IDE，搭建 TensorFlow 开发环境，通过安装 Anaconda 软件，可以同时获得 Python 解释器、包管理、虚拟环境等一系列便捷功能。

Anaconda 使用开源社区构建的最佳 Python 软件包（包括 TensorFlow 和 PyTorch）构建和训练机器学习模型。Anaconda 使用 conda-install 命令，用户可以使用数千个开源模块。因为包含了大量的科学包，Anaconda 的下载文件比较大，约 500MB。不同版本的 Anaconda 大小不一样。如果只需要某些包，或者需要节省带宽或存储空间，也可以使用 Miniconda 这个较小的发行版（仅包含 Conda 和 Python）。Conda 是一个开源的包、环境管理器，可以用于在同一个机器上安装不同版本的软件包及其依赖，并能够在不同的环境之间切换。

Anaconda Navigator 是 Anaconda 的桌面可视化窗口导航。它使启动应用程序以及管理软件包和环境变得很容易，而无需使用命令行命令。Anaconda-Navigator 中包含 Jupyter Notebook、JupyterLab、Qtconsole 和 Spyder。

Anaconda 包含 180 多个科学包及其依赖项的发行版本（见图 1-16）。其包含的科学包包括 Conda、NumPy、SciPy、IPython Notebook 等。

图 1-16　Anaconda 使用 TensorFlow 和 PyTorch 构建和训练机器学习模型

具体安装过程如下。

1）打开 Anaconda 的下载页，然后选择正确的系统，打开 Python 最新版本的下载链接即可开始下载。Anaconda 分为商业版本和免费版本，商业版本有更多的模块，运用于项目效率更高。对于学生和一般使用者，建议下载免费版本。单击 products 产品，选择 Individual Edition（个人版本）（其网址为 https://www.anaconda.com/products/individual）。

2）进入 Anaconda 下载页面（见图 1-17），根据操作系统的情况单击"64-Bit Graphical Installer"或"32-Bit Graphical Installer"进行下载。

图 1-17　Anaconda 下载页面

3）下载完成之后，双击下载文件，启动安装程序。如果在安装过程中遇到任何问题，可以暂时关闭杀毒软件，并在程序安装完成之后再打开。如果在安装时选择了"为所有用户安装"，则需要卸载 Anaconda 然后重新安装，只为"我这个用户"安装。

4）阅读许可证协议条款，然后单击"I Agree"并进行下一步（见图 1-18）。

5）除非是以管理员身份为所有用户安装，否则仅需勾选"Just Me（recommended）"并单击"Next"（见图 1-19）。

6）在"Choose Install Location"界面中选择安装 Anaconda 的目标路径，然后单击"Next"（见图 1-20）。

7）在"Advanced Installation Options"中建议勾选"Add Anaconda3 to my PATH environment variable"（添加 Anaconda 至我的环境变量）。如果使用 Anaconda，也可通过打开 Anaconda Navigator 或者在开始菜单中的"Anaconda Prompt"中使用。

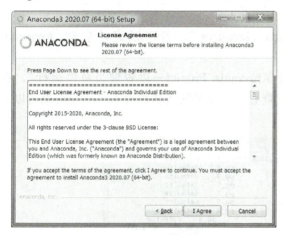

图 1-18　许可证协议条款

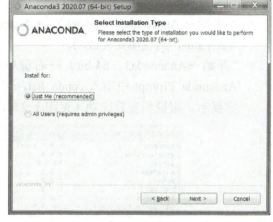

图 1-19　选择安装类型

除非用户打算使用多个版本的 Anaconda 或者多个版本的 Python，否则需勾选"Register Anaconda3 as my default Python 3.8"。然后单击"Install"开始安装（见图 1-21）。

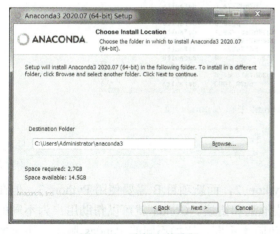

图 1-20　选择安装路径

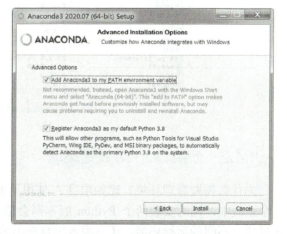

图 1-21　添加环境变量

8）进入"Thanks for installing Anaconda!"界面，单击"Finish"完成安装。如图 1-22 所示。验证安装结果可选以下任意方法。

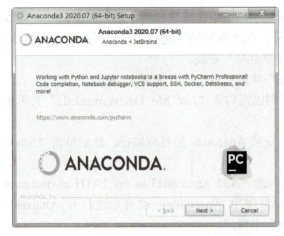
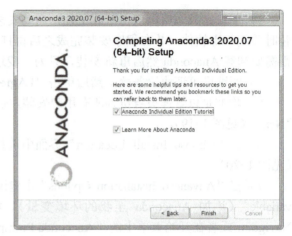

图 1-22　完成安装

- "开始→Anaconda3（64-bit）→Anaconda Navigator"，若可以成功启动 Anaconda Navigator，则说明安装成功。
- "开始→Anaconda3（64-bit）→右键单击 Anaconda Prompt→以管理员身份运行"，在 Anaconda Prompt 中输入 conda list，可以查看已经安装的包名和版本号。若结果可以正常显示，则说明安装成功（见图 1-23）。

图 1-23　在 Anaconda Prompt 中输入 conda list

1.4.2　使用 Conda 管理环境

为什么需要管理环境？比如项目 A 使用了 Python 2，而新项目 B 需要使用 Python 3，但在一个系统中，同时安装两个 Python 版本则会造成混乱和错误。Conda 就可以帮助用户为不同的项目建立不同的运行环境。还有很多项目使用的包版本不同，比如不同的 Pandas 版本，不可能同时安装两个 NumPy 版本，需要为每个 NumPy 版本创建一个环境。具体步骤如下。

1. 创建新环境

创建新环境的代码如下。

```
conda create --name <env_name> <package_names>
```

1）<env_name>为创建的环境名。建议以英文命名，且不加空格，名称两边不加尖括号"<>"。

2）<package_names>为安装在环境中的包名，名称两边不加尖括号"<>"。

3）--name 同样可以替换为-n。

如果要安装指定的版本号，则只需要在包名后面以"=版本号"的形式执行。如 conda create --name python2 python=2.7，即创建一个名为"python2"的环境，环境中安装版本为 Python 2.7。

如果要在新创建的环境中创建多个包，则直接在<package_names>后以空格隔开，添加多个包名即可。如 conda create -n python3 python=3.5 numpy pandas，即创建一个名为"python3"的环境，环境中安装版本为 Python 3.5，同时也安装了 NumPy 和 Pandas。

默认情况下，新创建的环境将会保存在/Users/<user_name>/anaconda3/env 目录下，其中，<user_name>为当前用户的用户名。

2．切换环境

切换环境的代码如下。

```
activate <env_name>
```

如果创建环境后安装 Python 时没有指定 Python 的版本，那么将会安装与 Anaconda 版本相同的 Python 版本，即如果安装 Anaconda 2，则会自动安装 Python 2.x；如果安装 Anaconda 3，则会自动安装 Python 3.x。

当成功切换环境之后，在该行行首将以"（env_name）"或"[env_name]"开头。其中，"env_name"为切换到的环境名。

3．安装包

```
conda install --name <env_name> <package_name>
```

1）<env_name>为将包安装的指定环境名，环境名两边不加尖括号"<>"。

2）<package_name>为要安装的包名，包名两边不加尖括号"<>"。

Conda 是一个管理版本和 Python 环境的工具，可以方便地在不同环境之间进行切换，环境管理较为简单。安装包时自动安装其依赖项，列出所需其他依赖包，可以便捷地在包的不同版本间自由切换。

1.4.3 安装 TensorFlow

TensorFlow 和其他的 Python 库一样，使用 Python 包管理工具 pip install 命令即可安装。如果计算机配置了 NVIDIA GPU 显卡则可以安装性能更强的 GPU 版本，否则可以安装 CPU 版本。

1．创建 Conda 环境

可以通过 Anaconda 的 conda create 创建新的环境，便于程序及其环境的配置及其管理。在 Anaconda Prompt 中输入的代码如下。

```
conda create --name TensorFlow2
```

还可以使用 conda activate TensorFlow2.0 来激活创建的环境，代码如下。

```
# To activate this environment, use
```

```
#         $ conda activate TensorFlow2
# To deactivate an active environment, use
#         $ conda deactivate

C:\Users\Administrator>conda activate TensorFlow2
(TensorFlow2) C:\Users\Administrator>
```

Conda 是 Anaconda 提供的，Conda 可以用来安装管理 Python，pip 是 Python 自带的，但 pip 然不能管理 python。

2. 安装 TensorFlow 2.0

国内使用 pip 命令安装 TensorFlow 时，可能会出现下载速度缓慢甚至连接断开的情况，所以需要配置国内的 pip 源，只需要在 pip install 命令后面带上"-i 源地址"即可，代码如下。

```
pip install TensorFlow -i https://pypi.tuna.tsinghua.edu.cn/simple
```

可以使用 conda info 命令查看已创建环境，代码如下。

```
(base) C:\Users\Administrator>conda info --env
# conda environments:
#
base                  *  C:\Users\Administrator\anaconda3
TensorFlow2.0            C:\Users\Administrator\anaconda3\envs\TensorFlow2.0
```

其中，base 是 Anaconda 默认环境，TensorFlow 2.0 是创建的 TensorFlow 虚拟环境。

可以通过以下方法测试 TensorFlow 是否安装成功。

新建一个 test.py 的脚本，通过 tf.__version__ 获取 TensorFlow 的版本，通过 tf.config.list_physical_devices，可以获得当前主机上某种特定运算设备类型（如 GPU 或 CPU）的列表，例如，可以在一个 CPU 的计算机上运行以下代码。

```
import TensorFlow as tf
version = tf.__version__
cpu = tf.config.list_physical_devices('CPU')
gpu = tf.config.list_physical_devices('GPU')
print("TensorFlow version:",version,"\nCPU",cpu,"\nGPU",gpu)
```

输出结果如下，可以发现，该计算机只有一个 CPU CPU:0，没有 GPU，TensorFlow 版本为 2.3.0。

```
(TensorFlow2.0)  C:\Users\Administrator\Desktop\TensorFlow-V1>C:/Users/Administrator/anaconda3/envs/TensorFlow2.0/python.exe c:/Users/Administrator/Desktop/TensorFlow-V1/I.Overview/code/test.py
TensorFlow version: 2.3.0
CPU [PhysicalDevice(name='/physical_device:CPU:0', device_type='CPU')]
GPU []
```

1.4.4　常用编辑器

使用 Python 语言编写程序的方式非常多，可以使用 Jupyter Notebook 或者 IPython Notebook 方式交互式编写代码，也可以利用 Sublime Text、PyCharm 和 VS Code 等集成开发环境开发中大型项目。编者推荐使用 VS Code 编写和调试程序。

1. Jupyter Notebook

Jupyter Notebook 是基于网页的用于交互计算的应用程序，可应用于全过程计算、开发、文档编写、运行代码和展示结果。Jupyter Notebook 主界面如图 1-24 所示。Jupyter Notebook 是以网页的形式打开的，可以在网页页面中直接编写和运行代码，代码的运行结果也会直接在代码块下显示。如果在编程过程中需要编写说明文档，可在同一个页面中直接编写，便于及时地说明和解释。

图 1-24　Jupyter Notebook 主界面

如果结合 Markdown 语言，Jupyter Notebook 就是一个笔记本，无论是图片、视频、数学公式，还是项目列表、表格、各种格式的文本都可以在一个 ipynb 文件里完成。

2. PyCharm

PyCharm 是由 JetBrains 打造的一款 Python IDE，同时支持 Google App Engine，PyCharm 支持 IronPython。这些功能在先进代码分析程序的支持下，使 PyCharm 成为 Python 专业开发人员使用的重要工具。PyCharm 界面如图 1-25 所示。

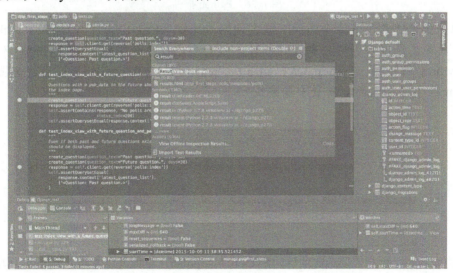

图 1-25　PyCharm

首先，PyCharm 拥有一般 IDE 具备的功能，如调试、语法高亮、Project 管理、代码跳转、智能提示、自动完成、单元测试、版本控制。

另外，PyCharm 还提供了一些很好的功能用于 Django 开发，同时支持 Google App Engine，还支持 IronPython。

3. VS Code

VS Code（Visual Studio Code）是微软推出的一款轻量级代码编辑器，其免费、开源而且功能强大。它支持几乎所有主流的程序语言的语法高亮、智能代码补全、自定义热键、括号匹配、代码片段、代码对比（如 Diff、GIT）等特性，支持插件扩展，并针对网页开发和云端应用开发做了优化。它支持 Windows、OS X 和 Linux，内置 JavaScript、TypeScript 和 Node.js 支持，而且拥有丰富的插件生态系统，可通过安装插件来支持 C++、C#、Python、PHP 等语言。

VS Code 的安装过程如下。

1）打开 VS Code，单击主界面左侧最下的扩展选项，在搜索框中输入"python"，单击"Install"进行安装。如图 1-26 所示。

图 1-26　Python 插件

2）单击菜单"查看→命令面板"或者使用快捷键〈Ctrl+Shift+P〉，输入"Python: select interpreter"，单击选择解析器，稍等几秒钟，就会列出在系统中找到的 Python 环境，单击需要的 Python 解析器（Python 3.7.7 64-bit（'tensorFlow2.0':conda））即可，如图 1-27 所示。Python 环境要加入环境变量才能被找到。

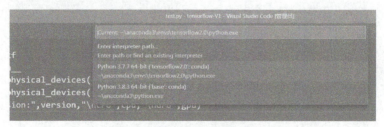

图 1-27　选择解析器

在新建项目时，用户需要选定项目的 Python Interpreter，也就是用怎样的 Python 环境来运行项目。所建立的每个 Conda 虚拟环境都有一个自己独立的 Python Interpreter，只需要将它们添加进来即可。在 Windows 下 Anaconda 的默认安装目录比较特殊，一般为 C:\Users\用户名\Anaconda3\ 或 C:\Users\用户名\AppData\Local\Continuum\anaconda3，AppData 是隐藏文件夹。

拓展项目

深度学习对计算机算力要求很高，选择合适的 GPU 对用户来说非常重要。如果没有 GPU，当用户想查看参数调整、模型修改后的效果时，可能耗费数周时间。凭借性能良好、稳定的 GPU，用户可以快速迭代深层神经网络的架构设计和参数，把原本完成训练所需的时间压缩到几天。

GPU 价格贵且产品迭代速度很快，目前性能最好的 GPU 为 NVIDIA RTX 2080 Ti，性价比高的 GPU 为 NVIDIA GTX 1070 Ti，专业的 GPU 为 NVIDIA Titan RTX、NVIDIA Tesla V100。深度学习服务器通常选择 Linux 操作系统，可选择 Ubuntu 16.04 LTS 或者 18.04 版本。

拓展项目任务：完成深度学习 GPU 服务器环境配置。

具体步骤如下。

1）在 NVIDIA 的官网，用户可以下载自己的 GPU 对应的驱动，并完成驱动安装。

2）通过 NVIDIA 提供的 CUDA 与驱动版本对应的表来选择需要安装的 CUDA 版本，用户可以下载相应 CUDA 后完成安装。

3）添加环境变量，以 CUDA 11 为例，安装目录为/usr/local/cuda-11.0，代码如下。

```
export PATH=$PATH:/usr/local/cuda-11.0/bin
export CUDADIR=/usr/local/cuda-11.0
export LD_LIBRARY_PATH=$LD_LIBRARY_PATH:/usr/local/cuda-11.0/lib64
```

4）下载并安装 cuDNN，在其官网用户可以下载对应的 cuDNN 版本。

5）安装 TensorFlow for GPU。

6）测试环境。

- 运行 NVIDIA-SMI 命令查看 GPU 设备，如图 1-28 所示。

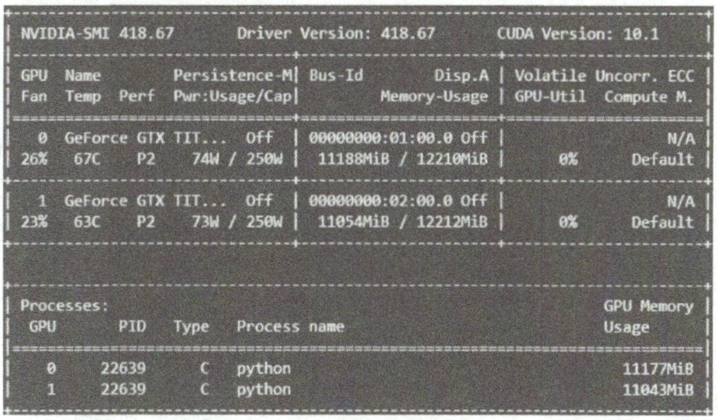

图 1-28　查看 GPU 设备

- 输入测试代码并查看结果。

```
import TensorFlow as tf
version = tf.__version__
cpu = tf.config.list_physical_devices('CPU')
gpu = tf.config.list_physical_devices('GPU')
print("TensorFlow version:",version,"\nCPU",cpu,"\nGPU",gpu)
```

TensorFlow 支持 CPU 和 GPU 这两种设备，可以用指定字符串（strings）来标识这些设备，代码如下。

"/cpu:0"：机器中的 CPU

"/gpu:0"：机器中的 GPU，如果存在 GPU

"/gpu:1"：机器中的第二个 GPU，以此类推…

项目 2　手写数字识别：TensorFlow 初探

项目描述

2015 年 TensorFlow 诞生后，其成为全球人工智能领域最受欢迎的开源框架，引领了人工智能行业的研究方向。TensorFlow 不断吸收使用者的建议和意见以及竞争对手的优点，2019 年迎来革命性的变化，TensorFlow 2.0 作为一个重要的里程碑，其框架结构更完整，重点放在提升开发人员的工作效率上。

在计算图的边中流动（Flow）的数据被称为张量（TensorFlow），故得名 TensorFlow。TensorFlow 内部数据被保存在张量（Tensor）对象上，所有的运算操作（Operation）也都是基于张量对象进行的。神经网络算法本质上就是各种张量相乘、相加等基本运算操作的组合，在学习深度学习算法之前，需要熟练掌握 TensorFlow 张量的操作方法，并能熟练操作 MNIST 数据集。

思维导图

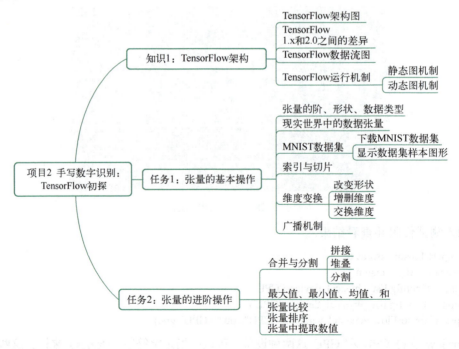

项目目标

1. **知识目标**

- 了解 TensorFlow 架构。
- 了解 TensorFlow 2.0 特点与优势。

- 了解 TensorFlow 数据流图。
- 了解 TensorFlow 运行机制。
- 掌握张量的阶、形状、数据类型、广播机制。
- 熟悉现实世界中数据张量的表示形式。

2. 技能目标
- 能熟练操作 MNIST 数据集。
- 能进行张量的索引与切片。
- 能进行张量的维度变化。
- 能进行张量的合并与分割操作。
- 能进行张量的比较与排序。
- 能从张量中提取数值。

2.1　TensorFlow 架构

2019 年 3 月 7 日，谷歌在加州举办 TensorFlow 开发者峰会（TensorFlow Dev Summit），正式发布 2.0 版本。TensorFlow 2.0 版本具有简易性、更清晰、扩展性三大特征，大大简化了 API，提高了 TensorFlow Lite 和 TensorFlow.js 部署模型的能力。目前 TensorFlow 在全球已经有超过 4100 万的下载次数，社区有 1800 多个贡献者。

2.1 TensorFlow 架构

2.1.1　TensorFlow 架构图

作为一个重要的里程碑，TensorFlow 2.0 更加关注其"易用性"，更注重使用的低门槛，旨在让每个人都能应用机器学习技术。TensorFlow 开发团队为 TensorFlow 添加了许多组件，而在 TensorFlow 2.0 版本中，这些组件被打包成一个综合平台，可支持机器学习从训练到部署的工作流程，TensorFlow 2.0 架构如图 2-1 所示。

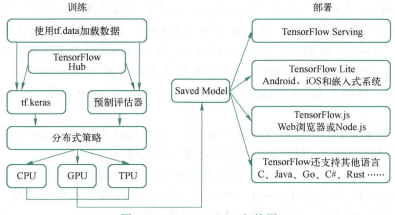

图 2-1　TensorFlow 2.0 架构图

TensorFlow 2.0 将 Keras 作为一个用户友好的机器学习 API 标准，成为用于构建和训练模型的高级 API。Keras API 让用户可以轻松使用 TensorFlow。Keras 提供了几个模型构建 API，如顺序（Sequential）、函数（Functional）和子类（Subclassing），使得用户可以为项目选择正确的抽象级别。TensorFlow 的实现有增强功能，包括动态图机制（Eager Execution）、立即迭代（Immediate Iteration）、直观调试（Intuitive Debugging）以及 tf.data，用于构建可扩展的输入 Pipeline。以下是一个工作流程示例。

1）使用 tf.data 加载数据。
2）使用 tf.keras 构建、训练并验证模型，或者使用 Premade Estimators。
3）动态图机制和调试过程，然后使用 tf.function 充分利用图的优势。
4）使用分布式策略进行分布式训练。
5）导出到 Saved Model。

TensorFlow 提供了直接部署方式，无论是部署在服务器、边缘设备还是 Web 上，TensorFlow 都可以让用户对模型实现轻松训练和部署，无论用户使用何种语言或平台。在 TensorFlow 2.0 中，用户可以通过标准化互换格式和 API 对齐来提高跨平台和组件的兼容性。

训练并保存模型后，可以直接在应用程序中执行，也可以使用其中一个部署库为其提供服务。

1）TensorFlow 服务：TensorFlow 库，允许通过 HTTP / REST 或 gRPC 协议缓冲区提供模型。
2）TensorFlow Lite：TensorFlow 针对移动和嵌入式设备的轻量级解决方案提供了在 Android、iOS 和嵌入式系统（如 Raspberry Pi 和 Edge TPU）上部署模型的功能。
3）TensorFlow.js：允许在 JavaScript 环境下部署模型，如在 Web 浏览器或服务器端通过 Node.js 实现部署。TensorFlow.js 还支持使用类似 Keras 的 API 在 JavaScript 中定义模型并直接在 Web 浏览器中进行训练。
4）TensorFlow 还支持其他语言，包括 C、Java、Go、C#、Rust、Julia、R 等。

2.1.2　TensorFlow 1.x 和 2.0 之间的差异

TensorFlow 已经发布了多个版本的 API 迭代。随着机器学习的快速发展，现在 TensorFlow 已经发展壮大，支持多样化的用户组合，可以满足用户的多种需求。使用 TensorFlow 2.0，用户可以根据语义版本控制来实现平台的清理和模块化。

1. 精简 API

很多 TensorFlow 1.x 的 API 在 TensorFlow 2.0 中被去掉或移动，还有一些被新的 API 替换。主要的变化包括删除了 tf.app、tf.flags 以及 tf.logging，转而支持现在开源的 absl-py，重新安置 tf.contrib 中的项目，并清理了主要的 tf.*命名空间，将不常用的函数移动到像 tf.math 这样的子包中。一些 API 已被 TensorFlow 2.0 版本等效替换，如 tf.summary、tf.keras.metrics 和 tf.keras.optimizers。移除了 tf.get_variable、tf.variable_scope、tf.layers，强制转型到了基于 Keras 的方法。

官方提供了转换工具，可以将 TensorFlow 1.x 版本的代码升级到 TensorFlow 2.0。使用该转换工具不一定能够转换成功，转换之后的代码还需要人工修改。

tf.contrib 退出了历史舞台，其中有维护价值的模块会被移动到别的地方，剩余的都被删除。TensorFlow 2.0 停止发布 tf.contrib，对于每一个 contrib 模块有以下选择：将项目整合到 TensorFlow 中；将其移动到一个单独的存储库；将其彻底移除。

2. Eager Execution

TensorFlow 1.x 是用于处理静态计算图的框架。计算图由边（表示依赖关系，即"张量"）和节点（即"神经元"）组成。计算图就是一个具有"每一个节点都是计算图上的一个节点，而节点之间的边描述了节点之间的依赖关系"性质的有向图。TensorFlow 1.x 将图表分为以下两个阶段。

1）构建一个需要执行计算的计算图。这个阶段实际上不执行任何计算，它只是建立计算的符号表示。该阶段通常将定义一个或多个表示计算图输入的占位符（Placeholder）对象。

2）多次运行计算图。每次运行图形时（例如，对于一个梯度下降步骤），用户将指定要计算图形的哪些部分，并传递一个"feed_dict"字典，该字典将给出具体值为图中的任何"占位符"。

TensorFlow 1.8 版本中开始引入动态图机制（Eager Execution），作为一种可选操作，但默认模式还是静态图机制（Graph Execution）。TensorFlow 2.0 将 Eager execution 作为默认模式，使得用户能够更轻松地编写和调试代码，可以使用原生的 Python 控制语句。在 TensorFlow 2.0 中，图（Graph）和会话（Session）都变成底层实现，不需要用户关心。

3．取消全局变量

TensorFlow 1.x 严重依赖隐式全局名称空间。当调用 tf.Variable()创建变量时，该变量就会被放进默认的图中，即使忘记了指向它的 Python 变量，也会留在那里。当用户想恢复这些变量时，则必须知道该变量的名称。如果无法控制变量的创建，也就无法做到这一点。

这使得各种机制激增，试图帮助用户再次找到他们的变量，并寻找框架来查找用户创建的变量：变量范围、全局集合、辅助方法（如 tf.get_global_step()、tf.global_variables_initializer()）、优化器隐式计算所有可训练变量的梯度等。

TensorFlow 2.0 取消了这些机制，支持默认机制：跟踪变量。如果失去了对 tf.Variable 的追踪，就会当作垃圾收集、回收。

4．使用函数而不是会话

在 TensorFlow 1.x 中，通常使用 session.run()方法执行计算图，session.run()方法的调用类似函数调用：指定输入和调用的方法，最后返回一组输出。在 TensorFlow 2.0 中，可以使用 tf.function()来装饰 Python 函数，将其标记为（Just-In-Time）编译，以便 TensorFlow 将其作为单个图形运行。该机制使 TensorFlow 2.0 能够获得图形模式的所有优势。

2.1.3 TensorFlow 数据流图

作为深度学习库，TensorFlow 采用了更适合描述深度神经网络的声明式编程范式，并以数据流图作为核心抽象。相比使用更广泛的命令式编程范式，基于声明式编程的数据流图的好处有代码可读性强、支持引用透明、提供预编译优化能力等，声明式编程强调做什么，而命令式编程强调怎么做。声明式编程通过定义的方式描述期望达到的状态，用户不必纠结每个步骤的具体实现。

TensorFlow 将数据流图定义为用节点和有向边描述数学运算的有向无环图。如图 2-2 所示，数据流图中的节点通常表示各类操作（Operation），具体包括数学运算、数据填充、结果输出和变量读写等操作，每个节点上的操作都需要分配到具体的物流设备（如 CPU、GPU）中执行。图中的有向边描述了节点间的输入、输出关系，边上为代表高维数据的张量，这也是 TensorFlow 名称的由来。TensorFlow 不是一个严格的深度学习库。只要能将所需的计算表示为一个数据流图，就可以使用 TensorFlow，构建图描写驱动计算的内部循环。

数据流图是一个有向图，由以下内容构成。

- 一组节点，每个节点代表一个操作，是一种运算。
- 一组有向边，每条边代表节点之间的关系（数据传递和控制依赖）。

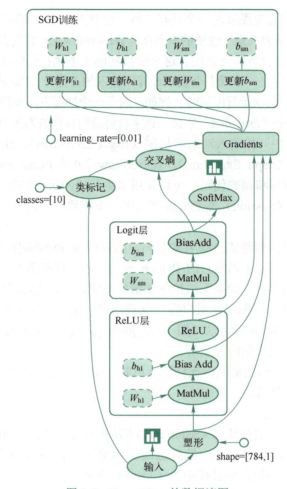

图 2-2 TensorFlow 的数据流图

下面分别介绍数据流图中的节点与有向边。

1. 节点

前向图中的节点统一称为操作,按功能分为以下几类。

- 数据函数或表达式:如图 2-2 中的 MatMul、BiasAdd、SoftMax。
- 存储模型参数的变量:如图 2-2 ReLU 层中的 W、b。
- 占位符:如图 2-2 中的输入、类标记,通常用来描述输入、输出数据的类型和形状。

后向图中的节点分为以下几类。

- 梯度值:经过前向图计算出的模型参数梯度,如图 2-2 中的 Gradients。
- 更新模型参数的操作:如图 2-2 SGD 训练内的更新 W 和更新 b,定义了如何将梯度值更新到对应的模型参数。
- 更新后的模型参数:如图 2-2 SGD 训练内的 W 和 b,与前向图中的参数一一对应,但参数值已经更新,用于模型的下一轮训练。

2. 有向边

TensorFlow 的边有两种连接关系:数据依赖和控制依赖。实际边表示数据依赖,代表数据,即张量。绝大部分流动着张量的边都属于此类,简称数据边。张量在数据流图中从前往后流动一遍就完成了一次前向传播(Forward Propagation),而损失值从后向前流动一遍就完成了一次反向传播（Backward Propagation）。

还有一种特殊边，一般为虚线边，称为控制依赖（Control Dependency），可以用于控制操作的运行，通过设定节点的前置依赖决定相关节点的执行顺序，这类边上没有数据流过，但源节点必须在目的节点开始执行前完成执行。

2.1.4 TensorFlow 运行机制

TensorFlow 的最初版本是用静态图的方式运行的，而 Facebook 的 PyTorch 则使用了动态图机制。TensorFlow 2.0 引入了动态图机制后，TensorFlow 就拥有了类似于 PyTorch 的动态图模型能力，可以不必再等到 sess.run(*)才能看到执行结果，可以在 IDE 中随时调试代码、查看执行结果。

2.1.4
TensorFlow
运行机制

动态图机制的使用如同做工程时一边设计一边施工，TensorFlow 1.x 就没有动态图机制那样灵活、直接、容易调试，而这也是其入门门槛高的一个原因。但静态图机制的优点是计算会更加高效，因为所有的步骤都定义好了再进行计算，使计算机资源的调配更加合理、高效。所以说，动态图机制和静态图机制是优势互补的。

1. 静态图机制（Graph Execution）

静态图机制是指程序在编译执行时将先生成神经网络的结构，然后执行相应操作，是通过先定义后运行的方式，之后再次运行时无须重新构建计算图，所以速度会比动态图更快。从理论上讲，静态计算这样的机制允许编译器进行更大程度的优化，但是这也意味着代码中的错误将更加难以发现，如果计算图的结构出现问题，可能只有在代码执行到相应操作时才能发现它。

静态图机制的特点如下。
- 预先定义计算图，运行时反复使用，不能改变。
- 速度更快，适合大规模部署，适合嵌入式平台。

TensorFlow 1.x 如果需要进行一系列计算，则需要依次进行如下两步。

1）建立一个计算图，这个图描述了如何将输入数据通过一系列计算而得到输出。

2）建立一个会话，并在会话中与计算图进行交互，即向计算图传入计算所需的数据，并从计算图中获取结果。

2. 动态图机制（Eager Execution）

TensorFlow 2.0 中的 Eager Execution 是一种命令式编程环境，TensorFlow 2.0 之后 Eager Execution 模式变为默认执行模式，支持立即评估操作，无须构建图，操作会返回具体的值，而不是构建以后再运行计算图。

动态计算意味着程序将按照编写命令的顺序执行，使得调试更加容易，并且也使得将想法转化为实际代码变得更加容易。尽管理论上静态计算图比动态计算图具有更好的性能，但是在实践中经常发现并不是这样的。动态图机制提供了以下功能。

- 直观的界面：更自然地构建代码和使用 Python 数据结构，可完成小型模型和小型数据集的快速迭代。
- 更容易调试：直接调用 OPS 来检查运行模型和测试更改，使用标准 Python 调试工具获取即时错误报告。
- 更自然的流程控制：直接用 Python 流程控制替换图控制流，简化动态模型规范。

简而言之，有了动态图机制就不再需要事先定义计算图，然后再在 Session 里运行会话去评估它。它允许用 Python 语句控制模型的结构。

动态图机制的优点如下。

1）快速调试即刻的运行错误并通过 Python 工具进行整合。
2）借助易于使用的 Python 控制流支持动态模型。
3）为自定义和高阶梯度提供强大支持。
4）适用于几乎所有可用的 TensorFlow 运算。

TensorFlow 2.0 引入动态图机制提高了代码的简洁性，而且更容易调试。对于性能来说，动态图机制相比静态图机制会有一定的损失。但 TensorFlow 2.0 引入了 tf.function 和 AutoGraph 来缩小两者的性能差距，其核心是将一系列的 Python 语法转化为高性能的图操作。

2.2 任务 1：张量的基本操作

TensorFlow 使用 Tensor 来表示数据，下面介绍什么是 Tensor，在官网的文档中，Tensor 被翻译成"张量"。张量是对矢量和矩阵更高维度的泛化，TensorFlow 在内部将张量表示为基本数据类型的 n 维数组。

2.2.1 张量的阶、形状、数据类型

张量广泛应用于数学、物理和工程学中，在不同的应用领域张量具有不同的学术定义。在 TensorFlow 中，张量是数据流图上的数据载体。为了更方便地定义数据表达式、更准确地描述数据模型，TensorFlow 使用张量统一表示所有数据。TensorFlow 需要把所有的输入数据（如字符串文本、图像、股票价格或者视频）转变为一个统一的标准，以便能够容易地处理。TensorFlow 用张量这种数据结构来表示所有的数据，可以把一个张量想象成一个 n 维的数组或列表。张量具有三个关键属性：阶、形状、数据类型。

2.2.1
张量的阶

1. 阶（Rank）

在数学中，张量是一种几何实体，可表示任意形式的数据。表 2-1 列出了张量与常见数据实体的关系，图 2-3 给出了对应的数据实体实例。张量可以理解为 0 阶标量、1 阶向量和 2 阶矩阵在高维空间上的推广，张量的阶（Rank）表示它所描述数据的最大维度。

表 2-1 张量与常见数据实体的关系

阶	数学实例	Python 例子
0	标量（只有大小）	s = 483
1	向量（大小和方向）	v = [1.1, 2.2, 3.3]
2	矩阵（数据表）	m = [[1, 2, 3], [4, 5, 6], [7, 8, 9]]
3	数据立方（立方体）	t = [[[2], [4], [6]], [[8], [10], [12]], [[14], [16], [18]]]
n	n 阶	…

图 2-3 张量的阶

张量这一概念的核心在于它是一个数据容器,它包含的数据几乎总是数值数据,因此它是数字的容器。如矩阵是二维张量,张量是矩阵向任意维度的推广,张量的维度(Dimension)通常叫作轴(Axis)。

2.形状(Shape)

在 TensorFlow 系统中,张量的维数被描述为阶,张量的阶是张量维数的一个数量描述,决定了其描述的数据所在高维空间的维数。在此基础上,定义张量每一阶的长度可以唯一确定一个张量的形状,见表 2-2。例如,图 2-3 中 3 阶张量,各阶的长度分别是 D_0=3,D_1=3,D_2=3,因此它的形状为[3, 3, 3]。在执行数据流图上的操作时,需确保张量的形状符合计算规则,如果用户没有显式地设置输出张量形状时,TensorFlow 会根据输入张量进行形状推理。

表 2-2 张量的形状

阶	形状	维数	实例
0	[]	0	一个 0 维张量,一个标量
1	[D_0]	1	一个 1 维张量的形式[5]
2	[D_0, D_1]	2	一个 2 维张量的形式[3, 4]
3	[D_0, D_1, D_2]	3	一个 3 维张量的形式 [1, 4, 3]
n	[$D_0, D_1, \cdots D_{n-1}$]	n	一个 n 维张量的形式 [$D_0, D_1, \cdots D_{n-1}$]

3.数据类型

张量具有极强的数据表达能力,它不仅具有对高维数据的抽象能力,又支持多样化数据类型。表 2-3 列举了 TensorFlow 张量支持的数据类型,除了支持常用的浮点数、整数、字符串、布尔型等类型外,还支持复数和量化整数类型。

表 2-3 张量支持的数据类型

数据类型	Python 类型	描述
DT_FLOAT	tf.float32	32 位浮点数
DT_DOUBLE	tf.float64	64 位浮点数
DT_INT64	tf.int64	64 位有符号整数
DT_INT32	tf.int32	32 位有符号整数
DT_INT16	tf.int16	16 位有符号整数
DT_INT8	tf.int8	8 位有符号整数
DT_UINT8	tf.uint8	8 位无符号整数
DT_STRING	tf.string	可变长度的字节数组,每一个张量元素都是一个字节数组
DT_BOOL	tf.bool	布尔型
DT_COMPLEX64	tf.complex64	由两个 32 位浮点数组成的复数:实数和虚数
DT_QINT32	tf.qint32	用于量化 OPS 的 32 位有符号整数
DT_QINT8	tf.qint8	用于量化 OPS 的 8 位有符号整数
DT_QUINT8	tf.quint8	用于量化 OPS 的 8 位无符号整数

下面创建一些基本的张量。

【例 2-1】 创建一个标量,并打印其相关信息。

使用 Python 语言的标准变量创建方式创建变量 a,使用 tf.constant()方式去创建张量 b,使用 tf.is_tensor()方法检查,代码如下:

```
In[1]:
a = 2.1
b = tf.constant(2.1)
tf.is_tensor(a),tf.is_tensor(b)
print(b)
```

运行结果如下。

```
Out[1]:
 (False, True)
tf.Tensor(2.1, shape=(), dtype=float32)
```

a 不是一个张量，只是一个 Python 变量，b 是张量。tf.constant()命名来自 TensorFlow 1.x 的命名习惯，函数的名字并不是很贴切，在其他编程语言中 constant 表示常量，是不能改变的。

print 返回张量 b 的信息 tf.Tensor(2.1, shape=(), dtype=float32)，其中，2.1 是数值，shape 表示张量的形状，dtype 表示张量的数据类型和数值精度。

【例 2-2】 创建一个向量，并打印其相关信息。

代码如下。

```
In[1]:
a = tf.constant([1, 2, 3, 4, 5])
print(a)
```

运行结果如下。

```
Out[1]:
tf.Tensor([1 2 3 4 5], shape=(5,), dtype=int32)
```

shape=(5,)说明张量 a 是一个向量，即一维数组，这个数组的长度为 5。

【例 2-3】 创建一个矩阵，并打印其相关信息。

代码如下。

```
In[1]:
a = np.array([[1, 2, 3], [4, 5, 6]])
b = tf.constant(a)
print(b)
b.numpy()
```

运行结果如下。

```
Out[1]:
tf.Tensor(
[[1 2 3]
 [4 5 6]], shape=(2, 3), dtype=int32)

array([[1, 2, 3],
       [4, 5, 6]])
```

使用 numpy 数据作为输入，使用 np.array()方法创建矩阵 a，以 a 为输入，创建张量 b，该张量形状为(2, 3)。

可以使用 numpy()函数返回 numpy.array 类型的数据。

以上三个张量如图 2-4 所示。

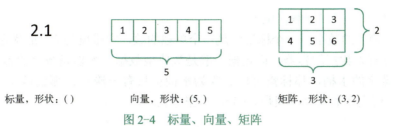

图 2-4　标量、向量、矩阵

【例 2-4】 创建一个字符串数据类型的张量。

通过传入字符串对象即可创建字符串类型的张量，代码如下。

In[1]:
a = tf.constant('Hello,TensorFlow.')
print(a)

运行结果如下。

Out[1]:
tf.Tensor(b'Hello,TensorFlow.', shape=(), dtype=string)

深度学习算法以数值类型的张量运算为主，字符串类型的数据使用频率较低，但是 TensorFlow 还支持字符串（String）类型的数据，例如，在表示图片数据时，通常先记录图片的路径，再通过预处理函数根据路径读取图片张量。在 tf.strings 模块中提供了常见的字符串型的工具函数，如拼接 join()、长度 length()、切分 split() 等。

【例 2-5】 使用不同精度的张量保存π值。

数值类型的张量可以保存为不同字节长度的精度，如π值可以保存为 16bit 长度，也可以保存为 32bit 甚至 64bit 的精度。位数越长精度越高，占用的内存空间也就越大。常用的精度类型有 tf.int16、tf.int32、tf.int64、tf.float16、tf.float32、tf.float64。代码如下。

In[1]:
pi32 = tf.constant(np.pi, dtype=tf.float32)
pi64 = tf.constant(np.pi, dtype=tf.float64)

运行结果如下。

Out[1]:
tf.Tensor(3.1415927, shape=(), dtype=float32)
tf.Tensor(3.141592653589793, shape=(), dtype=float64)

对于浮点数，高精度的张量可以表示更精准的数据，float32 返回的π值是 3.1415927，而 float64 返回的π值是 3.141592653589793。对于大部分深度学习算法，一般使用 tf.int32、tf.float32 便可满足运算精度要求。

2.2.2 现实世界中的数据张量

本节主要介绍各种维度下张量的典型应用，使读者能够直观地联想到张量主要的物理意义和用途，为后续张量的维度变换等一系列抽象操作的学习打下基础。

在介绍典型应用时会提及后续将要学习的网络模型或算法，其具体内容会在后面章节详细介绍。

1. 0D（0 维）张量（标量，Scalar）

标量是一个简单的数字，一个标量就是一个单独的数，它维度为 0，形状为()。

张量可以理解为数据的容器，而数据一般是数值型数据，所以是数字的容器。有学者把张量比喻为存放数字的水桶，那标量可以想象为水桶里只有一滴水，那就是一个 0 维张量。

【例 2-6】 假设你的英语成绩是 80 分，以张量表示。

代码如下。

```
In[1]:
import TensorFlow as tf
score = tf.constant(80)
print('张量维度：',score.ndim)
print('张量形状：',score.shape)
print('张量数值：',score.numpy())
print('设备位置：',score.device)
print('维度 返回 tensor 类型：',tf.rank(score))
```

运行结果如下。

```
Out[1]:
张量维度： 0
张量形状： ()
张量数值： 80
设备位置： /job:localhost/replica:0/task:0/device:CPU:0
维度 返回 tensor 类型： tf.Tensor(0, shape=(), dtype=int32)
```

张量常用属性见表 2-4。

表 2-4　张量常用属性

名称	说明
device	设备位置
numpy	NumPy 数据
shape	数据形状
ndim	数据维度
rank	数据维度（返回 Tensor 类型）

标量在深度学习中的典型应用有误差值的表示、各种测量指标的表示，比如准确度（Accuracy,acc）、精度（Precision）和召回率（Recall）等。

2. 1D（一维）张量（向量，Vector）

一个向量是一列数，这些数是有序排列的，通过次序中的索引可以确定每个单独的数。它的维度为 1，向量只有一个轴，形状为（D_0）。

每个编程语言都有数组，它是单列或者单行的一组数据块，在深度学习中称为 1D 张量，即向量，向量是一个单列或者单行的数字。

向量在深度学习中也是一种非常常见的数据载体，如在全连接层中的偏置 b 就使用向量来表示。系统提供了很多函数，都是经过高度优化的，而且可以使用 GPU 资源来进行加速。

【例 2-7】 用 tf.range 函数来快速生成一个等差数列。

tf.range 函数定义为

```
tf.range(start, limit, delta=1, dtype=None, name='range')
```

该数字序列开始于 start 并且将以 delta 为增量,扩展到不包括 limit 时的最大值结束。代码如下。

In[1]:
b = tf.range(1,20,1)
print('张量维度：',b.ndim)
print('张量形状：',b.shape)
print('张量数值：',b.numpy())

运行结果如下。

Out[1]:
张量维度：　1
张量形状：　(19,)
张量数值：　[1 2 3 4 5 6 7 8 9 10 11 12 13 14 15 16 17 18 19]

【例 2-8】 使用 tf.random 函数随机创建高三（1）班的英语成绩。

TensorFlow 在 tf.random 模块中提供了一组伪随机数生成器，其中，正态分布（Normal Distribution）和均匀分布（Uniform Distribution）是最常见的分布，创建采样自这两种分布的张量非常有用，比如在卷积神经网络中，卷积核初始化为正态分布有利于网络的训练。

tf.random.normal 函数定义为

tf.random.normal(
　　shape, mean=0.0, stddev=1.0, dtype=tf.dtypes.float32, seed=None, name=None
)

通过 tf.random.normal(shape, mean=0.0, stddev=1.0)可以创建形状为 shape、均值为 mean、标准差为 stddev 的正态分布。

假设班级有 12 个同学，则该向量形状为 12，平均成绩为 80 分，标准差为 5。代码如下。

In[1]:
a = tf.random.normal([12], 80, 5, tf.float16)
print(a)

运行结果如下。

Out[1]:
tf.Tensor([85.9　78.94　73.3　84.9　81.06　75.3　86.1　70.75　80.75　73.8　82.44　75.4], shape=(12,), dtype=float16)

3．2D（二维）张量（矩阵，Matrix）

矩阵是一个二维数组，其中的每一个元素被两个索引（而非一个）所确定。

在数据集中，单个数据点可以编码成一个向量，然后一批向量数据可以编码成二维张量（即矩阵），其中第一个轴为样本轴（Samples Axis），第二个轴为特征轴（Features Axis）。

【例 2-9】 使用均匀分布的方法随机创建高三（1）班的英语、语文、数学、物理成绩。

tf.random.uniform 函数定义为

tf.random.uniform(
　　shape, minval=0, maxval=None, dtype=tf.dtypes.float32, seed=None, name=None
)

通过 tf.random.uniform 可以创建采样自[minval, maxval]区间均匀分布的张量。

【例 2-10】 班级有 12 个学生，采样区间[60,100]，形状为[12,4]。

代码如下。

In[1]:

```
a = tf.random.uniform(shape=[12,4], minval=60, maxval=100, dtype=tf.int32)
print(a)
```

运行结果如下。

```
Out[1]:
tf.Tensor(
[[97 71 96 64]
 [61 93 64 98]
 [95 77 75 76]
 [64 92 76 97]
 [64 90 93 83]
 [90 92 75 74]
 [86 97 74 90]
 [71 70 61 97]
 [64 97 70 63]
 [69 79 77 97]
 [82 98 81 68]
 [65 88 80 63]], shape=(12, 4), dtype=int32)
```

【例 2-11】 汇总学生信息,包括年龄、电话号码和入学成绩。每个学生的特征是一个包含 3 个值的向量,因此 12 个学生的数据集存储为形状是(12,3)的二维张量。

因为矩阵元素更多,靠 tf.linspace、tf.range 之类的线性生成函数已经不够用了。可以使用 tf.random 或者 tf.zeros 生成全 0 的矩阵,tf.ones 生成值全为 1 的矩阵,还可以使用 tf.fill 将矩阵全部设成一个值。

```
a = tf.zeros([12,3])
b = tf.ones([12,3])
c = tf.fill([12,3],-1)
```

通过 tf.zeros()创建值全为 0 的学生信息,通过 tf.ones()创建了值全为 1 的学生信息。

除了初始化全为 0 或全为 1 的张量之外,有时也需要全部初始化为某个自定义数值的张量,比如将张量的数值全部初始化为 −1 等。通过 tf.fill(shape, value)可以创建值全为自定义数值的张量。

4. 3D(三维)张量

多个矩阵组合在一起可以变成三维张量,可以想象为一系列的矩阵存储在水桶中,一个三维张量是一个数字构成的立方体。

【例 2-12】 统计高三年级学生的成绩,高三年级共有 10 个班。

```
In[1]:
a = tf.zeros([10,12,3])
```

假设每个班都是 12 人,这时张量的形状为(10,12,3),可以理解为 10 个班的成绩单。

三维张量经常用于表示时序数据或者序列数据。当样本数据集中时间或者序列的排序较为重要时,就应该将数据集存储为带显式时间轴的三维张量。每个样本编码成一个二维张量,因此一批二维张量数据可以编码成三维张量。

例如,在交易中,股票每分钟有最高、最低和最终价格。将每分钟的股票价格编码成一个形状为(3)向量,交易所开市时间从早上 9:30 到下午 3:30,即 6 个小时,总共有 6×60=360min。一整天的股票交易编码成形状为(360,3)的二维张量(股票交易每天有 390min)。一年 250 天的股票数据存储为(250,390,3)的三维张量。

三维张量还经常用来存储文本数据,如推特的文本数据,推特使用 UTF-8 编码标准,这种编码标准能表示百万种字符,但实际上人们只对前 128 个字符感兴趣,因为它们与 ASCII 码相同,并且推特有 140 个字的限制。所以一篇推特文可以包装成一个形状为(140,128)的二维向量。假设下载了一百万篇特朗普的推特文,就需要用形状为(1000000,140,128)的三维张量来存储。

5. 4D(四维)张量以及更高维张量

4D 张量适合用来存储图片文件。一张图片有三个参数:高度、宽度和颜色深度。一张图片是 3D 张量,一个图片集则是 4D 张量,第四维是样本大小。

著名的 MNIST 数据集是一个手写的数字序列,作为一个图像识别问题,曾在几十年间困扰许多数据科学家。现在深度学习算法能以 99%或更高的准确率解决这个问题。MNIST 数据集可以当作一个优秀的校验基准,用来测试新的深度学习算法应用,或是用来自己做实验。MNIST 数据集有 60 000 张图片,它们都是 28×28 像素,它们的颜色深度为 1,即只有灰度。

TensorFlow 存储图片的数据格式一般定义为(sample_size, height, width, color_depth)。其中,sample_size 表示输入的图片数量,height、width 分别表示特征图的高度、宽度,color_depth 表示特征图的通道数。MNIST 数据集的 4D 张量的形状是(60000,28,28,1)。

彩色图片有不同的颜色深度,这取决于它们的色彩(跟分辨率没有关系)编码。一张典型的 JPG 图片使用 RGB 编码,于是它的颜色深度为 3,分别代表红、绿、蓝。

如果是彩色的图片,其为 750×750 像素,可以用一个形状为(750,750,3)的 3D 张量来表示它,如果是一个不同类型的猫狗图片的数据集,共 10000 张,可以用 4D 张量来表示,即(10000,750,750,3)。

在深度学习中,一般是 0D~4D 的张量,处理视频数据时会遇到 5D 张量。TensorFlow 视频数据的编码方式为(sample_size, frames, width, height, color_depth)。

如果一段 5min、1080pHD(1920×1080 像素)、每秒 15 帧(总共 4500 帧)、颜色深度为 3 的视频,可以用 4D 张量来存储它:(4500,1920,1080,3)。

有多段视频时,张量中的第五个维度将被使用。如果有 10 段这样的视频,会得到一个 5D 张量:(10,4500,1920,1080,3)。这个张量非常大,超过了 1TB。因此需要尽可能地缩小样本数据以方便进行处理计算。

2.2.3 MNIST 数据集

MNIST 数据集是一套手写数字的图像数据集,由纽约大学的 Yann LeCun 等人维护。

2.2.3 MNIST 数据集

MNIST 数据集包括手写数字的扫描和相关标签(描述每个图像中包含 0~9 中哪个数字),如图 2-5 所示。它不仅包含各种手写数字图片,同时还包含每张图片对应的标签,标签是数字数组,取值范围为 0~9,图片和标签一一对应。这个简单的分类问题是深度学习研究中最简单和最广泛使用的测试之一。尽管现代技术很容易解决这个问题,它仍然很受欢迎。Geoffrey Hinton 将其描述为"机器学习的果蝇",这意味着机器学习研究人员可以在受控的实验室条件下研究他们的算法,就像生物学家经常研究果蝇一样。

图 2-5 手写的数字图片

数据集分为用于训练模型的训练集（Training Set）以及用于测试模型的测试集（Test Set）。训练集由 250 个人手写的数字构成，其中 50%是高中学生，50%来自人口普查局的工作人员。测试集也是同样比例的手写数字数据。

MNIST 数据集可在 http://yann.lecun.com/exdb/mnist/获取。

1. 下载 MNIST 数据集

目前 TensorFlow、PyTorch 等深度学习框架都通过数行代码自动下载、管理和加载 MNIST 数据集，使用起来非常方便。下面利用 TensorFlow 自动在线下载 MNIST 数据集，并转换为 NumPy 数组格式，代码如下。

```
In[1]:
import os
import TensorFlow as tf
from TensorFlow import keras
from TensorFlow.keras import layers, optimizers, datasets
import matplotlib.pyplot as plt

(x_train, y_train), (x_test, y_test) = datasets.mnist.load_data()   # 加载数据集
x_train = 2*tf.convert_to_tensor(x_train, dtype=tf.float32)/255.-1  # 转换为张量，缩放到-1~1
y_train = tf.convert_to_tensor(y_train, dtype=tf.int32)             # 转换为张量
y_train = tf.one_hot(y_train, depth=10)                             # one-hot 编码
print(x_train.shape, y_train.shape)
Out[1]:
Downloading data from https://storage.googleapis.com/TensorFlow/tf-keras-datasets/mnist.npz
11493376/11490434 [==============================] - 0s 0us/step
(60000, 28, 28) (60000, 10)
```

load_data()函数返回两个元组（Tuple）对象，第一个是训练集（x_train, y_train），第二个是测试集（x_test, y_test）。每个元组的第一个元素是多个训练图片数据 x_train，第二个元素是训练图片对应的类别数字 y_train。其中，训练集 x_train 的大小为（60000,28,28），代表了 60000 个样本，如图 2-6 所示，每个样本由 28 行、28 列构成，由于是灰度图片，故没有 RGB 通道。

一张图片包含了 h 行、w 列，每个位置保存了像素值，像素值一般使用 0~255 的整型数值来表达颜色强度信息。如果是彩色图片，则每个像素点包含了 R、G、B 三个通道的强度信息，分别代表红色通道、绿色通道、蓝色通道的颜色强度。

MNIST 是灰度图片，则使用一个数值来表示灰度强度，如 0 表示纯黑，255 表示纯白，因此它只需要一个形状为[h, w]的二维矩阵来表示一张图片信息。每张图片是 28×28 像素，即 784 个像素点，可以把它展开形成一个向量，即长度为 784 的向量，如图 2-6 所示。

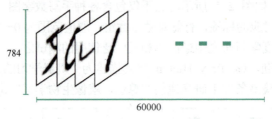

图 2-6　样本大小为[60000,784]

图 2-7 演示了数字图片 8 的矩阵内容，图片中黑色的像素用 0 表示，灰度信息用 0~255 表示，图片中灰度越白的像素点，对应矩阵位置中数值也就越大。

相对应的 MNIST 数据集的标签 y_train 是 0～9 的数字，用来描述给定图片里表示的数字。y_train 的大小为（60000,），代表了这 60000 个样本的标签数字，如[5 0 4 ... 5 6 8]。

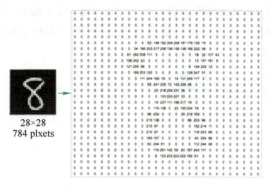

图 2-7　数字 8 图片的矩阵内容

在机器学习算法中经常会遇到分类特征，例如，人的性别有男、女，国籍有中国、美国、法国等。这些特征值并不是连续的，而是离散的、无序的。

那什么是特征数字化？例子如下。
- 性别特征：["男","女"]。
- 国籍特征：["中国","美国","法国"]。
- 运动特征：["足球","篮球","羽毛球","乒乓球"]。

假如某个人的特征是["男","中国","乒乓球"]，则可以用[0,0,4]来表示，但是这样的特征处理并不能直接放入机器学习算法中，因为类别之间是无序的（运动数据就是任意排序的）。例如，数字 1 表示足球，数字 4 表示乒乓球等。但是数字编码一个最大的问题是，数字之间存在天然的大小关系，比如 1<2<3，如果 1、2、3、4 分别对应的标签是"足球"、"篮球"、"羽毛球"、"乒乓球"，它们之间并没有大小关系，所以采用数字编码时会迫使模型去学习到这种不必要的约束。

One-Hot 编码是分类变量作为二进制向量的表示。这首先要求将分类值映射到整数值，然后，每个整数值被表示为二进制向量，除了整数的索引之外，它都是零值，被标记为 1。

例如，性别特征["男","女"]，按照 N 位状态寄存器来对 N 个状态进行编码的原理，处理后的结果如下（这里只有两个特征，所以 N=2）。

　　男　=>　10
　　女　=>　01

国籍特征["中国","美国,"法国"]（这里 N=3）如下。

　　中国　=>　100
　　美国　=>　010
　　法国　=>　001

运动特征["足球","篮球","羽毛球","乒乓球"]（这里 N=4）如下。

　　足球　　=>　1000
　　篮球　　=>　0100
　　羽毛球　=>　0010
　　乒乓球　=>　0001

MNIST 标签数据同样需要转换为 One-Hot 编码，如图 2-8 所示。一个 One-Hot 向量除了某一位的数字是 1 以外,其余各维数字都是 0。数字 *n* 将表示一个只有在第 *n* 维度（从 0 开始）数字为 1 的 10 维向量。比如图片 0 的 One-Hot 编码为[1,0,0,…,0],图片 2 的 One-Hot 编码为[0,0,1,…,0],图片 9 的 One-Hot 编码[0,0,0,…,1]。One-Hot 编码是非常稀疏的,相对于数字编码来说,占用较多的存储空间,所以一般在存储时还是采用数字编码,在计算时根据需要来把数字编码转换成 One-Hot 编码。代码如下。

图 2-8 One-Hot 编码

In[2]:
y_train = tf.convert_to_tensor(y_train, dtype=tf.int32) # 转换为张量
y_train = tf.one_hot(y_train, depth=10) # 将 MNIST 标签转换为 One-Hot 编码
print(y_train)
Out[2]:
tf.Tensor(
[[0. 0. 0. ... 0. 0. 0.]
 [1. 0. 0. ... 0. 0. 0.]
 [0. 0. 0. ... 0. 0. 0.]
 ...
 [0. 0. 0. ... 0. 0. 0.]
 [0. 0. 0. ... 0. 0. 0.]
 [0. 0. 0. ... 0. 1. 0.]], shape=(60000, 10), dtype=float32)

2. 显示训练集中前 10 个样本图形

手写数字图片包含的信息比较简单,每张图片均被缩放到 28×28 像素,同时只保留了灰度信息。这些数字由真人书写,包含了如字体大小、书写风格、粗细等丰富的样式,确保这些图片的分布与真实的手写数字的分布尽可能接近,从而保证了模型的泛化能力。

如何显示 MNIST 中的图片？下面将使用 Matplotlib 来对它们进行可视化处理。通过 Matplotlib 的 imshow 函数进行绘制,代码如下,训练集中前 10 个样本图形如图 2-9 所示。

In[3]:
  (x_train, y_train), (x_test, y_test) = datasets.mnist.load_data() # 加载数据集
print(x_train.shape)
fig,ax = plt.subplots(nrows=1,ncols=10,sharex=True,sharey=True,)
ax = ax.flatten()
for i in range(10):
    img = x_train[i]
    ax[i].imshow(img, cmap='Greys', interpolation='nearest')

ax[0].set_xticks([])
ax[0].set_yticks([])
plt.tight_layout()
plt.show()
Out[3]:
  (60000, 28, 28)

图 2-9 训练集中前 10 个样本图形

2.2.4 索引与切片

深度学习经常通过索引与切片操作来提取数据集的部分数据，下面介绍张量的索引与切片，最后以 MNIST 数据集为例演示张量索引与切片操作。

2.2.4 索引与切片

TensorFlow 遵循标准 Python 索引规则以及 NumPy 索引的基本规则。可以使用[*i*][*j*]…标准索引方式，也支持通过逗号分隔索引号的索引方式。

- 索引从 0 开始编制。
- 索引表示按倒序编制索引。
- 冒号（：）用于切片 start:stop:step。

通过 *start:end:step* 切片方式可以方便地提取一段数据，其中，start 为开始读取位置的索引，end 为结束读取位置的索引（不包含 end 位），step 为读取步长。start:end:step 切片方式有很多简写方式，这 3 个参数可以根据需要选择性地省略，全部省略时为"::"，表示从最开始读取到最末尾，步长为 1，即不跳过任何元素。

切片的简写方式见表 2-5，其中，从第一个元素读取时 start 可以省略，即 start=0 时可以省略，读取到最后一个元素时 end 可以省略，步长为 1 时 step 可以省略。

表 2-5 切片方式

切片方式	意义
start：end：step	从 start 开始读取到 end（不包含 end），步长为 step
start：end	从 start 开始读取到 end（不包含 end），步长为 1
start：	从 start 开始读取完后续所有元素，步长为 1
start：：step	从 start 开始读取完后续所有元素，步长为 step
：end：step	从 0 开始读取到 end（不包含 end），步长为 step
：end	从 0 开始读取到 end（不包含 end），步长为 1
：：step	每隔 step-1 个元素采样所有元素
：：	读取所有元素
：	读取所有元素

【例 2-13】 向量的索引。
代码如下。

```
In[1]:
rank_1 = tf.constant([1, 2, 3, 4, 5, 6, 7, 8, 9, 10])
print("First:", rank_1[0].numpy())
print("Second:", rank_1[1].numpy())
print("Last:", rank_1[-1].numpy())
Out[1]:
First: 1
Second: 2
Last: 10
```

使用[*i*][*j*]…标准索引方式编制索引会移除维度，通常用于获取具体元素的数值，而使用：切片编制索引会保留维度。代码如下。

In[2]:

```
print("Everything:", rank_1[:].numpy())
print("Before 4:", rank_1[:4].numpy())
print("From 4 to the end:", rank_1[4:].numpy())
print("From 2, before 7:", rank_1[2:7].numpy())
print("Every other item:", rank_1[::2].numpy())
print("Reversed:", rank_1[::-1].numpy())
Out[2]:
Everything: [ 1  2  3  4  5  6  7  8  9 10]
Before 4: [1 2 3 4]
From 4 to the end: [ 5  6  7  8  9 10]
From 2, before 7: [3 4 5 6 7]
Every other item: [1 3 5 7 9]
Reversed: [10  9  8  7  6  5  4  3  2  1]
```

rank_1[:] 表示 start、end、step 全部省略时，表示从最开始读取到最末尾，步长为 1，即不跳过任何元素。

rank_1[:4] 指定了 end 为 4，从开始读取到第四个元素。

rank_1[4:] 指定了 start 为 4，从第五个元素读取到最末尾。

rank_1[::2] 指定了 step 为 2，从左往右以步长为 2 进行切片。

rank_1[::-1] 指定了 step 为-1，表示从右往左，以步长为 1 进行切片。

【例 2-14】 从 MNIST 数据集中获取第 2、3 张图片。

通常用索引来指代轴，每个轴都表示特定的含义，如图 2-10 所示。轴一般按照从全局到局部的顺序进行排序：首先是批次轴，随后是空间维度，最后是每个位置的特征。这样在内存中，特征向量就会位于连续的区域。代码如下。

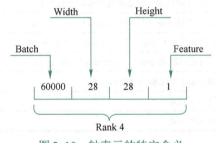

图 2-10　轴表示的特定含义

```
In[1]:
(x_train, y_train), (x_test, y_test) = datasets.mnist.load_data() # 加载数据集
sample = x_train[1:3]

fig,ax = plt.subplots(nrows=1,ncols=2,sharex=True,sharey=True,)
ax = ax.flatten()
for i in range(2):
    img = sample[i]
    ax[i].imshow(img)
plt.tight_layout()
plt.show()
Out[1]:
```

x_train[1:3]表示读取第 2、3 张图片，如图 2-11 所示。此外，x_train[0,::]表示读取第 1 张图片，其中::表示在行维度上读取所有行，它等于 x_train[0]的写法。

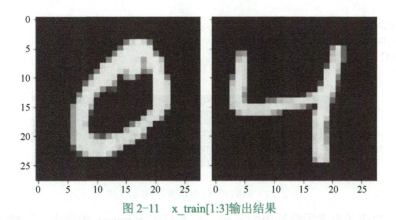

图 2-11 x_train[1:3]输出结果

【例 2-15】 从 MNIST 数据集中获取第 1 张图片,并隔行采样,隔列采样,相当于将图片的高、宽各缩放至原来的 50%。代码如下。

In[1]:
sample = x_train[0,0:28:2,0:28:2]
print(sample.shape)
Out[1]:
 (14, 14)

为了避免出现 sample[:,:,:,1]这样过多冒号的情况,可以使用…表示取多个维度上所有的数据,其中维度的数量需根据规则自动推断:当切片方式出现…时,…左边的维度将自动对齐到最左边,…右边的维度将自动对齐到最右边,此时系统再自动推断…代表的维度数量,…表示的意义见表 2-6。

表 2-6 …表示的意义

…	意义
a,…,b	a 维度对齐到最左边,b 维度对齐到最右边,中间的维度全部读取,其他维度按 a/b 的方式读取
a,… a	维度对齐到最左边,a 维度后的所有维度全部读取,a 维度按 a 方式读取。这种情况等同于 a 索引/切片方式
…, b	b 维度对齐到最右边,b 之前的所有维度全部读取,b 维度按 b 方式读取
…	读取张量所有数据

【例 2-16】 MNIST 数据集是灰度图,只有一个通道,下面从 MNIST 数据集中提取 4 张图片,如图 2-12 所示,并且将其扩展到 3 通道,即形状为[4,28,28,3]的图片张量,当需要读取 G 通道上的数据时,前面所有维度全部提取。代码如下。

In[1]:
(x_train, y_train), (x_test, y_test) = datasets.mnist.load_data() # 加载数据集
original = x_train[0:4:1,...]
sample = tf.image.grayscale_to_rgb(tf.reshape(original,(4,28,28,1)))

fig,ax = plt.subplots(nrows=1,ncols=4,sharex=True,sharey=True,)
ax = ax.flatten()
for i in range(4):
    img = sample[i]

```
ax[i].imshow(img)
plt.tight_layout()
plt.show()
Out[1]:
```

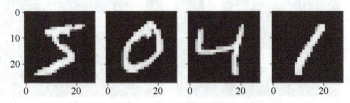

图 2-12　MNIST 数据集提取前 4 张图片

TensorFlow 自带了很多图像处理的方法，基本都在 tf.image 模块中，包括图像编解码、图像翻转、尺寸变换、图像裁剪、色彩变换、图像增强等常用功能。grayscale_to_rgb 函数功能是将一个或多个图像从灰度转换为 RGB。输出与原本图片相同数据类型和秩的张量，输出的最后一个维度的大小为 3，包含像素的 RGB 值。

因此输出 sample 的形状为（4, 28, 28, 3）。

下面取第 3 张图片，如图 2-13 所示。

```
In[2]:
img_data = sample[2,...]
plt.imshow(img_data)
plt.show()
Out[2]:
```

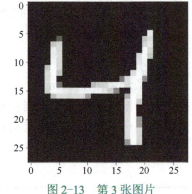

图 2-13　第 3 张图片

第 3 张图片可以使用 sample[2,:,:,:]，当张量的维度数量较多时，不需要采样的维度一般用单冒号:表示采样所有元素，此时有可能出现大量的:。因此使用 sample[2,...]来表示取 3 个维度上所有的数据。

下面分别输出第 3 张图片的 RGB 通道，如图 2-14 所示，代码如下。

```
In[3]:
fig,ax = plt.subplots(nrows=1,ncols=3,sharex=True,sharey=True,)

ax = ax.flatten()
for i in range(3):
    img = sample[2,...,i]
    ax[i].imshow(img)
plt.tight_layout()
plt.show()
Out[3]:
```

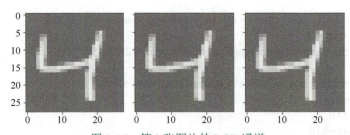

图 2-14　第 3 张图片的 RGB 通道

img = sample[2,...,i]，其中 i 分别取值 0、1、2，即 RGB 三个通道，img 的形状为（28，28）。

如果需要截取所有图片的 R 通道，则使用 img1 = sample[...,0]，表示 RGB 通道之前的所有维度全部读取，RGB 通道只取 R 通道，img1 的形状为（4，28，28）。

如果再增加一个 task 维度，如[2,4,28,28,3]，考虑以下切片后张量的形状，代码如下。

```
sample = tf.random.normal([2,4,28,28,3])
sample[0].shape              # TensorShape([4, 28, 28, 3])
sample[0,...].shape          # TensorShape([4, 28, 28, 3])
sample[...,0].shape          # TensorShape([2, 4, 28, 28])
sample[0,...,2].shape        # TensorShape([4, 28, 28])
sample[1,0,...,0].shape      # TensorShape([28, 28])
```

为了说明方便，下面把 5 秩张量的 5 个维度分别命名为 Task、Batch、Width、Height、Channels，即（T,B,W,H,C）。

sample[0]与 sample[0,...]、sample[0,:,:,:,:]含义相同，写法不同，表示 T 维度取第一个任务，其他所有维度全部读取。

sample[...,0]表示取 R 通道数据，(T,B,W,H)所有维度全部读取，因此它的形状为[2, 4, 28, 28]。

sample[0,...,2]表示取第一个任务，B 通道数据，(B,W,H)所有维度全部读取，因此它的形状为[4, 28, 28]。

sample[1,0,...,0]表示取第二个任务，第一张图片，R 通道数据，(W,H)所有维度全部读取，因此它的形状为（28, 28）。

张量的索引与切片方式非常灵活，尤其是切片操作初学者容易出错。切片操作只有 start:end:step 这一种基本形式，通过这种基本形式有目的地省略掉默认参数，从而衍生出多种简写方法，这也是很好理解的。熟悉它衍生的简写形式后便能推测出省略掉的信息，书写起来也更方便快捷。由于深度学习一般处理的维度数在 4 维以内，…操作符完全可以用:符号代替，因此理解了这些就会发现张量切片操作并不复杂。

2.2.5 维度变换

在神经网络运算过程中，维度变换是最核心的张量操作，通过维度变换可以将数据切换为任意形式，满足不同场合的运算需求。算法的每个模块对于数据张量的格式有不同的逻辑要求，当现有的数据格式不满足算法要求时，需要通过维度变换将数据调整为正确的格式，这就是维度变换的功能。

2.2.5 维度变换-1

2.2.5 维度变换-2

基本的维度变换包含了改变形状 Reshape、插入新维度 expand_dims、删除维度 squeeze、交换维度 transpose、复制数据 tile 等。

1. 改变形状（Reshape）

在介绍维度变换的方法之前，这里先介绍张量的存储和视图（View）的概念。张量的视图就是人们理解张量的方式，比如形状为（4,28,28,3）的张量 sample，可以理解为两张图片，每张图片 28 行 28 列，每个位置有 RGB 三个通道的数据。张量的存储体现在张量在内存上保存为一段连续的内存区域，对于同样的存储，我们可以有不同的理解方式，比如张量 sample，可以在不改变张量的存储下，将张量 sample 理解为两个样本，每个样本的特征为长度

28×28×3 的向量。

对于这样一组图片，可以有以下几种理解方式。

- 按照物理设备存储结构，即一整行的方式按（28×28）存储，这一行有连续的 784 个数据，这种理解方式可以用（b,28×28）表示。
- 按照图片原有结构存储，即保留图片的行列关系，以 28 行 28 列的数据理解，这种方式可以用（b,28,28）表示。
- 将图片分块（比如上下两部分），这种理解方式与第二种类似，只是将一张图变为两张，这种方式可以用（b,2,14×28）表示。
- 增加颜色通道，这种理解方式也与第二种类似，只是这种对 RGB 三色图区别更明显，可以用（b,28,28,1）表示。

内存存储数据时并不支持维度层级的概念，数据按顺序写入内存。为了方便表达，把张量相对靠左侧的维度叫作大维度，靠右侧的维度叫作小维度，比如（4,28,28,3）的张量中，图片数量 Batch 叫作大维度，通道数 Channels 叫作小维度。

改变张量的视图仅仅是改变了张量的理解方式，并不会改变张量的存储顺序，这在一定程度上是从计算效率考虑的，因为大量数据的写入操作会消耗较多的计算资源。改变视图操作在提供便捷性的同时，也会带来很多逻辑隐患，主要的原因是张量的视图与存储不同步。

通过 tf.reshape(x, new_shape)，可以合法改变张量的视图。

【例 2-17】 改变张量 sample 视图。

```
sample = tf.random.normal([4,28,28,3])
x = tf.reshape(sample,[4,-1,3])          # ndim=3,shape= (4, 784, 3)
```

将张量 sample 形状改变为($b,h*w*c$)，张量 x 可以理解为 4 张图片、784 个像素点、3 个通道。其中的参数-1 表示当前轴上长度需要根据视图总元素不变的法则自动推导，从而方便用户书写。比如（4,-1,3）中-1 可以推导为 28×28，即（4,28×28,3）。

```
x = tf.reshape(sample,[4,28,-1])         # ndim=3,shape= (4, 28, 84)
```

将张量 sample 形状改变为($b,h*w*c$)，张量 x 可以理解为 4 张图片、28 行，每行的特征长度为 28×3。

```
x = tf.reshape(sample,[4,-1])            # ndim=2,shape= (4, 2352)
```

将张量 sample 形状改变为($b,h*w*c$)，张量 x 可以理解为 4 张图片，每张图片的特征长度为 28×28×3。

改变张量视图是十分常见的操作，可以通过串联多个张量形状操作来实现复杂逻辑，但是通过改变张量形状来改变视图时，必须始终记住张量的存储顺序，新视图的维度顺序不能与存储顺序相悖，否则需要通过交换维度操作将存储顺序同步过来。例如，对于形状为[4,28,28,3]的图片数据，通过 Reshape 操作将形状调整为（4,784,3），此时视图的维度顺序为 b-pixel-c，张量的存储顺序为(b,h,w,c)。可以将（4,784,3）恢复为(b,h,w,c)=（4,32,32,3）时，新视图的维度顺序与存储顺序无冲突；可以恢复出无逻辑问题的数据(b,w,h,c)=（4,32,32,3）时，新视图的维度顺序与存储顺序冲突。

2. 增删维度

（1）增加维度

增加维度就是增加一个长度为 1 的维度，相当于给原有的数据增加一个新维度的概念，维度长度为 1，故数据并不需要改变，仅仅是改变数据的理解方式，因此它可以理解为改变视图的一种特殊方式。添加一个维度也只是让张量在这个维度上的长度变成 1，因为张量原本没有这个维度，但是强行加上了一个维度，那么张量在这个维度上的长度只能是 1。

TensorFlow 中想要维度增加一维，可以使用 tf.expand_dims(input, axis, name=None)函数，其中，input 是输入张量；axis 是指定扩大输入张量形状的维度索引值；name 是其名称。

例如，张量 a 形状为（4,50,8），分别表示（classes, students, grade），即 4 个班级，每个班级 50 名学生的 8 门课程的成绩。现在需要增加一个学校维度用于表示不同的学校，可以在最前面插入一个新的维度，即张量 a 形状为（1,4,50,8）。

【例 2-18】 一张 28×28 灰度图片的数据以 shape 为（28,28）张量的形式保存，需增加一个颜色通道，代码如下。

```
x = tf.random.uniform([28,28],maxval=10,dtype=tf.int32)   # shape=(28, 28)
x = tf.expand_dims(x,axis=2)                              # shape=(28, 28, 1)
```

在最后插入一个新的维度，定义为颜色通道，此时张量的形状为（1,28,28）。通过 tf.expand_dims(x, axis)可在指定的轴（axis）前插入一个新的维度，插入一个新维度后数据的存储顺序并不改变，仅在插入一个新的维度后改变了数据的视图。

同样可以在最前面插入一个新的维度，并命名为图片数量维度，长度为 1，此时张量的 shape 变为（1,28,28,1），代码如下。

```
x = tf.expand_dims(x,axis=0)                              # shape=(1, 28, 28, 1)
```

axis 参数为正表示在当前维度之前插入一个新维度，为负表示在当前维度之后插入一个新的维度。以(b,h,w,c)张量为例，不同 axis 参数的实际插入位置如图 2-15 所示。

【例 2-19】 请按照如下要求增加一个新的维度。如图 2-15 所示，通过本例理解 axis 参数的意义。

```
张量 x，形状为（4,28,28,3）
Shape1=(1, 4, 28, 28, 3)
Shape2=(4, 1, 28, 28, 3)
Shape3=(4, 28, 28, 3, 1)
Shape4=(4, 28, 28, 3, 1)
Shape5=(4, 1, 28, 28, 3)
x = tf.random.uniform([4,28,28,3],maxval=10,dtype=tf.int32)
print(tf.expand_dims(x, axis=0).shape)    # shape=(1, 4, 28, 28, 3)
print(tf.expand_dims(x, axis=1).shape)    # shape=(4, 1, 28, 28, 3)
print(tf.expand_dims(x, axis=4).shape)    # shape=(4, 28, 28, 3, 1)
print(tf.expand_dims(x, axis=-1).shape)   # shape=(4, 28, 28, 3, 1)
print(tf.expand_dims(x, axis=-4).shape)   # shape=(4, 1, 28, 28, 3)
```

图 2-15 axis 参数

（2）删除维度

删除维度是增加维度的逆操作，删除维度只能删除长度为 1 的维度。与增加维度时一样，也不会改变张量的存储。

可以通过 tf.squeeze(input, axis=None, name=None)函数删除维度，axis 参数为待删除维度的索引号。该函数返回一个张量，这个张量是将原始 input 中所有维度为 1 的维度都删掉的结果，axis 可以用来指定要删掉的维度为 1 的维度，此处注意指定的维度必须确保是 1，否则会报错。

【例 2-20】 张量 a 形状为（1,28,28,1），需要将图片数量维度删除，代码如下。

```
x = tf.random.uniform([1,28,28,1],maxval=10,dtype=tf.int32)
```

```
x = tf.squeeze(x, axis=0)    # shape=(28, 28, 1)
```

如果颜色通道维度也需要删除，由于已经删除了图片数量维度，此时的 x 的形状为（28,28,1），因此删除通道数维度时指定 axis=2，代码如下。

```
x = tf.squeeze(x, axis=2)    # shape=(28, 28)
```

如果不指定维度参数 axis，会默认删除所有长度为 1 的维度，代码如下。

```
x = tf.random.uniform([1,28,28,1],maxval=10,dtype=tf.int32)
x = tf.squeeze(x)    # shape=(28, 28)
```

3. 交换维度

交换维度是通过交换维度操作改变张量的存储顺序，直接改变张量数据的存储顺序，同时也改变张量的视图。

在 TensorFlow 中使用 tf.transpose(a, perm=None, conjugate=False, name='transpose')函数来交换维度，tf.transpose 被用于矩阵、张量转置，除了可以交换二维矩阵的行和列之外，还可以交换张量不同轴之间的顺序。

张量 a 的转置是根据 perm 参数的设定值来进行的，perm 参数用于指定交换后张量的轴是原先张量轴的位置。返回张量的维度与输入的 perm 参数的维度相一致。如果未给定 perm 参数值，默认设置为(n-1...0)，这里的 n 值是输入张量的阶。假设是 2D 张量，且其 shape=(x, y)，此状态下默认 perm = [0, 1]。当对 2D 张量进行转置时，如果指定 tf.transpose(perm=[1, 0])，就直接完成了矩阵的转置，此时 Tensor 的 shape=(y, x)。如果是 3D 张量，就是用 0,1,2 来表示。perm 参数列表中的每个数对应相应的维度，如[2,1,0]，就是把输入张量的第三维度和第一维度交换。

【例 2-21】 2D 张量的交换维度，代码如下。

```
In[1]:
x = tf.constant([[1, 2, 3], [4, 5, 6]])    # shape=(2, 3)
x = tf.transpose(x)                         # shape=(3, 2)
Out[1]:
tf.Tensor(
[[1 2 3]
 [4 5 6]], shape=(2, 3), dtype=int32)
tf.Tensor(
[[1 4]
 [2 5]
 [3 6]], shape=(3, 2), dtype=int32)
```

x 为 2D 张量，其交换维度就是矩阵的转置，行和列相互交换。它有两条索引轴（axis），分别是 0 和 1，0 索引轴是行标，1 索引轴是列标，这时不需要指定 perm 参数，用户也可以根据需要指定 perm 参数，代码如下。

```
In[1]:
x = tf.constant([[1, 2, 3], [4, 5, 6]])    # shape=(2, 3)
x = tf.transpose(x, perm=[1, 0])            # shape=(3, 2)
```

现在第 0 个索引轴对应原来的第 1 个索引轴，第 1 个索引轴对应原来的第 0 个索引轴。

【例 2-22】 3D 张量的交换维度，代码如下。

```
In[1]:
x = tf.constant([[[ 1,  2,  3],[ 4,  5,  6]],[[ 7,  8,  9],[10, 11, 12]]])    # shape=(2, 2, 3)
x = tf.transpose(x, perm=[0, 2, 1])                                            # shape=(2, 3, 2)
```

```
Out[1]:
tf.Tensor(
[[[ 1  2  3]
  [ 4  5  6]]

 [[ 7  8  9]
  [10 11 12]]], shape=(2, 2, 3), dtype=int32)
tf.Tensor(
[[[ 1  4]
  [ 2  5]
  [ 3  6]]

 [[ 7 10]
  [ 8 11]
  [ 9 12]]], shape=(2, 3, 2), dtype=int32)
```

perm 参数是一个列表，列表第 i 位数字，表明交换维度后张量的第 i 个索引轴对应的是原来张量第 i 个索引轴，如图 2-16 所示。perm 参数为[0, 2, 1]，表示 axis1 与 axis2 位置相互交换，交换维度后张量 x 形状为[2, 3, 2]。

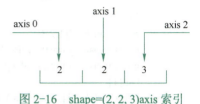

图 2-16 shape=(2, 2, 3)axis 索引

【例 2-23】 在 TensorFlow 中，图片张量的默认存储格式是通道后行格式：(b,h,w,c)，但是部分库的图片格式是通道先行：(b,c,h,w)，因此需要完成 (b,h,w,c) 到 (b,c,h,w) 交换维度运算。

以形状为 (4,28,28,3) 的图片张量为例，"图片数量、行、列、通道数"的维度索引分别为 0、1、2、3，如果需要交换为 (b,c,h,w) 格式，则新维度的排序为"图片数量、通道数、行、列"，对应的索引号为[0,3,1,2]，因此参数 perm 需设置为[0,3,1,2]，代码如下。

```
x = tf.random.normal([2, 32, 32, 3])      # shape=(2, 32, 32, 3)
x = tf.transpose(x, perm=[0, 3, 1, 2])    # shape=(2, 3, 32, 32)
```

通过 tf.transpose 完成维度交换后，张量的存储顺序已经改变，视图也随之改变，后续的所有操作必须基于新的存储顺序进行。

2.2.6 广播机制

TensorFlow 支持广播机制（Broadcast），可以广播元素间操作。正常情况下进行加法、乘法等操作时，需要确保操作数的形状是相匹配的，如不能将一个具有形状（3,2）的张量和一个具有（3,4）形状的张量相加。但有一个特殊情况，当其中一个操作数是具有单独维度（Singular Dimension）的张量时，TensorFlow 会隐式地在它的单独维度方向填满，以确保和另一个操作数的形状相匹配。例如，一个形状为（4,3）的张量和一个形状为（3）的张量相加在 TensorFlow 中是合法的。

2.2.6
广播机制

【例 2-24】 张量 a(shape=(4,3)) 与张量 b(shape=(3)) 相加。

$$\begin{pmatrix} 0 & 0 & 0 \\ 1 & 1 & 1 \\ 2 & 2 & 2 \\ 3 & 3 & 3 \end{pmatrix} + (1 \quad 2 \quad 3)$$

按照矩阵的运算规则，两个矩阵相加减，即它们相同位置的元素相加减。只有对于两个行数、列数分别相等的矩阵（即同型矩阵），加减法运算才有意义，即加减运算是可行的。

如果张量 a 与张量 b 相加，则根据矩阵运算法则，需要张量 b 增加维度，插入新维度后在新的维度上面复制若干份数据，满足后续算法的格式要求。即张量 b 插入新维度后，需要在新维度上复制 4 份数据，将形状变为与张量 a 一致后，才能完成张量相加运算。

可以通过 tf.tile（input, multiples, name=None）函数完成数据在指定维度上的复制操作，multiples 分别指定了每个维度上面的复制倍数，对应位置为 1 表示不复制，为 2 表示新长度为原来的长度的 2 倍，即数据复制一份，以此类推，代码如下。

```
In[1]:
b = tf.constant([1,2,3])            # shape=(3,)
b = tf.expand_dims(b, axis=0)       # shape=(1, 3)
b = tf.tile(b, multiples=[4,1])     # shape=(4, 3)
Out[1]:
tf.Tensor([1 2 3], shape=(3,), dtype=int32)
tf.Tensor([[1 2 3]], shape=(1, 3), dtype=int32)
tf.Tensor(
[[1 2 3]
 [1 2 3]
 [1 2 3]
 [1 2 3]], shape=(4, 3), dtype=int32)
```

tf.tile(b, [4, 1])中的[4, 1]表示在第一个维度上把输入的张量复制 4 遍，在第二个维度上不复制。本例第一个维度就是行，第二个维度就是列，因此 b 就变成了 shape=(4, 3)的矩阵。然后与张量 a 相加，代码如下。

```
In[1]:
a = tf.constant([[0,0,0],[1,1,1],[2,2,2],[3,3,3]])    # shape=(4, 3)
c = a+b                                                # shape=(4, 3)
Out[1]:
 [[1 2 3]
  [2 3 4]
  [3 4 5]
  [4 5 6]], shape=(4, 3), dtype=int32)
```

tf.tile 会创建一个新的张量来保存复制后的张量，由于复制操作涉及大量数据的读写（R/W）运算，计算代价相对较高。Broadcast 机制都能通过优化手段避免实际复制数据而完成逻辑运算，从而相对于 tf.tile 函数，减少了计算代价。

广播机制是在隐式情况下进行填充的，这可以使代码更加简洁，并且能更有效地利用内存，因为不需要另外存储填充操作的结果。一个可以表现这个优势的应用场景就是结合具有不同长度的特征向量。代码如下。

```
In[1]:
b = tf.constant([1,2,3])           # shape=(3,)
b = tf.broadcast_to(b,[4,3])       # shape=(4, 3)
Out[1]:
tf.Tensor(
[[1 2 3]
 [1 2 3]
 [1 2 3]
```

[1 2 3]], shape=(4, 3), dtype=int32)

可使用 Broadcast 函数 tf.broadcast_to(input, shape, name=None)，将张量 b 扩张为 shape=(4, 3)。广播机制和 tf.tile 复制的最终效果是一样的，但操作对用户透明，节省了大量计算资源，代码如下。

```
a = tf.constant([[0,0,0],[1,1,1],[2,2,2],[3,3,3]])    # shape=(4, 3)
b = tf.constant([1,2,3])    # shape=(3,)
c = a+b
```

上面代码中形状为（4,3）的张量 a 与形状为（3）的张量 b 相加，为什么没有报错？这是因为它自动调用 Broadcast 函数 tf.broadcast_to，将两者的形状扩张为相同的（4,3），即上式等效为 c = a + tf.broadcast_to(b,(4,3))，最终的结果就会是一个形状为（4,3）的张量。

张量在进行加、减、乘、除等运算时，处理不同形状的张量时会隐式自动调用广播机制，将参与运算的张量扩展成一个公共形状再进行相应的计算，如图 2-17 所示，演示了两种不同形状下的张量 a、b 相加的操作。

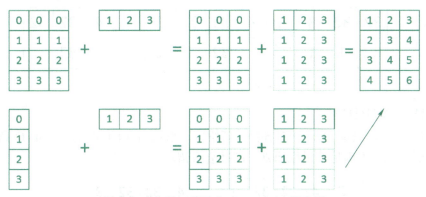

图 2-17　加法运算时自动 Broadcast 示意图

有了广播机制后，只要运算的逻辑都正确，形状不一致的张量也可以直接完成运算，广播机制并不会扰乱正常的计算逻辑。

广播机制的核心思想是普适性，即同一份数据能普遍适合于其他位置。在验证普适性之前，需要将张量形状靠右对齐，然后进行普适性判断：对于长度为 1 的维度，默认这个数据普遍适合于当前维度的其他位置；对于不存在的维度，则在增加新维度后默认当前数据也是普适于新维度的，从而可以扩展为更多维度数、其他长度的张量形状。

下面通过一个实例解释 Broadcast 的原理。

【例 2-25】　一个形状为（28,1）的张量 a，需要扩展成形状为（4,28,28,3）的张量，代码如下。

```
In[1]:
a = tf.random.normal([28,1])
tf.broadcast_to(a, [4,28,28,3])    # shape=(4, 28, 28, 3)
```

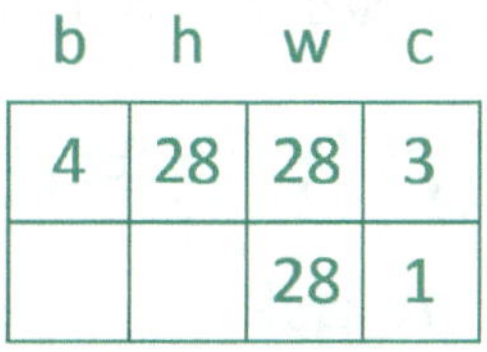

首先将两个 shape 靠右对齐，检查是否可以广播，将两个张量靠右对齐，如图 2-18 所示。

图 2-18　将两个张量靠右对齐

对于通道维度 c，张量的长度为 1，则默认此数据同样适合当前维度的其他位置，将数据在逻辑上复制 3-1 份，长度变为 3；对于不存在的 b 和 h 维度，则自动插入新维度，新维度长度为 1，同时默认当前的数据普适于新维度的其他位置，即对于其他的图片、行来说，与当前这一行的数据完全一致，如图 2-19 所示。这样将数据 b、h 维度的长度自动扩展为 4、28。

图 2-19 将张量 a 扩展为形状为[4,28,28,3]的张量

判断以下张量是否可以广播。

  A：[4,32,32,3] B:[32,1,1]

如图 2-20 所示，张量 B 首先右端对齐插入新维度，形状为（1,32,1,1），对于长度为 1 的维度，扩展为相同的长度。

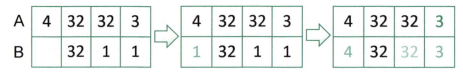

图 2-20 张量 B 扩展为张量 A 的步骤

  C：[4,32,32,3] D:[32,2]

如图 2-21 所示，张量 D 右端对齐插入新维度，形状为（1,1,32,2），张量 C 最右端维度为 3，张量 D 维度为 2，不满足普适性原则，广播会报错。

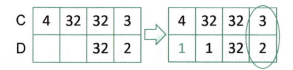

图 2-21 扩展张量 D 的步骤

2.3 任务 2：张量的进阶操作

张量的进阶操作包括张量的合并与分割、张量比较、张量排序、张量中提取数值，以及最大值、最小值、均值、和的求取等。

2.3.1 合并与分割

1. 合并

合并是将多个张量在某个维度上合并为一个张量，可以使用拼接（tf.concat）和堆叠（tf.stack）操作实现。拼接操作并不会产生新的维度，仅在现有的维度上合并；而堆叠会创建新维度。

2.3.1 合并与拼接

（1）拼接（Concat）

张量的拼接是一个经常发生的操作，如何利用 tf.concat 拼接两个张量？首先解释一下什么是张量的拼接操作，假设有两个成绩表记录了学生数学、语文、英语、政治、历史的成绩，A 成绩表汇总了学号为 001～005 共五名学生的成绩，B 成绩表汇总了学号为 006～010 共五名学生的成绩。这十名学生是同一个班级的，成绩需汇总到 C 成绩表中，如图 2-22 所示。

学生 ID	数学	语文	英语	政治	历史
001	80	75	85	90	83
002	78	76	89	86	78
003	57	80	85	87	85
004	88	82	88	88	65
005	87	75	78	77	90

a)

学生 ID	数学	语文	英语	政治	历史
006	88	83	94	99	91
007	86	84	98	95	86
008	63	88	94	96	94
009	97	90	97	97	72
010	96	83	86	85	99

b)

学生 ID	数学	语文	英语	政治	历史
001	80	75	85	90	83
002	78	76	89	86	78
003	57	80	85	87	85
004	88	82	88	88	65
005	87	75	78	77	90
006	88	83	94	99	91
007	86	84	98	95	86
008	63	88	94	96	94
009	97	90	97	97	72
010	96	83	86	85	99

c)

图 2-22　成绩行拼接

a) A 成绩表　b) B 成绩表　c) C 成绩表

这三个成绩表分别用张量 a、b、c 存储，即张量 a 与张量 b 拼接为张量 c，张量 a 与张量 b 的形状都为(5,5)。

在 TensorFlow 中，可以通过 tf.concat(values, axis)来拼接张量，其中 values 保存了所有需要拼接的张量列表，axis 指定需要拼接的维度，代码如下。

```
In[1]:
a = tf.random.normal([5,5])          # shape=(5, 5)
b = tf.random.normal([5,5])          # shape=(5, 5)
c = tf.concat([a,b],axis=0)          # shape=(10, 5)
```

这里班级维度索引号为 0，即 axis=0。

假设 A 成绩表汇总了学号为 001～005 共五名同学的数学、语文、英语、政治、历史成绩，B 成绩表汇总了这五位同学的地理、音乐、美术成绩，成绩需汇总到 C 成绩表，如图 2-23 所示，代码如下。

学生 ID	数学	语文	英语	政治	历史
001	80	75	85	90	83
002	78	76	89	86	78
003	57	80	85	87	85
004	88	82	88	88	65
005	87	75	78	77	90

学生 ID	地理	音乐	美术
001	80	85	87
002	82	88	88
003	75	78	77
004	83	94	99
005	84	98	95

学生 ID	数学	语文	英语	政治	历史	地理	音乐	美术
001	80	75	85	90	83	80	85	87
002	78	76	89	86	78	82	88	88
003	57	80	85	87	85	75	78	77
004	88	82	88	88	65	83	94	99
005	87	75	78	77	90	84	98	95

图 2-23　成绩列拼接

```
In[1]:
a = tf.random.normal([5,5])          # shape=(5, 5)
```

```
b = tf.random.normal([5,3])            # shape=(5, 3)
c = tf.concat([a,b],axis=1)            # shape=(5, 8)
```

这里成绩维度索引号为 1，即 axis=1。

拼接操作可以在任意的维度上进行，唯一的约束是非合并维度的长度必须一致。

【例 2-26】 假设张量 A 保存了某学校 1~4 班的成绩单，每个班级有 35 个学生，共 8 门课程，则张量 A 的形状为（4,35,8），张量 B 保存了其他 6 个班级的成绩单，形状为（6,35,8）。通过拼接两个成绩单，可得到学校所有班级的成绩单张量 C，代码如下。

```
In[1]:
a = tf.random.normal([4,35,8])         # shape=(4,35,8)
b = tf.random.normal([6,35,8])         # shape=(6,35,8)
c = tf.concat([a,b],axis=0)            # shape=(10, 35, 8)
```

如果张量 B 保存的是其他 6 个班级的成绩单，每个班级有 32 个学生，则张量 B 的形状为（6,32,8），而张量 A 的形状为（4,35,8），张量 A 与张量 B 不能直接在班级维度上进行拼接，因为学生数维度的长度并不一致，一个为 32，另一个为 35。代码如下。

```
In[1]:
a = tf.random.normal([4,35,8])         # shape=(4,35,8)
b = tf.random.normal([6,32,8])         # shape=(6,32,8)
c = tf.concat([a,b],axis=0)            # shape=(10, 35, 8)
```

返回错误如下。

```
Out[1]:
InvalidArgumentError: ConcatOp : Dimensions of inputs should match: shape[0] = [4,35,8] vs. shape[1] = [6,32,8] [Op:ConcatV2] name: concat
```

（2）堆叠（Stack）

拼接是直接在现有维度上合并数据，并不会创建新的维度。如果在合并数据时，希望创建一个新的维度，则需要使用堆叠操作，即 tf.stack 函数。假设张量 A 保存了某个班级的成绩单，形状为(35,8)，张量 B 保存了另一个班级的成绩单，形状为(35,8)。如果要合并这两个班级的数据，就需要创建一个班级维度。新维度可以选择放置在任意位置，根据大小维度的经验法则，将较大概念的班级维度放置在学生维度之前，则合并后的张量的形状为(2,35,8)。

使用 tf.stack(values, axis)可以合并多个张量，values 定义需要合并的张量列表，将 values 定义的张量列表中的张量合并到一个新的张量中。新的张量会创建一个维度，axis 指定插入新维度的位置。

axis 的用法与 tf.expand_dims 一致，当 axis≥0 时，在 axis 之前插入新维度；当 axis<0 时，在 axis 之后插入新维度。假设张量列表中张量的形状为(A,B,C)，新插入的维度长度为 N。如果 axis=0，那么新张量形状为(N,A,B,C)；如果 axis=1，那么新张量形状为(A,N,B,C)；如果 axis=-1 那么新张量形状为(A,B,C,N)。

【例 2-27】 采用堆叠方式合并 A、B 两个班级成绩单，代码如下。

```
In[1]:
a = tf.random.normal([35,8])           # shape=(35,8)
b = tf.random.normal([35,8])           # shape=(35,8)
tf.stack([a,b],axis=0)                 # shape=(2, 35, 8)
```

tf.stack 也需要满足张量堆叠合并条件，它需要所有合并的张量形状完全一致才可合并。如果张量形状不一致，进行堆叠会发生错误，代码如下。

```
In[1]:
a = tf.random.normal([35,8])         # shape=(35,8)
b = tf.random.normal([35,4])         # shape=(35,4)
tf.stack([a,b],axis=0)
Out[1]:
InvalidArgumentError: Shapes of all inputs must match: values[0].shape = [35,8] != values[1].shape = [35,4]
[Op:Pack] name: stack
```

2. 分割

分割是合并操作的逆过程，是将一个张量分拆为多个张量。可以通过函数 tf.split()和 tf.unstack()完成张量的分割操作。如 tf.split(value, num_or_size_splits, axis, num)，value 是待分割张量，axis 是分割的维度索引号，num_or_size_splits 是分割方案，当其为单个数值时，表示等长切割为几份，如 5 表示等长切割为 5 份；当其为列表时，列表的每个元素表示每份的长度，如（2,4,2,2）表示切割为 4 份，每份的长度依次是 2、4、2、2。

【例 2-28】 现在有整个学校的成绩单张量 x，形状为(10,35,8)，需要将数据在班级维度切割为 10 个张量，每个张量保存对应班级的成绩，代码如下。

```
In[1]:
x = tf.random.normal([10, 35, 8])
result = tf.split(x, num_or_size_splits=10, axis=0)     # 等长切割为 10 份
print(len(result))   # 10
print(result[0].shape)   # (1, 35, 8)
Out[1]:
10
(1, 35, 8)
```

切割后返回的 result 是个长度为 10 的向量，其中包括 10 个张量，形状为（1,35,8），保留了班级维度。

也可自定义长度的切割，切割为 4 份，返回 4 个张量的列表 result，代码如下。

```
In[1]:
result = tf.split(x, num_or_size_splits=[4, 2, 2, 2], axis=0)
print(len(result))   # 4
print(result[0].shape)   # (4, 35, 8)
print(result[2].shape)   # (2, 35, 8)
Out[1]:
4
(4, 35, 8)
(2, 35, 8)
```

如果希望在某个维度上全部按长度为 1 的方式分割，还可以直接使用 tf.unstack(x,axis)。这种方式是 tf.split 的一种特殊情况，切割长度固定为 1，只需要指定切割维度即可，代码如下。

```
In[1]:
x = tf.random.normal([10, 35, 8])
result = tf.unstack(x, axis=0)
print(len(result))   # 10
print(result[0].shape)   # (35, 8)
Out[1]:
10
(35, 8)
```

tf.split()比 tf.unstack()灵活性更强,通过 tf.unstack() 切割后,指定切割的维度将会消失。

2.3.2 最大值、最小值、均值、和

通过 tf.reduce_max、tf.reduce_min、tf.reduce_mean、tf.reduce_sum 可以求解张量在某个维度上的最大值、最小值、均值、和,也可以求全局最大值、最小值、均值、和信息。

2.3.2 最大值、最小值、均值、和

1. 最大值与最小值

tf.reduce_max(input_tensor, axis)函数用于在输入张量的某一维度上求最大值,参数 input_tensor 是待求值的张量,axis 为计算张量某一维度的最大值。

【例 2-29】 求张量最大值,代码如下。

```
In[1]:
x = tf.constant([5, 1, 2, 4])
print(tf.reduce_max(x))

x = tf.constant([-5, -1, -2, -4])
print(tf.reduce_max(x))

x = tf.constant([[1, 220, 55], [4, 3, -1]])
print(tf.reduce_max(x,axis=1))
Out[1]:
tf.Tensor(5, shape=(), dtype=int32)
tf.Tensor(-1, shape=(), dtype=int32)
tf.Tensor([220    4], shape=(2,), dtype=int32)
```

在深度学习中经常会用到求张量最大值的操作,如在十分类问题中,预测结果将会保存在一个形状为(4,10)的张量中,其中第一个维度代表样本数量,第二个维度代表当前样本分别属于 10 个类别的概率,需要求出每个样本概率的最大值,代码如下。

```
In[1]:
x = tf.random.normal([4,10])
tf.reduce_max(x,axis=1) #  求概率维度上的最大值
Out[1]:
tf.Tensor([2.7329392 1.3774508 1.9516757 2.102635 ], shape=(4,), dtype=float32)
```

tf.reduce_min(input_tensor, axis)函数用于在输入张量的某一维度上求最小值,需求出每个样本概率的最小值,代码如下。

```
In[1]:
tf.reduce_min(x,axis=1) #  求概率维度上的最小值
```

2. 平均值

tf.reduce_mean(input_tensor, axis=None, keepdims=False)函数用于计算张量各个维度上元素的平均值。参数 axis 用于指定轴,如果不指定 axis,则计算所有元素的均值,并返回具有单个元素的张量。参数 keepdims 用于指定是否降维度,若设置为 True,则输出的结果保持输入张量的形状;若设置为 False,则输出结果会降低维度。

【例 2-30】 求张量平均值,代码如下。

```
In[1]:
```

```
x = tf.constant([[1., 1.], [2., 2.]])
tf.reduce_mean(x)
tf.reduce_mean(x, 0)
tf.reduce_mean(x, 1)
Out[1]:
tf.Tensor(1.5, shape=(), dtype=float32)
tf.Tensor([1.5 1.5], shape=(2,), dtype=float32)
tf.Tensor([1. 2.], shape=(2,), dtype=float32)
```

3．求和

与均值函数相似的是求和函数 tf.reduce_sum(input_tensor, axis=None, keepdims=False)，它可以求解张量在 axis 轴上所有特征的和。

【例 2-31】 求张量和，代码如下。

```
In[1]:
x = tf.constant([[1, 1, 1], [1, 1, 1]])
tf.reduce_sum(x)              # 1 + 1 + 1 + 1 + 1 + 1 = 6
tf.reduce_sum(x, 0)           # the result is [1, 1, 1] + [1, 1, 1] = [2, 2, 2]
tf.reduce_sum(x, 1)           # the result is [1, 1] + [1, 1] + [1, 1] = [3, 3]
Out[1]:
tf.Tensor(6, shape=(), dtype=int32)
tf.Tensor([2 2 2], shape=(3,), dtype=int32)
tf.Tensor([3 3], shape=(2,), dtype=int32)
```

4．最值的索引号

除了希望获取张量的最大值、最小值信息，还希望获得最大值、最小值所在的索引号。例如，在手写数字识别问题中，第二个维度代表当前样本分别属于哪个数字的概率，即元素的位置索引代表当前样本属于此类别的概率，预测时会选择概率值最大的元素所在的索引号作为样本类别的预测值。

【例 2-32】 假设张量 x 保存了两个样本预测概率，形状为（2,10），代码如下。

```
In[1]:
x = tf.random.normal([2,10])
x = tf.nn.softmax(x, axis=1)
print(x)
print(tf.reduce_max(x,axis=1))
Out[1]:
tf.Tensor(
[[0.0202559   0.09982532 0.0548146   0.14131378 0.03639442 0.01678294
  0.06639876 0.19973841 0.19989565 0.16458027]
 [0.04248312 0.05951774 0.01406868 0.01584685 0.09962536 0.1533127
  0.08392806 0.02810179 0.01282548 0.49029028]], shape=(2, 10), dtype=float32)
tf.Tensor([0.19989565 0.49029028], shape=(2,), dtype=float32)
```

第一个样本最大值为 0.19989565，所在的索引为 8，对于第一个样本来说索引为 8 的类别概率最大，所以在预测时考虑第一个样本应该最有可能是数字 8。

这就是需要求解最大值索引号的一个典型应用，通过 tf.argmax(input, axis)、tf.argmin (input, axis)可以求解在 axis 轴上，张量 input 的最大值、最小值所在的索引号，代码如下。

```
In[1]:
pred = tf.argmax(x, axis=1)
```

Out[1]:
tf.Tensor([8 9], shape=(2,), dtype=int64)

Out[1]:是[8 9]，说明第一个样本预测是数字 8，第二个样本预测是数字 9。

【例 2-33】 求解最大值索引号，代码如下。

In[1]:
a = tf.constant([2, 20, 30, 3, 6])
tf.argmax(a)   # A[2] is maximum in tensor A

b = tf.constant([[2, 20, 30, 3, 6], [3, 11, 16, 1, 8],
                [14, 45, 23, 5, 27]])
tf.argmax(b, 0)
tf.argmax(b, 1)
Out[1]:
tf.Tensor(2, shape=(), dtype=int64)
tf.Tensor([2 2 0 2 2], shape=(5,), dtype=int64)
tf.Tensor([2 2 1], shape=(3,), dtype=int64)

【例 2-34】 随机生成 4 位学生的 8 门课程的成绩单，求每位学生成绩最低的是哪门课程，以及每门课程哪位学生成绩最高，代码如下。

In[1]:
a = np.random.randint(60,100,(4,8))
b = tf.constant(a,dtype=tf.float32)
tf.argmin(b,1)
tf.argmax(b,0)
Out[1]:
tf.Tensor(
[[70. 83. 88. 91. 73. 79. 95. 95.]
 [84. 83. 89. 64. 75. 66. 81. 83.]
 [95. 93. 78. 80. 98. 89. 85. 76.]
 [74. 89. 61. 93. 77. 62. 91. 75.]], shape=(4, 8), dtype=float32)
tf.Tensor([0 3 7 2], shape=(4,), dtype=int64)
tf.Tensor([2 2 1 3 2 2 0 0], shape=(8,), dtype=int64)

2.3.3~2.3.5
张量比较、排序、取值

2.3.3 张量比较

TensorFlow 中提供了 6 个常用的张量比较函数，包括 tf.math.equal、tf.math.greater、tf.math.less、tf.math.greater_equal、tf.math.less_equal、tf.math.not_equal，见表 2-7。

表 2-7 张量比较函数

功能	函数代码
张量是否相等	tf.math.equal(a, b)
大于（>）	tf.math.greater
小于（<）	tf.math.less
大于或等于（≥）	tf.math.greater_equal
小于或等于（≤）	tf.math.less_equal
不等于（≠）	tf.math.not_equal

TensorFlow 也支持>、<、≥、≤四种运算符，但==和≠运算符的功能与 Python 中的 is 和 is not 相同，用于判断被比较的两个参数是否是同一个张量，返回的不再是张量，而是普通的布尔类型的量。

【例 2-35】 比较两个张量是否相等，代码如下。

```
In[1]:
x = tf.constant([2, 4])
y = tf.constant(2)
tf.math.equal(x, y)

x = tf.constant([2, 4])
y = tf.constant([2, 4])
tf.math.equal(x, y)
Out[1]:
tf.Tensor([ True False], shape=(2,), dtype=bool)
tf.Tensor([ True  True], shape=(2,), dtype=bool)
```

tf.math.equal(x, y)函数的作用是比较张量 x、y 的元素，如果相等则返回 True，否则返回 False，如果 x、y 形状不同则先执行广播操作，代码如下。

```
In[1]:
x = tf.constant([1,2,3,4,5,6])
y = tf.constant([[1],[2],[3],[4],[5],[6]])
tf.math.equal(x, y)
Out[1]:
tf.Tensor(
[[ True False False False False False]
 [False  True False False False False]
 [False False  True False False False]
 [False False False  True False False]
 [False False False False  True False]
 [False False False False False  True]], shape=(6, 6), dtype=bool)
```

【例 2-36】 比较两个张量大小，代码如下。

```
In[1]:
x = tf.constant([5, 4, 6])
y = tf.constant([5])
tf.math.greater(x, y)    # [False, False, True]

x = tf.constant([1,3,2,5,1])
y = tf.constant([1,3,4,3,2])
tf.math.less(x, y)    # [False, False,   True, False,   True]
```

通过 tf.where(condition, x=None, y=None)函数可以根据张量 condition 中元素的真假从 x 或 y 中读取数据。

【例 2-37】 根据条件返回元素，代码如下。

```
In[1]:
condition = tf.less(np.array([[1, 3, 5], [2, 6, 4]]), 4)
x = tf.constant([[1, 1, 1], [2, 2, 2]])
y = tf.constant([[3, 3, 3], [4, 4, 4]])
tf.where(condition, x, y)      # tf.Tensor([[1 1 3] [2 4 4]], shape=(2, 3), dtype=int32)
```

```
x = tf.constant([[1, 1, 1],[2, 2, 2]])
y = tf.constant([[3, 3, 3],[4, 4, 4]])
tf.where([True,False,True],x,y)        # tf.Tensor([[1 3 1][2 4 2]], shape=(2, 3), dtype=int32)

tf.where([True, False, False, True], [1,2,3,4], [100,200,300,400])   # [   1, 200, 300,   4]
tf.where([True, False, False, True], [1,2,3,4], [100])               # [   1, 100, 100,   4]
tf.where([True, False, False, True], [1,2,3,4], 100)                 # [   1, 100, 100,   4]
tf.where([True, False, False, True], 1, 100)                         # [   1, 100, 100,   1]

tf.where([True, False, False, True])              # tf.Tensor([[0] [3]], shape=(2, 1), dtype=int64)
tf.where([[True, False], [False, True]])          # tf.Tensor([[0 0] [1 1]], shape=(2, 2), dtype=int64)
tf.where([[[True, False], [False, True], [True, True]]])    # tf.Tensor([[0 0 0][0 1 1][0 2 0][0 2 1]], shape=(4, 3), dtype=int64)
```

【例 2-38】 计算分类任务的准确率指标时，需要将预测结果和真实标签比较，统计比较结果中正确的数量占比就是计算准确率。这里计算 100 个样本的预测结果。

用正态分布来模拟 100 个样本的预测结果，可以认为是 100 个 MNIST 样本，代码如下。

```
out = tf.random.normal([100,10])
out = tf.nn.softmax(out, axis=1)
```

选取预测值，计算最大值所在的索引，代码如下。

```
pred = tf.argmax(out,axis=1)
Out[1]:
tf.Tensor(
[5 6 0 1 0 8 9 3 0 2 0 4 1 8 8 7 6 4 0 7 7 2 9 8 7 5 8 7 2 8 5 6 3 2 8 0 2
 7 6 4 3 1 3 8 1 5 7 6 1 5 5 3 2 5 4 4 2 7 2 9 7 3 2 8 2 9 9 6 8 7 4 8 0 8
 5 4 2 6 6 5 3 4 0 8 0 2 8 3 3 9 5 4 6 1 7 6 7 0 1 2], shape=(100,), dtype=int64)
```

用随机函数来表示真实标签，代码如下。

```
In[2]:
y = tf.random.uniform([100],dtype = tf.int64, maxval=10)
Out[2]:
tf.Tensor(
[8 4 3 7 2 2 9 1 3 5 4 9 8 2 5 5 7 7 9 6 2 0 9 2 8 4 8 6 9 2 3 3 7 6 4 3 3
 0 6 2 9 9 9 6 9 0 8 8 5 9 1 2 9 5 0 7 3 4 0 5 8 4 5 0 1 3 7 7 8 5 1 2 4
 1 7 6 3 0 5 8 3 7 9 8 7 9 6 0 9 7 5 7 8 0 8 8 5 3 2], shape=(100,), dtype=int64)
```

比较真实标签和预测结果，返回布尔型值，代码如下。

```
In[3]:
out = tf.equal(pred,y)
```

将布尔型结果转换为 float32，True 转换为 1，False 转换为 0，代码如下。

```
out = tf.cast(out,dtype=tf.float32)
Out[3]:
tf.Tensor(
[0. 0. 0. 0. 0. 1. 0. 0. 0. 0. 0. 0. 0. 0. 0. 0. 0. 0. 0. 1. 0.
 0. 1. 0. 0. 0. 0. 0. 0. 0. 0. 1. 0. 0. 0. 0. 0. 0. 0. 0.
 0. 1. 0. 0. 1. 0. 0. 0. 0. 0. 0. 0. 0. 0. 0. 0. 0. 0. 0. 0.
 0. 0. 0. 0. 0. 0. 1. 0. 0. 0. 0. 0. 1. 0. 0. 0. 0. 0.
 0. 0. 0. 1.], shape=(100,), dtype=float32)
```

统计正确的值，代码如下。
In[4]:
acc = tf.reduce_sum(out)
Out[4]:
tf.Tensor(9.0, shape=(), dtype=float32)

因此随机产生预测数据的准确度为 9/100 = 9%。

2.3.4 张量排序

有时需要通过 tf.sort 来对特征值排序，针对排序后的数据来画图或者检验对数据的假设。有时还需要把预测效果不好的 100 个数据提取出来验证模型，这都可以使用 tf.sort 函数。下面介绍两种方法，一种是排序，另一种是排序后输出索引，可以用索引来对特定特征值画图。

1．sort

tf.sort 是对张量中的元素进行排序。函数为 tf.sort(values, axis=-1, direction='ASCENDING')，values 是一维或高维数值型张量，axis 指明按照哪个维度排序，默认按照最后一个维度排序，direction 指定排序方式(升序(ASCENDING)or 降序(DESCENDING))，默认为升序。

【例 2-39】对张量进行排序，代码如下。

```
In[1]:
a = tf.random.shuffle(tf.range(6))
# tf.Tensor([1 5 0 2 3 4], shape=(6,), dtype=int32)
tf.sort(a)      # 默认升序
# tf.Tensor([0 1 2 3 4 5], shape=(6,), dtype=int32)
tf.sort(a, direction='DESCENDING') # 指定逆序排列
# tf.Tensor([5 4 3 2 1 0], shape=(6,), dtype=int32)

In[2]:
b= tf.random.uniform([3,3], maxval=10, dtype=tf.int32)
# 默认按照最后一个维度排序
tf.sort(b)
# 指定按 0 轴进行降序排列
tf.sort(b, axis=0, direction='DESCENDING')
```

2．argsort

tf.argsort 函数返回按照指定方式排序对应的索引。函数为 tf.argsort(values, axis=-1, direction='ASCENDING', stable=False)，values 是一维或高维数值型张量，axis 指明按照哪个维度排序，默认按照最后一个维度排序，direction 指定排序方式，stable 用于设置原始张量中的相等元素在返回的顺序中是否重新排序，默认为 False。

tf.argsort 的功能是沿着给定的轴，返回元素的排序索引。例如，张量 b 的值为

$$\begin{pmatrix} 1 & 5 & 2 \\ 3 & 9 & 4 \\ 7 & 8 & 8 \end{pmatrix}$$

指定 axis=0，则按照第一个维度排序，（1 5 2）对应排序索引为（0 2 1）。

3．top_k

tf.sort()与 tf.argsort()都是对给定张量所有的元素进行排序，在某些情况下只需要获取排序的前

几个元素，这时再使用 tf.sort()或 tf.argsort()方法就会浪费时间，因此可以使用 tf.math.top_k()方法。

tf.math.top_k()返回的是最后一个维度的前 k 个最大值。

tf.math.top_k(input, k=1, sorted=True)，input 为最后一个维度至少有 k 个元素的张量，k 指定取前 k 个最大值，sorted 指定输出是否排序。

2.3.5 张量中提取数值

TensorFlow 提供了多个函数来进行张量切片，如 tf.slice、tf.strided_slice，而 tf.gather()是从张量的第一维提取非连续切片。tf.gather 允许用户访问张量的第一维中的元素，假设一维张量 params 为（0　1　2　3　4　5　6　7　8　9　10　11　12　13　14　15　16　17　18　19　20　21　22　23）indices 是一维张量（1,3,7），那么 tf.gather(params, indices)输出结果为（1　3　7）。函数为 tf.gather(params, indices, axis=None)，params 是要从中提取值的张量，indices 是指定指向 params 索引的张量。

从 params 张量的 axis 维根据 indices 的参数值获取切片，在 axis 维根据 indices 取某些值，最终得到新的张量。

【例 2-40】 如图 2-24 所示，对于一维张量根据 indices 取值，代码如下。

In[1]:
params = tf.constant([8, 9, 7, 5, 4, 2])
indices = tf.constant([2, 1, 4, 5])
a = tf.gather(params, indices)
Out[1]
tf.Tensor([7 9 4 2], shape=(4,), dtype=int32)

对于一维张量，tf.gather(values, tf.argsort(values))等于 tf.sort(values)，代码如下。

In[1]:
params = tf.constant([8, 9, 7, 5, 4, 2])

a = tf.sort(params)   # tf.Tensor([2 4 5 7 8 9], shape=(6,), dtype=int32)
b = tf.gather(params, tf.argsort(params))   # tf.Tensor([2 4 5 7 8 9], shape=(6,), dtype=int32)

【例 2-41】 如图 2-25 所示，a 张量在二维张量 params 中提取第 2、3、1 行，b 张量在二维张量 params 中提取第 2、3、1 列，代码如下。

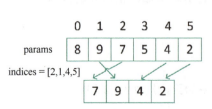

图 2-24　对一维张量根据 indices 取值

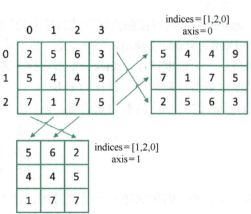

图 2-25　在二维张量中提取数值

```
In[1]:
params = tf.constant([[2, 5, 6, 3], [5, 4, 4, 9], [7, 1, 7, 5]])
indices = tf.constant([1, 2, 0])
a = tf.gather(params, indices, axis=0)
Out[1]
tf.Tensor(
[[5 4 4 9]
 [7 1 7 5]
 [2 5 6 3]], shape=(3, 4), dtype=int32)
In[2]:
b = tf.gather(params, indices, axis=1)
Out[2]
tf.Tensor(
[[5 6 2]
 [4 4 5]
 [1 7 7]], shape=(3, 3), dtype=int32)
```

indices 可以具有任何形状，例如，需要提取张量 params 第 1 行和第 3 行以及第 2 行和第 3 行，代码如下。

```
In[3]:
indices = tf.constant([[0, 2], [1, 2]])
c = tf.gather(params, indices)
Out[3]
tf.Tensor(
[[[2 5 6 3]
  [7 1 7 5]]
 [[5 4 4 9]
  [7 1 7 5]]], shape=(2, 2, 4), dtype=int32)
```

拓展项目

Pascal VOC 2012 作为基准数据之一，在对象检测、图像分割网络对比实验与模型效果评估中被频频使用，但是如果没有制作过此格式的数据集就会忽略很多细节问题，下面来分析 Pascal VOC 2012 数据集各种细节问题。

Pascal VOC 2012 数据集主要有 4 大类别，分别是人、常见动物、交通车辆、室内家具用品，共分为 20 小类别，具体如下。

Person: person
Animal: bird, cat, cow, dog, horse, sheep
Vehicle: aeroplane, bicycle, boat, bus, car, motorbike, train
Indoor: bottle, chair, dining table, potted plant, sofa, tv/monitor

主要为图像分类、对象检测识别、图像分割三类任务服务。

Pascal VOC 2012 目录结构如图 2-26 所示。

Annotations：是图像对应的 XML 标注信息描述，每张图像有一个与之对应且同名的描述 XML 文件，XML 前面部分声明图像数据来源、大小等元信息。

ImageSets：是标注类别的每个文件列表信息，Action 中是所有具有 Action 标注信息图像文件名的文件列表；Layout 中包含 Layout 标注信息的图像文件名列表；Main 文件夹存放的是图像识别的数据，总共分为 20 类，每个类别一个 txt 文件，每个 txt 文件是包含该类别的图像文件名称列表；Segmentation 则是包含语义分割信息图像文件的列表。

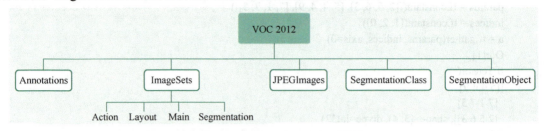

图 2-26　Pascal VOC 2012 目录结构

JPEGImages：所有的原始图像文件，格式必须是 JPG 格式。

SegmentationClass：所有分割的图像标注，分割图像安装每个类别标注的数据。

SegmentationObject：所有分割的图像标注，分割图像安装每个类别中每个对象不同标注的数据。

拓展任务要求：下载 Pascal VOC 2012 数据集并转化为 TensorFlow 的张量，并做如下操作。

1）根据类别获取图像。
- 根据类别名获取所有类别 ID。
- 根据类别 ID 获取图像 ID。
- 在图像列表中随机选择一副图像。

2）根据类别与图像来获取标注。

项目 3　房价预测：前馈神经网络

项目描述

项目3
房价预测：前馈神经网络

人们生活中会经常遇到分类与预测的问题，目标变量可能受多个因素影响，根据相关系数可以判断影响因子的重要性。例如，房价的高低是受多个因素影响的，如房子所处的位置、房子周边交通方便程度、房子周边学校和医院等。本项目以某城市房价数据集为线性回归案例数据，通过数据挖掘对影响房价的因素进行分析，搭建一个房价预测模型。

搭建好 TensorFlow 环境后，便可以进行实验。本项目介绍了建立一个简单的线性回归模型的步骤，同时展示了模型的训练、保存与加载。通过本项目，读者可以了解前馈神经网络的基本概念以及 TensorFlow 开发的基本步骤。

思维导图

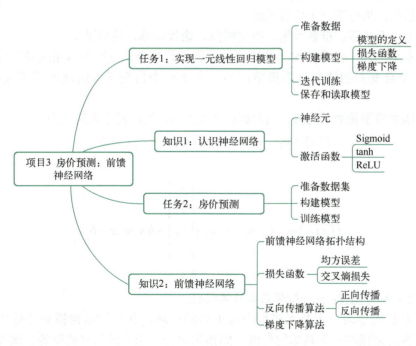

项目目标

1. **知识目标**
   - 掌握神经元的结构及其作用。
   - 掌握激活函数及其作用。
   - 掌握前馈神经网络拓扑结构。
   - 掌握损失函数。
   - 了解反向传播算法机制。
   - 了解梯度下降概念。

2. 技能目标
- 能熟练使用数据集。
- 能进行数据预处理。
- 能搭建简单前馈神经网络模型。
- 能选择合适的损失函数以及优化器。
- 能熟练训练模型并查看结果。
- 能熟练解决训练模型过程中出现的错误。

3.1 任务 1：实现一元线性回归模型

假设有一组数据集，其 y 和 x 的对应关系为

$$y = wx + b$$

3.1 任务 1：实现一元线性回归模型

本任务的目标就是让单输入神经元线性模型学习这些样本，并能够找到其中的规律，即利用现有的数据训练出理想的 w 和 b 的值，然后建立模型，进行下一个值的预测。

深度学习有 4 个步骤：准备数据、搭建模型、迭代训练、使用模型。

线性回归就是利用一条曲线对一些连续的数据进行拟合，进而可以用这条曲线预测新的输出值。只有一个自变量的情况称为简单回归，大于一个自变量的情况叫作多元回归或者 N 元回归。

建立一个线性模型预测 y 的值，当数据样本数为 n，线性模型表达式为

$$f(\boldsymbol{x}) = w_1 x_1 + w_2 x_2 + w_3 x_3 + \cdots + w_n x_n + b$$

即

$$f(\boldsymbol{x}) = [w_1 \ w_2 \ w_3 \ \cdots \ w_n] \begin{bmatrix} x_1 \\ x_2 \\ x_3 \\ \vdots \\ x_n \end{bmatrix} + b = \boldsymbol{w}^\mathrm{T} \boldsymbol{x} + b$$

其中，w 为权重；b 为偏置；x 为批量数据样本特征。

回归问题是机器学习三大基本模型中很重要的一环，其功能是建模和分析变量之间的关系。回归问题多用来预测一个具体的数值，如预测房价、未来的天气情况等。例如，根据一个地区若干年的 PM2.5 数值变化来估计该地区某一天的 PM2.5 值大小，预测值与当天实际数值大小越接近，回归分析算法的可信度越高。

回归问题求解流程如下。
- 选定训练模型，然后选定一个求解框架，如线性回归模型（Linear Regression）等。
- 导入训练集，给模型提供大量可供学习参考的正确数据。
- 选择合适的学习算法，通过训练集中大量输入、输出结果让程序不断优化输入数据与输出数据间的关联性，从而提升模型的预测准确度。
- 让模型预测结果，为程序提供一组新的输入数据，模型根据训练集的学习成果来预测这

组输入对应的输出值。

3.1.1 准备数据

深度学习数据集一般划分为训练集（Training Set）、验证集（Validation Set）、测试集（Test Set）。训练集用于训练模型或者确定模型参数，验证集用于控制模型复杂度或者确定模型结构，测试集用于测试模型的性能和泛化能力。一元线性回归模型的结构非常简单，所以只需要准备训练集。

使用一个简单的一元函数模型作为待测定的模型基础，公式为

$$y = 3x + 3.17$$

相关代码如下，运行结果如图 3-1 所示。

```
In[1]:
import matplotlib.pyplot as plt
import TensorFlow as tf

# 初始化随机数据
train_x = tf.random.normal(shape=[100, 1]).numpy()
noise = tf.random.normal(shape=[100, 1]).numpy()
train_y = train_x  * 3 + 3.1 + noise   # 添加噪声

plt.scatter(train_x, train_y)
Out[1]:
```

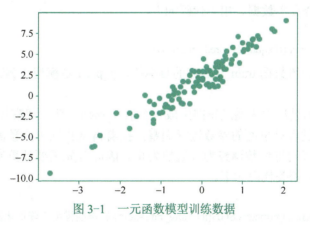

图 3-1　一元函数模型训练数据

3.1.2 构建模型

TensorFlow 采用了更适合描述深度神经网络模型的声明式编程范式，并以数据流图作为核心抽象。基于声明式编程的数据流图好处是代码可读性强、支持引用透明、提供预编译优化能力等，这些都有助于用户定义数据函数和算法模型。声明式编程的程序是一个数学模型，输入是自变量，输出是因变量，用户设计和组合一系列函数，通过表达式变换实现计算。

一元线性回归是基于梯度下降法优化求解的机器学习问题，通常分为前向图求值与后向图求梯度两个计算阶段。前向图需要编写代码完成，包括定义模型的目标函数和损失函数，输入、输出数据的形状、类型等；后向图由 TensorFlow 的优化器自动生成，计算模型参数的梯度

值并使用梯度值更新对应的模型参数。

1. 模型的定义

模型是一个一元线性函数，使用 TensorFlow 提供的 tf.Variable 随机初始化参数 weight 和 bias。现在需要求合适的 weight 和 bias，使其很好地拟合训练数据，可以将其拟合直线绘制到样本散点图中。weight 与 bias 初始化为 0，形状是一维的数字。

目标函数非常简单，即 y_pred = weight * train_x + bias。相关代码如下。

```
In[2]:
weight = tf.Variable(initial_value=0.)
bias = tf.Variable(initial_value=0.)
variables = [weight, bias]
y_pred = weight * train_x + bias
```

在实际应用中，编写的模型往往比这里的线性模型 y_pred=a*X+b（模型参数为 variables=[a, b]）要复杂得多。所以需要编写并实例化一个模型类 model=Model()，然后使用 y_pred=model(X) 调用模型，使用 model.variables 获取模型参数。

2. 损失函数

定义线性回归会使用到损失函数，使用线性回归问题中常用的是均方差损失函数（MSE），公式为

$$loss = MSE = \frac{1}{m}\sum_i (\hat{y} - y)_i^2$$

其中，$\hat{y}$ 表示模型在测试集上的预测值；y 表示回归目标向量。损失函数决定着对于数据从空间中的哪个角度去拟合真实数据。相关代码如下。

```
In[3]:
loss = tf.reduce_sum(tf.square(y_pred - train_y))
```

train_y 描述的是训练数据 train_x 对应的目标值，y_pred 是模型在测试集上的预测值。

3. 梯度下降

神经网络在训练的过程中先通过正向生成一个值 y_pred，然后观察其与真实值 train_y 的差距 loss，再通过反向过程对里面的参数进行调整，接着再次正向生成预测值并与真实值进行对比，这样循环下去，直到将参数调整为合适值为止。因此首先需要计算参数的梯度，然后使用梯度下降法更新参数。相关代码如下。

```
In[4]:
optimizer = tf.keras.optimizers.SGD(learning_rate=5e-4) # 声明梯度下降优化器
optimizer.apply_gradients(grads_and_vars=zip(grads, variables)) # TensorFlow 自动根据梯度更新参数
```

使用 tf.keras.optimizers.SGD(learning_rate=5e-4) 声明了一个梯度下降优化器，其学习率为 0.0005。优化器可以帮助用户根据计算出的求导结果更新模型参数，从而将某个特定的损失函数最小化，具体使用方式是调用 apply_gradients() 方法。

更新模型参数的方法为 optimizer.apply_gradients()，需要提供参数 grads_and_vars，即待更新的变量（Variables）及损失函数关于这些变量的偏导数（Grads）。

3.1.3 迭代训练

设定模型迭代训练次数 num_epoch 为 10000，每一步训练都需要填充全部的训练数据。模

型参数 weight 与 bias 会不断更新，所以同样的训练集上每一步计算出的损失值都不同。在程序中加入输出日志，以便观察参数与损失值的变化。训练结束后输出模型最终的参数，并绘制图形。代码如下。

```
In[4]:
weight = tf.Variable(initial_value=0.)
bias = tf.Variable(initial_value=0.)
variables = [weight, bias]

num_epoch = 1000
optimizer = tf.keras.optimizers.SGD(learning_rate=5e-4)
for e in range(num_epoch):
    # 使用 tf.GradientTape()记录损失函数的梯度信息
    with tf.GradientTape() as tape:
        y_pred = weight * train_x + bias
        loss = tf.reduce_sum(tf.square(y_pred - train_y))
    # TensorFlow 自动计算损失函数关于自变量（模型参数）的梯度
    grads = tape.gradient(loss, variables)
    # TensorFlow 自动根据梯度更新参数
    optimizer.apply_gradients(grads_and_vars=zip(grads, variables))
    if e % 100 == 0:
        print('loss [{:.3f}], W/b [{:.3f}/{:.3f}]'.format
              (loss,float(weight.numpy()),float(bias.numpy())))
print('Linear Regression Model: Y=[{:.3f}]*X + [{:.3f}]'.format
      (float(weight.numpy()),float(bias.numpy())))
plt.scatter(train_x, train_y)
plt.plot(train_x,(weight * train_x + bias),c='r')
Out[4]:
loss [1513.879], W/b [0.326/0.198]
loss [84.365], W/b [3.091/3.127]
loss [84.365], W/b [3.091/3.127]
loss [84.365], W/b [3.091/3.127]
loss [84.365], W/b [3.091/3.127]
loss [84.365], W/b [3.091/3.127]
loss [84.365], W/b [3.091/3.127]
loss [84.365], W/b [3.091/3.127]
loss [84.365], W/b [3.091/3.127]
loss [84.365], W/b [3.091/3.127]
Linear Regression Model: Y=[3.091]*X + [3.127]
```

3.1.4 保存和读取模型

为了将训练好的机器学习模型部署到各个目标平台（如服务器、移动端、嵌入式设备和浏览器等），需要将训练好的模型完整导出（序列化）为一系列标准格式的文件。在此基础上才可以在不同的平台上使用相对应的部署工具来部署模型文件。

模型训练完成后，需要将模型保存到文件系统上，输出模型最终的参数，并绘制图形，如图 3-2 所示。从而方便后续的模型测试与部署工作。在训练时间隔性地保存模型状态也是非常好的习惯，这一点对于训练大规模的网络尤其重要，一般大规模网络的训练时长为数天乃至数周，一旦训练过程被中断或者发生宕机等意外，之前训练的进度将全部丢失。如果能够间断地保存模型状态到文件系统，即使发生宕机等意外，也可以从最近一次的网络状态文件中恢复，从而避免浪费大量的训练时间。因此模型的保存与加载非常重要。

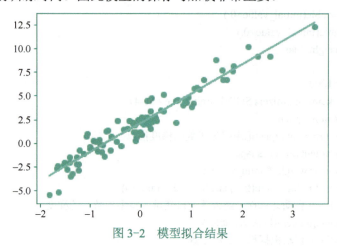

图 3-2　模型拟合结果

TensorFlow 提供了统一模型导出格式 SavedModel，可以将训练好的模型以这一格式为中介，在多种平台上部署，这是 TensorFlow 2.0 中主要使用的导出格式。关于模型的保存和读取，后面章节会详细介绍。

3.2　认识神经网络

人工神经网络（Artificial Neural Networks，ANNs）也简称为神经网络，是对人脑或自然神经网络若干基本特性的抽象和模拟。人工神经网络以对人脑的生理研究成果为基础，其目的在于模拟人脑的某些机理与机制，实现某个方面的功能。美国学者 Robert Hecht-Nielsen 给人工神经网络下的定义是："人工神经网络是由人工建立的以有向图为拓扑结构的动态系统，它通过分析连续或断续输入的状态响应来进行信息处理。"

深度学习是基于神经网络发展起来的技术，而神经网络的发展具有悠久的历史，且发展历程可谓一波三折。神经网络历经两次潮起潮落后，迎来了它的第三次崛起。人们对神经网络的研究可以追溯到 20 世纪 40 年代。1943 年，Warren McCulloch 和 Walter Pitts 首次提出了一种形式神经元模型。1957 年，Frank Rosenblatt 提出了感知机（Perceptron），它可以被视为一种形式最简单的前馈神经网络，是一种二元线性分类器。但这种回路一直无法被神经网络处理，直到 1975 年 Paul Werbos 创造了反向传播算法（BackPropagation，BP）。反向传播算法有效解决了异或的问题，以及更普遍的训练多层神经网络的问题。

3.2.1　神经元

人脑主要的计算单元被称为神经元。在人类的神经系统中发现大约有 1000 亿个神经元。一个神经元通常具有多个树突，主要用来接收传入的信息；而轴突只有一条,轴突尾端有许多轴突末梢可以给其他多个神经元传递信息。轴突末梢跟其他神经元的树突产生连接,从而传递信号。这个连接的位置在生物学上叫作"突触"。人脑中的神经元形状如图 3-3 所示。

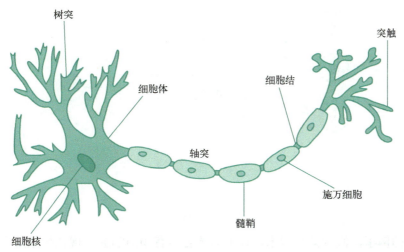

图 3-3　人脑中的神经元形状

每个神经元接收来自其树突的输入信号,将信号传输到细胞核中进行处理。树突需要对信号进行处理,由此对来自每个输入突触的兴奋和抑制信号进行整合。细胞核接收整合后的信号并将其相加,如果总和超过了阈值则神经元会被触发,产生的信号会通过轴突向下传递给与它相连的神经元。

人工神经元以生物神经元的结构为基础,是对人类生物神经元的简化与模拟,利用具有实值的数学函数来模拟其行为。人工神经元也称为感知机,是生物神经细胞的简单抽象。神经细胞结构大致可分为树突、突触、细胞体及轴突。单个神经细胞可被视为一种只有两种状态的机器——激动时为"是",而未激动时为"否"。神经细胞的状态取决于从其他的神经细胞收到的输入信号量及突触的强度(抑制或加强)。当信号量总和超过了某个阈值时,细胞体就会激动,产生电脉冲。电脉冲沿着轴突并通过突触传递到其他神经元。为了模拟神经细胞行为,与之对应的感知机基础概念被提出,如权量(突触)、偏置(阈值)及激活函数(细胞体)。

感知机是使用特征向量来表示的前馈神经网络,它是一种二元分类器,把矩阵上的输入 $\boldsymbol{x}$(实数值向量)映射到输出值 $f(\boldsymbol{x})$ 上(一个二元的值)。

$$f(\boldsymbol{x}) \begin{cases} 1 & \boldsymbol{w} * \boldsymbol{x} + b > 0 \\ 0 & \text{其他} \end{cases}$$

其中,$\boldsymbol{w}$ 是实数的表示权重的向量;b 是偏置,一个不依赖于任何输入值的常数。偏置可以被认为是激励函数的偏移量,或者给神经元一个基础活跃等级。

$f(\boldsymbol{x})$(0 或 1)用于对 $\boldsymbol{x}$ 进行分类,看它是肯定的还是否定的,这属于二元分类问题。由于输入直接经过权重关系转换为输出,所以感知机可以被视为形式最简单的前馈式人工神经网络。

设有 n 维输入的单个感知机,$a_1, \cdots, a_n$ 为 n 维输入向量的各个分量,$w_1, \cdots, w_n$ 为各个输入分量连接到感知机的权量(或称权值),b 为偏置,$f(*)$ 为激活函数(又称为函数或传递函数),O 为标量输出。输出 O 的数学描述为

$$O = f\left(\sum_{i=0}^{n} w_i x_i + b_i\right)$$

如图 3-4 所示，感知机有 n 个输入，使用一个简单的规则来计算输出，首先引入权重（Weights）概念，w_1、w_2、w_3,…。以实数权重 w 表示输入到输出的重要性。阈值为一个实数，是一个神经元的参数。阈值就是激活函数的最初形态，0 状态代表抑制，1 状态代表激活。

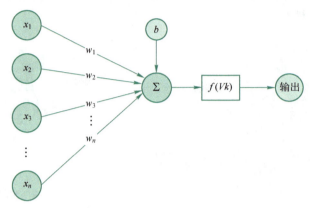

图 3-4　感知机

举个简单的例子，假设某个周末，在上海体育馆有场演唱会，现在想做是否去看演唱会的决定。假设通过权衡以下三个因素来做出决定。

1）周末天气好吗？
2）朋友是否想陪你一起去？
3）交通是否便利？

以相应的二进制变量来表示这三个因素 x_1、x_2、x_3。假设天气好表示为 $x_1=1$，反之 $x_1=0$；有人陪 $x_2=1$，反之 $x_2=0$；交通便利 $x_3=1$，反之 $x_3=0$。

有如下两个假设。

1）你非常喜欢音乐，所以即使朋友不去，你也很可能会去参加这个演唱会。
2）也许你讨厌坏天气，如果天气不好，你很可能就不去了。

各种因素很少具有同等重要性，某些因素是决定性因素，另一些因素是次要因素。因此，可以给这些因素指定权重，代表它们不同的重要性。设置权重因子 $w_1=6$、$w_2=2$、$w_3=2$。w_1 值越大，表明天气因素对你有更重要的意义，远不如是否有人陪伴或是交通情况。

有了这些参数，感知机便可实现你理想的决策模型，当天气好的时候，无论朋友是否想去，或是交通情况是否便利，这两项将不再影响你的输出。天气因素为 1，朋友与交通因素为 0，总和就为 6+0+0=6。假定阈值为 5，那么 6>5，便决定去参观。阈值的高低代表意愿的强烈，阈值越低表示越想去，越高表示越不想去。改变权值或是阈值，便可以得到不同的决策模型。

单个感知机说明了如何对不同类型的输入进行加权求和，以做出简单的决定。一个由感知机组成的复杂神经网络最大的优势是特征提取的能力，可以从任何输入数据中提取有意义的特征。

3.2.2　激活函数

一个神经元接收到信息之后，只是加权求和，然后把输出给下一个神经元吗？事实上，生物体内的神经元接收信息之后并不一定被激活，而是判断这个信息是否达到了一个阈值。如果信息的值并没有达到这个阈值，神经元就处于抑制状态，否则神经元被激活，

3.2.2
激活函数

并将信息传递给下一个神经元。

神经元的另一个重要部分是激活函数，激活函数的本质是向神经网络引入非线性因素，使得神经网络可以拟合各种曲线。因为激活函数是非线性函数，从而神经网络的输出不再是输入的线性组合，而几乎可以逼近任意函数，也就增强了神经网络的表达能力。神经元线性模型如图 3-5 所示。

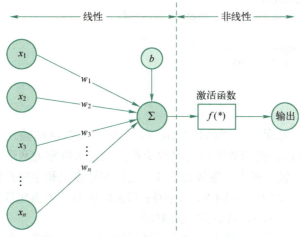

图 3-5　神经元线性模型

为了提高神经元的利用率，用非线性函数作为神经元的激活函数。在神经元接收到加权求和的值 x 之后，神经元的输出 $O=f(*)$，其中 $f(*)$ 是该神经元的激活函数。

激活函数的主要作用是加入非线性因素，解决线性模型表达、分类能力不足的问题。如果不用激活函数，每一层输出都是上层输入的线性函数，无论神经网络有多少层，输出都是输入的线性组合。如果使用的话，激活函数给神经元引入了非线性因素，使得神经网络可以逼近任何非线性函数，这样神经网络就可以应用到众多的非线性模型中。

1. 逻辑函数 Sigmoid

Sigmoid 函数是指一类 S 型曲线函数，为两端饱和函数。常用的 Sigmoid 函数有 Logistic 函数和 Tanh 函数。

Logistic 函数是一个在生物学中常见的 S 型函数，也称为 S 型生长曲线。公式为

$$f(x) = \sigma = \frac{1}{1+e^{-x}}$$

函数图像如图 3-6 所示，代码如下。

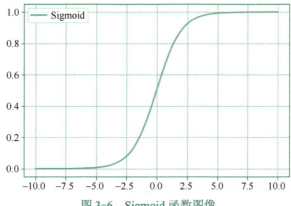

图 3-6　Sigmoid 函数图像

In[1]:
```
import TensorFlow as tf
import matplotlib.pyplot as plt
import numpy as np

x = np.arange(-10,10,0.01)
# TensorFlow 中 tf.sigmoid 提供了 Sigmoid 激活函数
y = tf.sigmoid(x)
plt.plot(x,y,label='sigmoid')
plt.grid(True)          # 显示网格
plt.legend()
plt.show()
```
Out[1]:

Logistic 函数可以看成是一个"挤压"函数，把一个实数域的输入"挤压"到(0,1)。当输入值在 0 附近时，Sigmoid 型函数近似为线性函数；当输入值靠近两端时，对输入进行抑制。输入越小，越接近于 0；输入越大，越接近于 1。这样的特点也和生物神经元类似，对一些输入会产生兴奋（输出为 1），对另一些输入产生抑制（输出为 0）。和感知器使用的阶跃激活函数相比，Logistic 函数是连续可导的，其数学性质更好。

Logistic 有两个主要缺点：一是 Logistic 容易过饱和，丢失梯度。从 Logistic 函数图像可以看到，神经元的活跃度在 0 和 1 处饱和，梯度接近于 0，这样在反向传播时，很容易出现梯度消失的情况；二是 Logistic 的输出均值不是 0。

2．双曲正切函数 tanh

tanh 函数形状上类似于 Sigmoid 函数，但是它的中心位置是 0，其范围为(-1,1)。tanh 函数公式如下。

$$f(x) = \tanh(x) = \frac{(e^x - e^{-x})}{(e^x + e^{-x})}$$

tanh 函数图像如图 3-7 所示，代码如下。

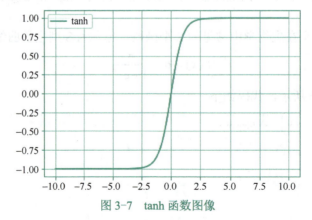

图 3-7　tanh 函数图像

In[1]:
```
x = np.arange(-10,10,0.01)
y = tf.tanh(x)
plt.plot(x,y,label='tanh')
plt.grid(True)          # 显示网格
plt.legend()
```

plt.show()

tanh 函数被用作经过训练生成图像的生成模型输出层的激活函数，使用它是为了正确地解释输出，并在输入图像和生成图像之间创建有意义的联系，通常将输入值从[0,255]缩放到[-1,1]。

3．线性整流函数 ReLU

线性整流函数又称为修正线性单元，是人工神经网络中常用的一种激活函数，通常指以斜坡函数及其变种为代表的非线性函数。

（1）斜坡函数

比较常用的线性整流函数有斜坡函数，公式为

$$f(x) = \max(0, x)$$

ReLU 函数图像如图 3-8 所示，代码如下。

```
In[1]:
x = np.arange(-10,10,0.01)
y = tf.nn.relu(x)
plt.plot(x,y,label='ReLU')
plt.grid(True)       # 显示网格
plt.legend()
plt.show()
```

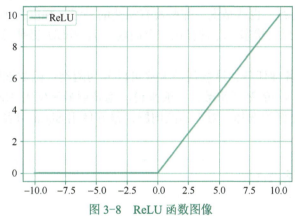

图 3-8　ReLU 函数图像

如果输入 $x \leqslant 0$，则令输出等于 0；如果输入 $x > 0$，则令输出等于输入。

（2）带泄露整流函数

带泄露整流函数（Leaky ReLU）的公式为

$$f(x) = \begin{cases} x & x > 0 \\ \lambda_x & x \leqslant 0 \end{cases}$$

其中，x 为神经元的输入。线性整流被认为有一定的生物学原理，并且在实践中通常有着比其他常用激活函数更好的效果。

（3）线性整流函数的优势

线性整流函数有以下几方面的优势。

1）研究表明生物神经元的信息编码通常是比较分散且稀疏的。通常情况下，人脑中同一时间大概只有 1%～4%的神经元处于活跃状态。使用线性修正以及正规化可以对机器神经网络中神经元的活跃度（即输出为正值）进行调试；相比之下，逻辑函数在输入为 0 时达到 1/2，即已经是半饱和的稳定状态，不够符合实际生物学对模拟神经网络的期望。需要指出的

是,一般情况下,在一个使用修正线性单元(即线性整流)的神经网络中大概有 50%的神经元处于激活态。

2)避免了梯度爆炸和梯度消失问题,更加有效率地进行梯度下降以及反向传播。没有了其他复杂激活函数中(如指数函数)的影响,简化了计算过程。同时活跃度的分散性使得神经网络整体计算成本下降。

4. 激活函数的优缺点

激活函数优缺点如下。

- 阈值激活函数用于原始的感知机。它是不可微的,在 $x=0$ 时是不连续的。因此,使用这个激活函数来进行基于梯度下降或其变体的训练是不可能的。
- Sigmoid 激活函数从曲线来看像一个连续版的阈值激活函数。它受到梯度消失问题的困扰,即函数的梯度在两个边缘附近变为 0。这使得训练和优化变得困难。
- 双曲正切激活函数在形状上也是 S 形并具有非线性特性。该函数以 0 为中心,与 Sigmoid 函数相比导数变化幅度更大。与 Sigmoid 函数一样,它也受到梯度消失问题的影响。
- ReLU 激活函数是线性激活功能的整流版本,这种整流功能允许其用于多层时捕获非线性。使用 ReLU 的主要优点之一是导致稀疏激活。在任何时刻,所有神经元负的输入值都不会激活神经元。就计算量来说,这使得网络在计算方面更轻便。ReLU 神经元存在死亡 ReLU 的问题,也就是说,那些没有激活的神经元梯度为 0,因此将无法进行任何训练,并停留在死亡状态。尽管存在这个问题,但 ReLU 仍是隐藏层最常用的激活函数之一。

神经网络已被用于各种任务。这些任务大致可以分为两类:函数逼近(回归)和分类。对于不同的任务,应选用不同的激活函数。一般来说,隐藏层最好使用 ReLU 神经元。对于分类任务,SoftMax 通常是更好的选择;对于回归问题,最好使用 Sigmoid 函数或双曲正切函数。

3.3 任务 2: 房价预测

在现实生活中,回归问题通常用来预测一个连续值。连续值预测问题是十分常见的,比如股价的走势预测、天气预报中温度和湿度等的预测、年龄的预测、交通流量的预测等。预测值一般是连续的实数范围,或者属于某一段连续的实数区间。例如,一个产品的实际价格为 500 元,通过回归分析预测值为 499 元,便认为这是一个比较好的回归分析。一个比较常见的回归算法是线性回归算法(Linear Regression,LR),使用线性模型去逼近真实模型。另外,回归分析用在神经网络上,其最上层是不需要加上 SoftMax 函数的,而是直接对前一层累加即可。回归是对真实值的一种逼近预测。

3.3
任务 2: 房价预测

本任务将使用房屋信息数据训练和测试一个模型,并对模型的性能和预测能力进行测试。通过训练好的模型对房屋的价格进行预测。房价显然和多个特征变量相关,不是一元线性回归问题,是多元线性回归问题,需选择多个特征变量来建立线性方程。回归问题的目标是预测连续值的输出,如价格或概率。不妨将此问题与分类问题进行对比,分类问题的目标是预测离散标签,如某张照片中包含的是苹果还是橙子。

3.3.1 准备数据集

要想构建一个模型,用于预测某城市房价的中间值。为此需为该模型提供一些房价相关的数据点,如教育资源和距离就业中心的距离,数据集包括 506 个样本,每个样本包括 13 个特征变量和该地区的平均房价。

该数据集包含 13 个不同的特征,见表 3-1。

表 3-1　数据集包含 13 个不同的特征

特　征	说　　　明
CRIM	人均犯罪率
ZN	占地面积超过 2323m^2 的住宅用地所占的比例
INDUS	非零售商业用地所占的比例
CHAS	周边公园虚拟变量(如果都临近公园,则为 1;否则为 0)
NOX	一氧化氮浓度(以千万分之一为单位)
RM	每栋住宅的平均房间数
AGE	1990 年以前建造的自住房所占比例
DIS	到 5 个就业中心的加权距离
RAD	辐射式高速公路的可达性系数
TAX	二手房交易税率
PTRATIO	生师比
B	优质教育资源
LSTAT	较低经济阶层人口所占百分比

以上每个输入数据特征都有不同的范围。一些特征用 0~1 的比例表示,另外一些特征的范围为 1~12,还有一些特征的范围为 0~100,等。真实的数据往往都是这样,了解如何探索和清理此类数据是一项需要加以培养的重要技能。

1. 下载并随机化处理训练集

代码如下。

In[1]:
```
import TensorFlow as tf
from TensorFlow import keras
import numpy as np
boston_housing = keras.datasets.housing_prices

(train_data, train_labels), (test_data, test_labels) = housing_prices.load_data()

# Shuffle the training set
order = np.argsort(np.random.random(train_labels.shape))
train_data = train_data[order]
train_labels = train_labels[order]
```

运行结果如下。

Out[1]:
Downloading data from https://storage.googleapis.com/TensorFlow/tf-keras-datasets/boston_housing.npz

```
57344/57026 [==============================] - 1s 19us/step
```

此数据集有 506 个样本，拆分为 404 个训练样本和 102 个测试样本，打印训练集与测试集大小，并输出打印之后的训练集数据。代码如下。

```
In[2]:
print("Training set: {}".format(train_data.shape))   # 404 examples, 13 features
print("Testing set:  {}".format(test_data.shape))    # 102 examples, 13 features
print(train_data[0])
```

运行结果如下。

```
Out[2]:
Training set: (404, 13)
Testing set:  (102, 13)
[  0.62976   0.        8.14      0.        0.538     5.949    61.8
   4.7075    4.      307.       21.      396.9       8.26   ]
```

使用 pandas 库显示数据集的前几行，代码如下。

```
In[3]:
import pandas as pd
column_names = ['CRIM', 'ZN', 'INDUS', 'CHAS', 'NOX', 'RM', 'AGE', 'DIS', 'RAD',
                'TAX', 'PTRATIO', 'B', 'LSTAT']
df = pd.DataFrame(train_data, columns=column_names)
df.head()
```

运行结果见表 3-2。

```
Out[3]:
```

表 3-2 数据集前几行结果

CRIM	ZN	INDUS	CHAS	NOX	RM	AGE	DIS	RAD	TAX	PTRATIO	B	LSTAT
0.17004	13.5	7.87	0.0	0.524	6.004	85.9	6.5921	5.0	311.0	15.2	386.71	17.10
73.53410	0.0	18.10	0.0	0.679	5.957	100.0	1.8026	24.0	666.0	20.2	16.45	20.62
0.07165	0.0	25.65	0.0	0.581	6.004	84.1	3.1974	3.0	188.0	19.1	377.67	14.27
0.08014	0.0	5.96	0.0	0.499	5.850	41.5	3.9342	5.0	279.0	19.2	396.90	8.77
9.72418	0.0	18.10	0.0	0.740	6.406	97.2	3.0651	24.0	666.0	20.2	385.96	19.52

2．标签

标签是房价，代码如下。

```
In[4]:
print(train_labels[0:10])   # Display first 10 entries
```

运行结果如下。

```
Out[4]:
[20.4 23.5 13.7 13.4 34.9 13.9 23.  21.7 21.2 21.]
```

3．标准化特征

不同的评价指标往往具有不同的量纲（例如，对于评价房价来说量纲指面积、房间数、楼层等；对于预测某个人患病率来说量纲指身高、体重等）和量纲单位（例如，面积单位有 m^2、cm^2 等；身高单位有 m、cm 等），这样的情况会影响到数据分析的结果，为了消除指标之间量纲的影响，需要进行数据标准化处理，以解决数据指标之间的可比性。

举个简单的例子：一张表有两个变量，一个是体重 kg，一个是身高 cm。假设体重这个变量均值为 60kg，身高均值为 170cm。这两个变量对应的单位不一样，同样是 100，对于身高来说很矮，但对于体重来说已经是超重了。另外，单位越小，数值越大，对结果的影响也越大，如 170cm=1700mm。

数据的标准化（Normalization）就是指将原始各指标数据按比例缩放，去除数据的单位限制，将其转化为无量纲的纯数值，便于不同单位或量级的指标来进行比较和加权。数据标准化最典型的就是数据的归一化处理，即将数据统一映射到[0,1]区间上。

原始数据经过数据标准化处理后，各指标处于同一数量级，适合进行综合对比评价。取值跨度大的特征数据就会对其浓缩，跨度小的就会对其扩展，使得它们的跨度尽量统一。

数据标准化的方法有很多种，常用的有 Z-Score 标准化、Min-Max 标准化、log 函数转换、atan 函数转换、模糊量化法。

（1）Z-Score 标准化：实现中心化和正态分布

Z-Score 标准化是基于原始数据的均值和标准差进行的标准化，其转化公式为

$$z = \frac{x - \mu}{\sigma}$$

其中，z 是转化后的数据；x 为转化前的数据；μ 是整组数据的均值；σ 是整组数据的标准差。Z-Score 适合大多数类型的数据，转化之后其均值将变为 0，而方差和标准差将变为 1，其应用非常广泛。

对数据集使用 Z-Score 标准化，对于每个特征，用原值减去特征的均值，再除以标准偏差即可，代码如下。

```
In[4]:
mean = train_data.mean(axis=0)
std = train_data.std(axis=0)
train_data = (train_data - mean) / std
test_data = (test_data - mean) / std
print(train_data[0])   # First training sample, normalized
```

运行结果如下。

```
Out[5]:
[-0.33755038 -0.48361547 -0.43576161 -0.25683275 -0.1652266  -0.44869208
 -0.25838985  0.47700793 -0.62624905 -0.59517003  1.14850044  0.44807713
 -0.61842236]
```

虽然在未进行特征标准化的情况下，模型可能会收敛，但这样做会增加训练难度，而且使生成的模型更加依赖于在输入中选择使用的单位。

（2）Min-Max：归一化

Min-Max 标准化方法会对原始数据进行线性变换，它的转换公式为

$$x_{new} = \frac{x - x_{min}}{x_{max} - x_{min}}$$

当 x 为最大值时，转换为 1；当 x 为最小值时，转换为 0；整组数据会分布在[0,1]的区间内，而数据的分布形态并不会发生变化。

3.3.2 构建模型

多元线性回归的建模非常简单，在输入处增加特征点就可以解决，结果可以由不同特征的

输入值和对应的权重相乘求和，加上偏置项计算求解。公式为

$$y = x_1w_1 + x_2w_2 + \cdots + x_nw_n + b$$

矩阵形式为

$$[x_1 \quad x_2 \quad \cdots \quad x_n] \begin{bmatrix} w_1 \\ w_2 \\ \vdots \\ w_n \end{bmatrix} + b = [x_1w_1 + x_2w_2 + \cdots + x_nw_n] + b$$

TensorFlow 2.0 推荐使用 Keras(tf.keras)构建模型。Keras 是一个广为流行的高级神经网络 API，简单、快速而不失灵活性，现已得到 TensorFlow 的官方内置和全面支持。

Keras 有两个重要的概念：模型（Model）和层（Layer）。层将各种计算流程和变量进行封装（如基本的全连接层、CNN 的卷积层和池化层等）；模型则将各种层进行组织和连接，并封装成一个整体，描述如何将输入数据通过各种层以及运算得到输出。

在 Keras 中可以通过组合层来构建模型。模型（通常）是由层构成的图。最常见的模型类型是层的堆叠：序列模型（tf.keras.Sequential）。

本任务模型包含两个密集连接隐藏层，以及一个返回单个连续值的输出层。由于之后还要创建一个模型，因此将模型构建步骤封装在函数 build_model 中，代码如下。

In[5]:
```
def build_model():
    model = keras.Sequential([
        keras.layers.Dense(64, activation=tf.nn.relu,
                           input_shape=(train_data.shape[1],)),
        keras.layers.Dense(64, activation=tf.nn.relu),
        keras.layers.Dense(1)
    ])

    optimizer = tf.keras.optimizers.RMSprop(0.001)
    model.compile(loss='mse',
                  optimizer=optimizer,
                  metrics=['mae', 'mse'])
    return model

model = build_model()
model.summary()
```

运行结果如下。

Out[5]:
Model: "sequential_1"

Layer (type)	Output Shape	Param #
dense_3 (Dense)	(None, 64)	896
dense_4 (Dense)	(None, 64)	4160
dense_5 (Dense)	(None, 1)	65

Total params: 5,121
Trainable params: 5,121
Non-trainable params: 0

序贯模型是多个网络层的线性堆叠，可以通过向 Sequential 模型传递一个 Layer 的列表来构造该模型，或者通过.add()方法将 Layer 逐个加入模型中。

模型需要知道输入数据的 shape，因此 Sequential 的第一层需要接收一个关于输入数据 shape 的参数，后面的各个层则可以自动推导出中间数据的 shape，因此不需要为每个层都指定这个参数。为第一层指定输入数据 shape 的方法如下。

- 传递一个 input_shape 的关键字参数给第一层，input_shape 是一个 Tuple 类型的数据，其中也可以填入 None，如果填入 None 则表示此位置可能是任何正整数。数据的 batch 大小不应包含在其中。
- 有些 2D 层（如 Dense）支持通过指定其输入维度 input_dim 来隐含地指定输入数据 shape，是一个 Int 类型的数据。一些 3D 的时域层支持通过参数 input_dim 和 input_length 来指定输入 shape。
- 如果需要为输入指定一个固定大小的 batch_size，可以传递 batch_size 参数到一个层中，例如，想指定输入张量的 Batch 大小是 32，数据 shape 是[6,8]，则需要传递 batch_size=32 和 input_shape=[6,8]。

在训练模型之前，需要通过 compile 来对学习过程进行配置。compile 接收以下三个参数。

- 优化器 optimizer：该参数可指定为已预定义的优化器名，如 rmsprop、adagrad 或一个 Optimizer 类的对象。
- 损失函数 loss：该参数为模型试图最小化的目标函数，它可以是预定义的损失函数名，如 categorical_crossentropy、mse，也可以是一个损失函数。
- 指标列表 metrics：对分类问题，人们一般将该列表设置为 metrics=['accuracy']。指标可以是一个预定义指标的名字，也可以是一个用户定制的函数。指标函数应该返回单个张量。

均方误差（MSE）是用于回归问题的常见损失函数（不同的损失函数用于分类问题）。用于回归的评估指标与分类不同，常见的回归度量是平均绝对误差（MAE）。

3.3.3 训练模型

对该模型训练 500 个周期，并将训练和验证准确率保存到 history 对象中，代码如下。

```
In[6]:
# Display training progress by printing a single dot for each completed epoch
class PrintDot(keras.callbacks.Callback):
    def on_epoch_end(self, epoch, logs):
        if epoch % 100 == 0: print('')
        print('.', end='')

EPOCHS = 500

# Store training stats
history = model.fit(train_data, train_labels, epochs=EPOCHS,
```

```
                    validation_split=0.2, verbose=0,
                    callbacks=[PrintDot()])
```

使用 history 对象中存储的统计信息可视化模型的训练进度，代码如下。

```
In[7]:
hist = pd.DataFrame(history.history)
hist['epoch'] = history.epoch
hist.head()
```

运行结果见表 3-3。

Out[7]:

表 3-3 训练结果

epoch	loss	mae	mse	val_loss	val_mae	val_mse
0	545.527405	21.480663	545.527405	507.778839	20.481899	507.778900
1	467.275116	19.703428	467.275116	433.468842	18.649899	433.468842
2	388.393616	17.704922	388.393616	350.202271	16.545599	350.202271
3	298.714935	15.287446	298.714935	265.297424	14.065977	265.297424
4	215.048126	13.494281	215.048126	196.546646	11.747104	196.546646

通过 history 对象中的数据可以判断模型训练情况，绘制训练过程的 mae 和 mse 曲线，代码如下。

```
In[8]:
def plot_history(history):
    hist = pd.DataFrame(history.history)
    hist['epoch'] = history.epoch
    plt.figure()
    plt.xlabel('Epoch')
    plt.ylabel('Mean Abs Error [MPG]')
    plt.plot(hist['epoch'], hist['mae'],
             label='Train Error')
    plt.plot(hist['epoch'], hist['val_mae'],
             label = 'Val Error')
    plt.ylim([0,5])
    plt.legend()

    plt.figure()
    plt.xlabel('Epoch')
    plt.ylabel('Mean Square Error [$MPG^2$]')
    plt.plot(hist['epoch'], hist['mse'],
             label='Train Error')
    plt.plot(hist['epoch'], hist['val_mse'],
             label = 'Val Error')
    plt.ylim([0,20])
    plt.legend()
    plt.show()
plot_history(history)
```

运行结果如图 3-9 所示。

Out[8]:

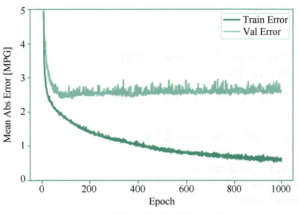

图 3-9　判断训练停止优化时间

如图 3-9 所示，在大约 200 个周期之后，模型几乎不再出现任何改进。下面对 model.fit 方法进行更新，以便在验证分数不再提高时自动停止训练。将使用一个回调来测试每个周期的训练状况。如果模型在一定数量的周期之后没有出现任何改进，则自动停止训练，代码如下。

In[9]:
model = build_model()

# patience 值用来检查改进 epochs 的数量
early_stop = keras.callbacks.EarlyStopping(monitor='val_loss', patience=10)

history = model.fit(train_data, train_labels, epochs=EPOCHS,
                    validation_split = 0.2, verbose=0, callbacks=[early_stop, PrintDot()])

plot_history(history)

运行结果如图 3-10 所示。

Out[9]:

接下来检验一下模型在测试集上的表现，代码如下。

In[10]:
  [loss, mae] = model.evaluate(test_data, test_labels, verbose=0)
print("Testing set Mean Abs Error: ${:7.2f}".format(mae * 1000))

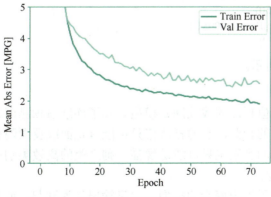

图 3-10　在分数不再提高时自动停止训练

运行结果如下。

Out[10]:
4/4 - 0s - loss: 21.0581 - mae: 3.0183 - mse: 21.0581
Testing set Mean Abs Error: $3018.30

最后使用测试集中的数据预测房价，预测 MPG 值，代码如下。

In[11]:
```
test_predictions = model.predict(test_data).flatten()

plt.scatter(test_labels, test_predictions)
plt.xlabel('True Values [1000$]')
plt.ylabel('Predictions [1000$]')
plt.axis('equal')
plt.xlim(plt.xlim())
plt.ylim(plt.ylim())
_ = plt.plot([-100, 100], [-100, 100])
```

运行结果如图 3-11 所示。

Out[11]:

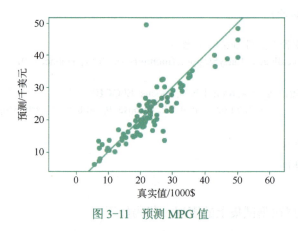

图 3-11　预测 MPG 值

从图 3-11 可以看出，模型预测结果较好，接下来分析误差分布，代码如下。

In[12]:
```
error = test_predictions - test_labels
plt.hist(error, bins = 50)
plt.xlabel("Prediction Error [1000$]")
_ = plt.ylabel("Count")
```

运行结果如图 3-12 所示。

Out[12]:

　　房价预测是用于连续值预测的线性回归模型。除了连续值预测问题以外，还有离散值预测问题，比如说硬币正反面的预测，它的预测值只可能有正面或反面两种可能；再比如说给定一张图片，这张图片中物体的类别也只可能是像猫、狗之类的离散类别值。这一类问题，称之为分类（Classification）问题。

　　分类和回归的区别在于输出变量的类型。定量输出称为回归，或者说是连续变量预测；定性输出称为分类，或者说是离散变量预测。例如，预测明天的气温是多少摄氏度，这是回归任务；预测明天是阴、晴还是雨，则是分类任务。

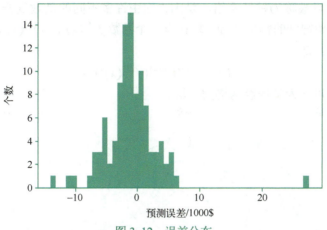

图 3-12　误差分布

分类是找一个函数判断输入数据所属的类别，可以是二类别问题（是或者不是），也可以是多类别问题（在多个类别中判断输入数据具体属于哪一个类别）。与回归问题相比，分类问题的输出不再是连续值，而是离散值，用来指定其属于哪个类别。分类问题在现实中的应用非常广泛，比如垃圾邮件识别、手写数字识别、人脸识别、语音识别等。

3.4　前馈神经网络

一元线性回归模型项目使用单个神经元感知机就实现了，但单层感知机的学习能力非常有限，因此，在房价预测与电影评论分类项目中都使用了多层感知机。

3.4.1　前馈神经网络拓扑结构

一个生物神经细胞的功能比较简单，而人工神经元只是生物神经细胞的理想化和简单实现，功能更加简单。要想模拟人脑的能力，需要通过很多神经元一起协作来完成复杂的功能。这样通过一定的连接方式或信息传递方式进行协作的神经元可以看作一个网络，即神经网络。

3.4.1
前馈神经网络
拓扑结构

给定一组神经元，通过将神经元作为节点来构建一个网络。不同的神经网络模型有着不同网络连接的拓扑结构，一种比较直接的拓扑结构是前馈网络。前馈神经网络（Feedforward Neural Network，FNN）是最早的简单人工神经网络，经常也称为多层感知机（Multi-Layer Perceptron，MLP）。

前馈神经网络的目标是近似一个函数 f^*，即对于目标函数 f^*，网络学习的最终目标是输出一个函数 f，并且 f 尽可能接近 f^*。例如，二分类器 $y = f^*(x)$ 将输入 x 映射到一个类别 y。前馈神经网络定义了一个映射 $y = f(x;\theta)$，并且学习参数 θ 的值，使它能够得到最佳的函数近似。

前馈神经网络通过简单非线性函数的多次复合，实现输入空间到输出空间的复杂映射。如图 3-13 所示，前馈神经网络由输入层、隐藏层、输出层和各层之间的连接组成，其中隐藏层根据模型的大小和复杂程度可以设计成数量任意的多层，各层之间的连接一般表示特征的权重。

神经网络的每一层可以认为是一个函数,加上层与层之间的连接,就表示了多个函数复合在一起的过程。之所以被称为神经网络,是因为它由许多不同的函数复合在一起组成,例如,对于一组输入 x,希望得到的输出是 y,现在有三个函数 $f^{(1)}(x)$、$f^{(2)}(x)$、$f^{(3)}(x)$,经过复合就能产生近似的输出,即

$$f(x) = f^{(3)}(f^{(2)}(f^{(1)}(x)))$$

其中,每一个函数可以认为是神经网络的一层。

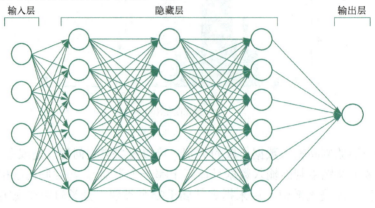

图 3-13 前馈神经网络

人们只关注网络的输入和输出,不关注层与层之间的连接细节,因此将中间层称为隐藏层。$f^{(1)}(x)$ 被称为网络的第一层(First Layer),$f^{(2)}(x)$ 被称为网络的第二层(Second Layer)。链的全长称为模型的深度(Depth)。网络的最后一层被称为输出层(Output Layer)。在神经网络训练的过程中让 $f(x)$ 去匹配 $f^*(x)$ 的值。训练数据提供了在不同训练点上取值的、含有噪声的 $f^*(x)$ 的近似实例。每个样本 x 都有一个标签。

前馈神经网络的组成不止一层,设计的层数越多,深度就越大,模型也越复杂。前馈神经网络中的数据流向是单向的,只会按照输入层→隐藏层→输出层的顺序流动,即数据流经当前一层处理后,只会作为下一层的输入流入,而不会对上一层有任何影响和反馈。

如图 3-14 所示的前馈神经网络,输入和输出个数分别为 3 和 2,中间的隐藏层中包含了 4 个隐藏单元(Hidden Unit)。由于输入层不涉及计算,该前馈神经网络层数为 2。

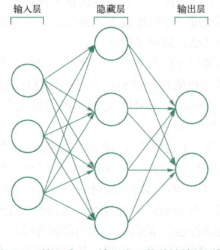

图 3-14 输入为 3、输出为 2 的前馈神经网络

具体来说，给定一个小批量样本 $\boldsymbol{X}$，其批量大小为 n，输入个数为 d。假设前馈神经网络只有一个隐藏层，其中隐藏单元个数为 h，记隐藏层的输出为 $\boldsymbol{H}$。因为隐藏层和输出层均是全连接层，可以设隐藏层的权重参数和偏差参数分别为 $\boldsymbol{W}_h$ 和 $\boldsymbol{b}_o$，输出层的权重和偏差参数分别为 $\boldsymbol{W}_o$ 和 $\boldsymbol{b}_o$。

含单隐藏层的前馈神经网络，其输出 $\boldsymbol{O}$ 的计算公式为

$$\boldsymbol{H} = \boldsymbol{X}\boldsymbol{W}_h + \boldsymbol{b}_h,$$
$$\boldsymbol{O} = \boldsymbol{H}\boldsymbol{W}_o + \boldsymbol{b}_o,$$

也就是将隐藏层的输出直接作为输出层的输入。如果将以上两式联立，可以得到

$$\boldsymbol{O} = (\boldsymbol{X}\boldsymbol{W}_h + \boldsymbol{b}_h)\boldsymbol{W}_o + \boldsymbol{b}_o = \boldsymbol{X}\boldsymbol{W}_h\boldsymbol{W}_o + \boldsymbol{b}_h\boldsymbol{W}_o + \boldsymbol{b}_o$$

从联立后的式子可以看出，虽然前馈神经网络引入了隐藏层，却依然等价于一个单层神经网络。

3.4.2 损失函数

定义网络结构后必须对模型进行训练，给定一系列训练样本 (x_i, y_i)，尝试学习 $x \rightarrow y$ 的映射关系，使得给定一个 x，即便这个 x 不在训练样本中，也能够得到尽量接近真实 y 的输出 $\hat{y}$。而损失函数（Loss Function）则是这个过程中关键的一个组成部分，用来衡量模型的输出 $\hat{y}$ 与真实的 y 之间的差距，给模型的优化指明方向。

3.4.2 损失函数

设有 N 个样本的样本集为 $(X, Y) = (x_i, y_i)$，那么总的损失函数为

$$\theta^* = \arg\min \frac{1}{N}\sum_{i=1}^{N}L(y_i, f(x_i, \theta_i)) + \lambda\Theta(\theta)$$

其中，前面的均值项表示经验风险函数；L 表示损失函数；后面的是正则化项（Regularizer）或者惩罚项（Penalty Term）；y_i $(i \in [1, N])$ 为样本 i 的真实值；$f(x_i)$ $(i \in [1, N])$ 为样本 i 的预测值；$f()$ 为分类或者回归函数；λ 为正则项超参数。常用的正则化方法包括 L1 正则和 L2 正则。

神经网络每次计算网络输出结果与真实值的差距，从而指导下一步的训练向正确的方向进行。具体步骤如下。

1）用随机值初始化网络参数。
2）输入样本，计算输出的预测值。
3）用损失函数计算预测值和真实值的误差。
4）根据损失函数的导数，沿梯度最小方向将误差回传，修正网络计算公式中的各个权重值。
5）返回第2）步，直到损失函数值达到一个满意的值就停止迭代。

损失函数（Loss Function）也称代价函数（Cost Function），用来计算预测值和真实值的差距。然后以损失函数的最小值作为目标函数进行反向传播迭代计算模型中的参数，这个使损失函数值不断变小的过程称为优化。每个算法中都会有一个目标函数，算法的求解过程是对这个目标函数优化的过程，损失函数越好，通常模型的性能越好，不同的算法使用的损失函数不一样。

常见的损失函数有均方差损失（Mean Squared Loss）、平均绝对误差损失（Mean Absolute Error Loss）、Hinge 损失（Hinge Loss）、分位数损失（Quantile Loss）、交叉熵损失（Cross

Entropy Loss）、指数误差（Exponential Loss）等。

1. 均方误差损失

回归问题解决的是对具体数值的预测，比如房价预测。回归问题预测的是一个任意实数，解决回归问题的神经网络一般只有一个输出节点，这个节点输出值就是预测值。

要想得到预测值 $\hat{y}$ 与真实值 y 的差距，最朴素的想法就是用 Error = $y_i - \hat{y}_i$。

对于单个样本来说，这样做没问题，但是多个样本累计时，$y_i - \hat{y}_i$ 可能有正有负，误差求和时就会导致相互抵消，从而失去价值。所以有了绝对值差的想法，即 Error = $|y_i - \hat{y}_i|$。

假设样本标签值 y=[1,1,1]，训练结果见表 3-4。

表 3-4 训练结果

样本标签值	样本预测值	绝对值损失函数	均方差损失函数
[1,1,1]	[1,2,3]	(1−1)+(2−1)+(3−1)=3	(1−1)²+(2−1)²+(3−1)²=5
[1,1,1]	[1,3,3]	(1−1)+(3−1)+(3−1)=4	(1−1)²+(3−1)²+(3−1)²=8
		4/3=1.33	8/5=1.6

平均绝对误差（Mean Absolute Error，MAE）就是最直观的一个损失函数，也称为 L1 Loss。其基本形式为

$$J_{\text{MAE}} = \frac{1}{N}\sum_{i=1}^{N}|y_i - \hat{y}|$$

预测值和真实值越接近，两者的均方差就越小，当预测等于真实值时，MAE 损失的最小值为 0。随着预测与真实值绝对误差 $|y_i - \hat{y}_i|$ 的增加，MAE 损失成线性增长，最大值为无穷大。

均方差（Mean Squared Error，MSE）损失是回归任务中最常用的一种损失函数，也称为 L2 Loss。MSE 是通过计算实际（目标）值和预测值之间平方差的平均值来计算的，其基本形式为

$$J_{\text{MSE}} = \frac{1}{N}\sum_{i=1}^{N}(y_i - \hat{y})^2$$

MSE 损失的最小值为 0，最大值为无穷大。随着预测与真实值绝对误差 $|y_i - \hat{y}_i|$ 的增加，均方差损失成二次方增加。

损失函数梯度之间的差异导致了 MSE 在大部分时间比 MAE 收敛得更快，这个也是 MSE 更为流行的原因。MAE 损失与绝对误差之间是线性关系，MSE 损失与误差是二次方关系，当误差非常大的时候，MSE 损失会远远大于 MAE 损失。MAE 损失对于异常值健壮性更好，但它的导数不连续使得寻找最优解的过程低效，MSE 损失对于异常值敏感，但在优化过程中更为稳定和准确。

2. 交叉熵损失

分类问题希望解决的是将不同的样本分到事先定义好的类别中。例如，电影评论分类是将电影评论的文字内容划分为正面的或负面的。手写数字识别问题是将一张包含数字的图片分类到 0~9 这 10 个数字中。

为判断电影评论的文字内容是正面的还是负面的，定义了一个单输出的神经网络。输出节点越接近 0 时，该评论越有可能是负面的；反之如果输出越接近 1，该评论越有可能是正面的。为了给出具体的分类结果，取 0.5 为阈值，输出大于 0.5 的评论被认为是正面的，输出小于 0.5 的评论被认为是负面的。

但这个方法不能推广到手写数字识别问题上,多分类问题最常用的方法是设置多个输出节点,手写数字识别是 10 分类问题,所以设置 10 个输出节点。对于每一张图片,神经网络得到一个 10 维数值作为输出结果。例如,识别数字 2,模型输出结果为[0,0,1,0,0,0,0,0,0,0]。如何判断一个输出向量和期望的向量有多接近?常用的判断方法就是交叉熵(Cross Entropy)。

交叉熵描述的是两个概率分布之间的距离,是分类问题中使用比较广泛的损失函数之一。交叉熵是表示两个概率分布 p、q 的差异,其中 p 表示真实分布,q 表示非真实分布,那么 $H(p,q)$ 就称为交叉熵,公式为

$$H(p,q) = -\sum_i p_i \log(q_i)$$

交叉熵在神经网络中作为损失函数时,p 表示真实标记的分布,q 则为训练后的模型的预测标记分布,交叉熵损失函数可以衡量 p、q 的相似性。

如果样本只有两种可能发生的情况,比如"正面的"和"负面的",这便是二分类问题。二分类对于批量样本的交叉熵计算公式为

$$J_{CE} = -\frac{1}{N}\sum_{i=1}^{N} y_i \log(\hat{y}) + (1-y_i)\log(1-\hat{y}) \quad y_i \in \{0,1\}$$

为解决二元分类问题,可以选择该损失函数。如果使用二元交叉熵损失函数,则只需一个输出节点即可将数据分为两类。输出值应通过 Sigmoid 激活函数得到,以便输出在(0,1)范围内。

例如,电影评论分类问题中,如果输出大于 0.5,则模型将其分类为正面的。如果输出小于 0.5,则模型将其分类为负面的。

如果使用二元交叉熵损失函数,则节点的输出应介于(0,1)。因为 Sigmoid 函数可以把任何实数值转换为(0,1)的范围,所以在最终输出中需使用 Sigmoid 激活函数。

在多分类的任务中,交叉熵损失函数的推导思路和二分类是一样的,变化的地方是真实值 y_i 现在为一个 One-Hot 向量,同时模型输出的压缩由原来的 Sigmoid 函数换成 SoftMax 函数。SoftMax 函数将每个维度的输出范围都限定在(0,1),同时所有维度输出的和为 1,用于表示一个概率分布。

由于 y_i 是一个 One-Hot 向量,除了目标类为 1 之外其他类别上的输出都为 0,多分类对于批量样本的交叉熵计算公式为

$$J_{CE} = -\sum_{i=1}^{N} y_i^{(i)} \log(\hat{y}^{(i)})$$

训练的目标可以设为使预测概率分布 $\hat{y}^{(i)}$ 尽可能接近真实的标签概率分布 $y_i^{(i)}$。

当解决多类分类任务时,可以选择该损失函数。如果使用多分类交叉熵损失函数,则输出节点的数量必须与这些类相同。最后一层的输出应该通过 SoftMax 激活函数,以便每个节点的输出是 0~1 的概率值。

例如手写体数字识别问题,如果数字 1 具有高概率得分,则将图像分类为 1。也就是说如果某个类别输出节点具有很高的概率得分,图像都将被分类为该类别。

训练时必须对标签进行一次 One-Hot 编码。如果图像是 1,则目标向量将为[0,1,0,0,0,0,0,0,0,0],如果图像是 2,则目标向量将为[0,0,1,0,0,0,0,0,0,0]。目标向量的大小与类的数目相同,并且对应实际类的索引位置将为 1,所有其他的位置都为 0。

3.4.3 反向传播算法

神经网络训练可以简单地概括为：先猜一个结果，称为预测结果 $\hat{y}$，看看这个预测结果和事先标记好的训练集中的真实结果 y 之间的差距，然后调整 w、b，再试一次，这一次就不是猜结果了，是有依据地向正确的方向靠近。如此反复多次，一直到预测结果和真实结果十分接近，即 $|\hat{y}_i - y_i| \to 0$，就结束训练。

首先准备训练数据，根据数据的规模、领域，建立神经网络的基本结构，比如有几层，每一层有几个神经元，定义好损失函数来合理地计算误差。通过反向传播算法和梯度下降算法调整神经网络中参数的取值。

当得到的误差不符合要求时，可以通过反向传播的方式，把输出层得到的误差反向传到隐藏层，并分配给不同的神经元，以此调整每个神经元的参数，最终调整至误差符合要求为止，这就是反向传播的核心理念。

例如，小明到靶场打靶，由于第一次来这个靶场，场地和步枪都不熟悉，存在各种干扰因素，如步枪准星可能有问题、靶场雾很大、风很大等。

第一次试枪后，拉回靶子发现弹着点偏左，于是在第二次试枪时有意识地向右侧偏几毫米，再看靶子上的弹着点，如此反复几次，小明就掌握了瞄准的方法。图 3-15 显示了小明的 5 次试枪过程。

误差函数用于衡量神经网络输出和所预期的输出之间的差异大小。它能够反映出当前网络输出和实际结果之间一种量化之后的不一致程度，也就是说函数值越大，反映出模型预测的结果越不准确。

本例中小明预期的目标是全部命中靶心，正中靶心可以得 10 分，命中最外圈得 1 分。

- 每次试枪弹着点和靶心之间的差距叫作误差，可以用误差函数来表示，损失函数提供了计算损失的方法。如图 3-15 中的黑色线。
- 一共试枪 5 次，就是迭代/训练了 5 次的过程。
- 每次试枪后，查看弹着点，然后调整下一次的射击角度的过程，叫作反向传播。反向传播把损失值反向传给神经网络的每一层，让每一层都根据损失值反向调整权重。
- 每次调整角度的数值和方向，叫作梯度。比如向右侧调整 1mm，或者向左下方调整 2mm。如图 3-15 中的灰色矢量线。梯度下降是在损失函数基础上向着损失最小的点靠近而指引了网络权重调整的方向。

图 3-15 是每次单发点射，所以每次训练样本是一个。神经网络训练通常需要多个样本做批量训练，以避免单个样本本身采样时带来的误差。在本例中多个样本可以描述为连发射击，假设一次可以连打 3 发子弹，每次的离散程度都类似，如图 3-16 所示。

小明每次射击结果和目标之间的差距是多少？在这个例子中，用得分来衡量的话，就是说小明得到的反馈结果从差 9 分、差 8 分、差 2 分、差 1 分，到差 0 分，这就是用一种量化的结果来表示小明的射击结果和目标之间差距的方式。如果一次有多个样本，便叫作损失函数。

本例子中各参数介绍如下。

- 目的：打中靶心。
- 初始化：随便打一枪，使其上靶，但是要记住当时的步枪姿态。
- 前向计算：让子弹击中靶子。

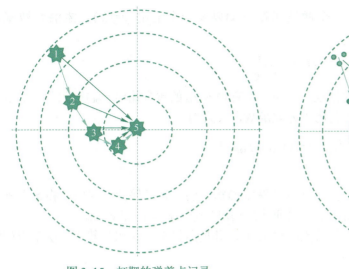

图 3-15 打靶的弹着点记录

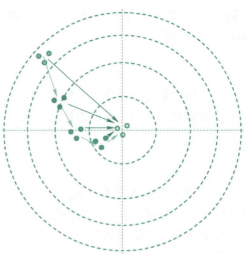

图 3-16 连发弹着点记录

- 损失函数：环数，偏离角度。
- 反向传播：把靶子拉回来看。
- 梯度下降：根据本次的偏差，调整步枪的射击角度。

反向传播算法在 20 世纪 60 年代早期就已经被提出，但没有引起业界重视。1970 年，Seppo Linnainmaa 在其硕士论文中提出了自动链式求导方法，并将反向传播算法在计算机上得以实现。1974 年，Paul Werbos 在其博士论文中首次提出了将反向传播算法应用到神经网络的可能性，但他没有发表后续的相关研究。1986 年，Geoffrey Hinton 等人在神经网络上应用反向传播算法，使得反向传播算法在神经网络中焕发出勃勃生机。

反向传播算法是最常见的一种神经网络训练算法。借助这种算法，梯度下降法在多层神经网络中将成为可行方法。TensorFlow 可自动处理反向传播算法，因此不需要对该算法做深入研究。

反向传播算法是一个迭代算法，它的基本思想如下。

1）先计算每一层的状态和激活值，直到最后一层（即前向传播）。
2）计算每一层的误差，误差的计算过程是从最后一层向前推进的。
3）更新参数（目标是误差变小）。迭代前面两个步骤，直到满足停止准则。

下面以一个简单的神经网络说明反向传播算法，如图 3-17 所示，包含一个输入节点、一个输出节点以及两个隐藏层（分别有两个节点）。相邻层中的节点通过权重 w_{ij} 相关联，这些权重是网络参数。

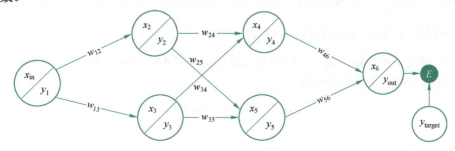

图 3-17 简单神经网络反向传播算法

每个节点都有一个总输入 x、一个激活函数 $f(x)$ 以及一个输出 $y=f(x)$。激活函数采用 Sigmoid 函数，即

$$f(x) = \frac{1}{1+e^{-x}}$$

目标是根据数据自动学习网络的权重，以便让所有输入 x_{in} 的预测输出 y_{out} 接近目标 y_{target}。为了衡量输出与该目标的差距，使用均方差函数，公式为

$$J_{MSE} = \frac{1}{2}(y_{out} - y_{target})^2$$

1. 正向传播

首先，取一个输入样本 (x_{in}, y_{target})，并更新网络的输入层。为了保持一致性，将输入视为与其他任何节点相同，但不具有激活函数，以便让其输出与输入相等，即 $y_1=x_{in}$。

然后更新第一个隐藏层。取上一层节点的输出 y_1，并使用权重 w_{12} 来计算下一层节点的输入 x_2，即 $x_2 = w_{12}y_1$。

使用激活函数 $f(x)$，更新第一个隐藏层中节点的输出。

第一个隐藏层有两个神经元，则该层神经元的输入为

$$x_2 = w_{12}x + b_1$$
$$x_3 = w_{13}x + b_1$$

假设选择 $f(x)$ 作为该层的激活函数，则该层的输出是 $y_2 = f(x_2)$，$y_3 = f(x_3)$。

第二个隐藏层同样有两个神经元，则该层神经元的输入为

$$x_4 = w_{24}y_2 + w_{34}y_3 + b_2$$
$$x_5 = w_{25}y_2 + w_{35}y_3 + b_3$$

2. 反向传播

神经网络的目标是调整权重 w 和偏置 b 使得总体误差变小，最后求的总体误差取最小值时对应神经元的参数。

反向传播算法会对特定样本的预测输出和理想输出进行比较，然后确定网络的每个权重和偏置的更新幅度。为此需要计算误差相对于每个权重 $\frac{\partial E}{\partial w_{ij}}$ 的变化情况。获得误差导数后可以使用一种简单的更新法则来更新权重，公式为

$$w_{ij} = w_{ij} - \alpha \frac{\partial E}{\partial w_{ij}}$$

其中，α 是一个正常量，称为学习速率，需要根据经验对该常量进行微调。

为了帮助计算 $\frac{\partial E}{\partial w_{ij}}$，还需为每个节点分别存储另外两个导数，即误差随节点总输入 $\frac{\partial E}{\partial x}$ 和节点输出 $\frac{\partial E}{\partial y}$ 的变化情况。反向传播过程如图 3-18 所示。

开始反向传播误差导数。由于已经拥有此特定输入样本的预测输出 y_{out}，因此可以计算误差随该输出的变化情况。根据误差函数

$$J_{MSE} = \frac{1}{2}(y_{out} - y_{target})^2$$

可以得出

$$\frac{\partial E}{\partial y_{out}} = y_{out} - y_{target}$$

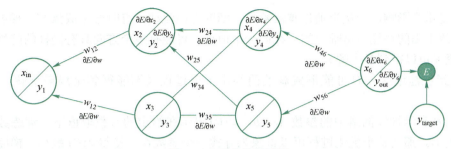

图 3-18 反向传播过程

接下来便可以根据链式法则得出

$$\frac{\partial E}{\partial x} = \frac{\mathrm{d}y}{\mathrm{d}x}\frac{\partial E}{\partial y} = \frac{\mathrm{d}}{\mathrm{d}x}f(x)\frac{\partial E}{\partial y}$$

当 $f(x)$ 是 Sigmoid 激活函数时，有

$$\frac{\mathrm{d}}{\mathrm{d}x}f(x) = f(x)(1-f(x))$$

当得出相对于某节点总输入的误差导数，便可以得出相对于进入该节点权重的误差导数，即

$$\frac{\partial E}{\partial w_{ij}} = \frac{\partial x_j}{\partial w_{ij}}\frac{\partial E}{\partial x_j} = y_i\frac{\partial E}{\partial x_j}$$

根据链式法则可以根据上一层得出 $\frac{\partial E}{\partial y}$。此时形成了一个完整的循环，即

$$\frac{\partial E}{\partial y_i} = \sum_{j\in \mathrm{out}(i)}\frac{\partial x_j}{\partial y_i}\frac{\partial E}{\partial x_j} = \sum_{j\in \mathrm{out}(i)}w_{ij}\frac{\partial E}{\partial x_i}$$

反向传播算法的核心是对整个网络所有可能的路径重复使用链式法则。反向传播算法真正强大的地方在于它是动态规划的，可以重复使用中间结果计算梯度下降。因为它是通过神经网络由后向前传播误差，并优化每一个神经节点之间的权重。

依照此规律，只需要循环迭代计算求得当前层的偏导数，从而得到每层权值矩阵 W 的梯度，再通过梯度下降算法迭代优化网络参数即可。

3.4.4 梯度下降算法

反向传播算法提供了一个高效的方式在所有神经网络参数上使用梯度下降算法，梯度下降算法的作用是优化单个参数的取值，从而使得神经网络在训练数据上的损失函数尽可能小。神经网络的优化过程可以分为两个阶段，第一个阶段先通过前向传播算法计算得到预测值，并将预测值和真实值做对比得出两者之间的差距；第二个阶段通过反向传播算法计算损失函数对每一个参数的梯度，再根据梯度和学习率使用梯度下降算法更新每一个参数。

3.4.4 梯度下降算法

当寻找最大化、最小化问题的解决方案时，梯度下降是一种计算最佳移动方向的算法，梯度下降建议更新模型参数时遵循以下方向：根据所使用的输入数据，找到的方向是损失面下降最陡的方向。因为目前没有一个通用的方法可以对任意损失函数直接求解最佳的参数取值，实践中梯度下降算法是最常用的神经网络优化方法。

为了更好地理解梯度下降，可以将其类似为水从山上流下的过程，具体如下。

1)水受重力影响,会从当前位置沿着最陡峭的方向流动,有时会形成瀑布(梯度下降)。

2)水流下山的路径不是唯一的,在同一个地点,可能有多个方向具有同样的陡峭程度,而造成了分流(可以得到多个解)。

3)遇到坑洼地区,有可能形成湖泊而终止下山过程(不能得到全局最优解,只是局部最优解)。

假设用 θ 表示神经网络中的参数 w、b,$J(\theta)$ 表示在给定的参数取值下,训练数据集上损失函数的大小。那么整个优化过程可以抽象为寻找一个参数 θ,使得 $J(\theta)$ 最小。梯度下降算法会更新参数 θ,不断沿着梯度的反方向让参数朝着总损失更小的方向更新。梯度下降的数学公式为

$$\theta_{n+1} = \theta_n - \eta \frac{\partial}{\partial \theta_n} J(\theta)$$

其中,θ_{n+1} 表示下一个值;θ_n 表示当前值;-为减号,梯度的反向;η 表示学习率或步长,控制每一步走的距离,不要太快以免错过了最佳景点,不要太慢以免时间太长;$J(\theta)$ 为函数。

图 3-19 展示了梯度下降算法的基本原理。梯度下降包含了两层含义,梯度:函数当前位置的最快上升点。下降:与导数相反的方向。

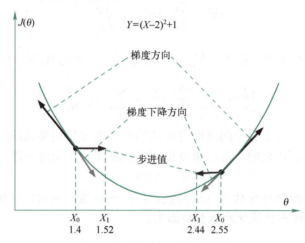

图 3-19 梯度下降算法示意图

横轴表示参数 θ 的取值,纵轴表示损失函数 $J(\theta)$ 的值。

曲线表示了在参数 θ 取不同值时,对应损失函数 $J(\theta)$ 的大小。假设当前的参数和损失值对应图中小圆点的位置,那么梯度下降算法会将参数向横轴左侧移动,从而使得小圆点朝着箭头的方向移动。参数的梯度可以通过求偏导的方式计算,对于参数 θ,其梯度为 $\frac{\partial}{\partial \theta_n} J(\theta)$。有了梯度,还需要定义一个学习率 η(Learning Rate)来定义每次参数更新的幅度。学习率可以理解为每次参数移动的步进值。

下面举个例子来说明梯度下降的工作过程,假设通过梯度下降算法优化参数 x,使得单变量函数 $J(x) = x^2$ 的值尽可能小。目的是找到该函数的最小值,于是计算其微分为

$$J'(x) = 2x$$

梯度下降算法第一步随机产生一个参数 x 的初始值 $x_0=5$,然后通过梯度和学习率来更新参数 x 的取值。每次对参数 x 的更新公式为

$$x_{n+1} = x_n - \eta\nabla J(x) = x_n - 2\eta x$$

假设学习率 $\eta = 0.3$,迭代过程见表 3-5。

表 3-5 迭代过程

迭代次数	x_n	$\eta\nabla J(x)$	x_{n+1}
1	5	0.3×2×5 = 3	5−2 = 3
2	2	0.3×2×2 = 1.2	2−1.2 = 0.8
3	0.8	0.3×2×0.8 = 0.48	0.8−0.48 = 0.32
4	0.32	0.3×2×0.32 = 0.192	0.32−0.192 = 0.128
5	0.128	0.3×2×0.128 = 0.0768	0.128−0.0768 = 0.0512

经过 5 次迭代后参数 x 的值变为 0.0512,参数距最优值 0 已经很接近了。

神经网络训练时需要设置学习率来控制参数更新的速度,学习率决定了参数每次更新的幅度,用于控制下降或上升步幅的大小。在梯度确定之后,学习率是梯度下降算法中唯一一个必须足够重视的参数。实际上,学习率的设定是梯度下降算法中的一大挑战,学习率设定过小会导致收敛太慢,也可能让算法陷入局部极小值跳不出来,设定过大又容易导致收敛振荡甚至偏离最优点。

如上面的例子中,如果学习率设置为 1,无论进行多少轮迭代,参数都将在 5 和-5 之中摇摆,不会收敛到一个极小值。如果学习率太小,虽然可以保证收敛性,但降低了优化速度。如果学习率设置为 0.001,迭代 5 次后,x 的值是 4.95,将 x 训练到 0.05 需要 2300 多轮迭代。不同学习率对迭代情况的影响见表 3-6。

表 3-6 不同学习率对迭代情况的影响

学习率 η	迭代路线图	说明
1		学习率太高,迭代的情况很糟糕,在一条水平线上跳来跳去,永远也不能下降
0.8		学习率高,会有左右跳跃的情况发生,不利于神经网络的训练
0.4		学习率合适,损失值会从单侧下降,4 步以后基本接近了理想值

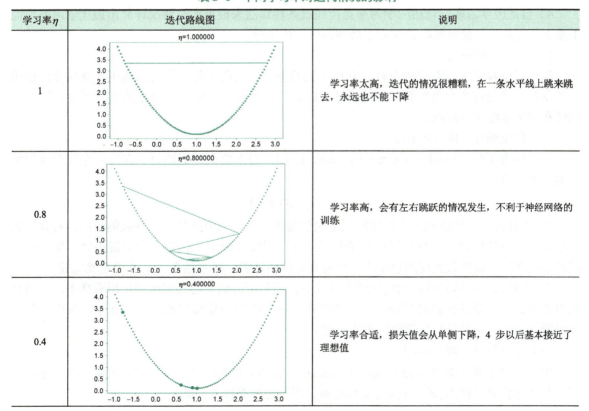

（续）

学习率 η	迭代路线图	说明
0.1	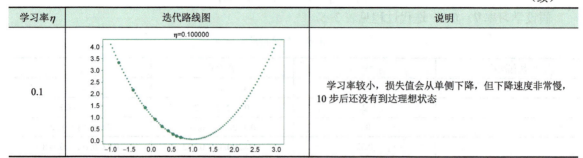	学习率较小，损失值会从单侧下降，但下降速度非常慢，10 步后还没有到达理想状态

梯度下降算法有两个重要的控制因子：一个是步长，由学习率控制；另一个是方向，由梯度指定。因梯度方向已经被证明是变化最快的方向，很多时候都会使用梯度方向，而另外一个控制因子学习率则是解决上述影响的关键所在，学习率是最影响优化性能的超参数之一。学习率的设定类型有以下几种。

1）固定学习率。上面的例子中学习率是固定不变的，每次迭代每个参数都使用同样的学习率。找到一个比较好的固定学习率非常关键，否则会导致收敛太慢或者不收敛。

2）不同的参数使用不同的学习率。如果数据是稀疏的且特征分布不均的，应该给予较少出现的特征一个大的更新。这时可能需要对不同特征的参数设定不同的学习率。深度学习的梯度下降算法中 Adagrad 和 Adam 方法都针对每个参数设置了相应的学习率。

3）动态调整学习率。根据应用场景在不同的优化阶段动态改变学习率，以得到更好的结果。为解决梯度学习在处理一些复杂问题时面临的挑战，学者在动态调整学习率的方向上做了很多研究和尝试。

4）自适应学习率。自适应学习率是指通过某种算法来根据实时情况计算出最优学习率，而不是人为固定一个简单策略让梯度下降按部就班地实行。

1. 梯度下降算法的变种

梯度下降算法主要有三种变种，它们之间的主要区别在于每个学习步骤中计算梯度时使用的数据量，是对每个参数更新（学习步骤）时的梯度准确性与时间复杂度的折中考虑，即在准确性和优化速度间做权衡。

（1）批量梯度下降（BGD）

批量梯度下降（Batch Gradient Descent，BGD）对参数执行更新时，在每次迭代中使用所有的样本。即

$$\theta_{n+1} = \theta_n - \eta \nabla J(\theta)$$

1）主要优点：训练期间可以使用固定的学习率，而不用考虑学习率衰减的问题。它具有朝向最小值的直线轨迹，并且如果损失函数是凸的，则保证理论上收敛到全局最小值，如果损失函数不是凸的，则收敛到局部最小值。梯度是无偏估计的。样本越多，标准误差就越低。

2）主要缺点：尽管可以用向量的方式计算，但是可能仍然会很慢地遍历所有样本，特别是数据集很大时，算法的耗时将成为严重的问题。学习的每一步都要遍历所有样本，其中一些样本可能是多余的，并且对更新没有多大贡献。

（2）随机梯度下降（SGD）

随机梯度下降（Stochastic Gradient Descent，SGD）也叫增量梯度下降，就是一次次循环下降。每次迭代只对样本 (x^i, y^i) 执行参数更新，而不是所有样本。即

$$\theta_{n+1} = \theta_n - \eta\nabla J(\theta; x^i; y^i)$$

随机梯度下降需要打乱训练数据集以避免样本预先存在顺序。

1）主要优点：更新频次快，优化速度更快，可以在线优化。一定的随机性导致有概率跳出局部最优（随机性来自用一个样本的梯度去代替整体样本的梯度）。

2）主要缺点：SGD 的随机性给学习过程增加了更多的噪声，并且学习过程不断以高方差的方式频繁更新，导致目标函数大幅波动。随机性可能导致收敛复杂化，即使到达最优点仍然会进行过度优化，因此 SGD 的优化过程相比 BGD 充满动荡。

（3）小批量梯度下降（MBGD）

小批量梯度下降（Mini-Batch Gradient Descent，MBGD）是为了克服上述两个变种的缺点而提出的，MBGD 算法是上面两个变种的折中。在每一次更新参数时，既不使用所有样本，也不是一个一个样本地进行更新，而是使用一部分样本进行更新，即

$$\theta_{n+1} = \theta_n - \eta\nabla J(\theta; x^{(i:i+n)}i; y^{(i:i+n)})$$

与随机梯度下降一样，小批量梯度下降也需要打乱训练数据集以避免样本预先存在顺序结构，另外还要根据批量的规模将训练数据集分为 b 个小批量。如果训练集大小不能被批量大小整除，则将剩余的部分单独作为一个小批量。设定的是 50 个样本为 1 个小批量。

批量的大小可以调整，通常选为 2^n，如 32、64、128、256、512 等，其原因是一些如 GPU 的硬件也是以 2^n 的批量大小来获得更好的运行时间。

1）主要优点：对比 BGD，MBGD 的速度更快，因为它少用了很多样本，并且可以利用现有的线性代数库高效地计算多个样本的梯度；对比 SGD，MBGD 的参数更新时的动荡变小，收敛过程更稳定，降低了收敛难度；随机选择样本有助于避免对学习没有多大贡献冗余样本或非常相似的样本的干扰。当批量的大小<训练集大小时，会增加学习过程中的噪声，有助于改善泛化误差。

2）主要缺点：在每次迭代中，学习步骤可能会由于噪声而来回移动。因此它可能会在最小值区域周围波动，短时间内不收敛。

由于噪声的原因，相比于 BGD，MBGD 的学习步骤会有些许的振荡，并且随着越来越接近最小值，需要增加学习衰减来降低学习速率。

2. 梯度下降算法的挑战

虽然梯度下降算法是著名的优化算法之一，也是迄今优化神经网络时最常用的方法。但是需要强调的是它也有如下挑战。

（1）局部极小值

当目标函数是凸函数时，梯度下降算法的解是全局最优解。然而很多情况下，尤其是处理较复杂问题时，目标函数是非凸的。这时就会存在一些局部极值点，梯度下降算法也不能立刻确定是最优解，如图 3-20 所示。

在图 3-20 中，假设初始参数 θ 对应的损失值在 A 点，那么它将会收敛到附近的局部极小值点。因为梯度下降是由梯度驱动的，它在任何一个极小值点的梯度都会为 0，这与最小值处的表现是一样的。所以一旦收敛到这个极小值点，它会误以为这个极小值点就是全局最小值点，并停止继续搜寻，而真正的最低点就在不远处。

局部极小值是损失函数该点的值在局部区域是最小的。全局最小值是损失函数该点的值在整个区域最小。在深度学习中真正要找的是全局最小值，然而经常会遇到局部极小值，这就给梯度下降算法带来了很大的挑战。

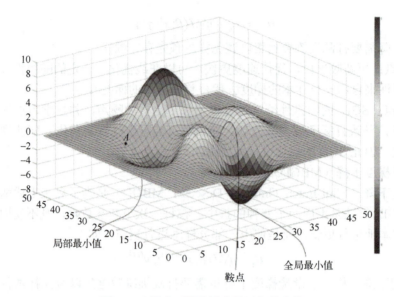

图 3-20 梯度下降算法中的局部最小值

（2）鞍点

鞍点得名于它的形状类似于马鞍，如图 3-21 所示。尽管它在 x 轴方向上是一个最小值点，但是它在另一个方向上是局部最大值点，如果它沿着 x 轴方向变得更平坦的话，梯度下降会在 x 轴振荡并且不能继续根据 y 轴下降，这就会给人们一种已经收敛到最小值点的错觉。

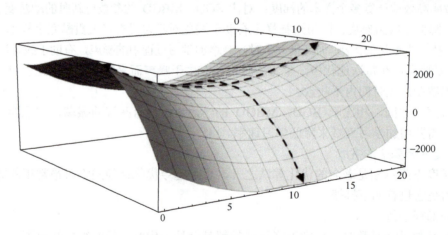

图 3-21 梯度下降算法中的鞍点

拓展项目

1912 年 4 月 15 日，泰坦尼克号在首次航行期间撞上冰山后沉没，导致大量人员伤亡。沉船导致大量伤亡的原因之一是没有足够的救生艇，虽然幸存下来有一些运气因素，但有一些人比其他人更有可能生存，比如妇女、儿童和上层阶级。这是 Kaggle 比赛中的泰坦尼克号生存率的分析。

拓展项目任务：运用回归模型来预测哪些乘客可以幸免于难，最后提交结果。

Kaggle 泰坦尼克号项目的数据可以在本书的配套资源中找到。

每个乘客有 12 个属性，其中 PassengerID 在这里只起到索引作用，而 Survived 是要预测的目标，变量说明如下。
- PassengerID：ID。
- Survived：存活与否。
- Pclass：客舱等级，在当时的英国阶级分层比较严重，较为重要。
- Name：姓名，可提取出更多信息。
- Sex：性别，较为重要。
- Age：年龄，较为重要。
- Parch：直系亲友，是指父母、孩子，其中 1 表示有一个，以此类推。
- SibSp：旁系，是指兄弟姐妹。
- Ticket：票编号。
- Fare：票价，可能票价贵的获救概率大。
- Cabin：客舱编号。
- Embarked：上船的港口编号，是指从不同的港口上船。

项目 4　服装图像识别：Keras 搭建与训练模型

项目描述

　　tf.keras 是 TensorFlow 2.0 最主要的高阶 API 接口，为 TensorFlow 的代码提供了新的风格和设计模式，TensorFlow 2.0 中推荐使用 Keras API，大大提高了代码的简洁性和复用性，也间接提供了 TensorFlow 开发的规范。Keras API 还兼具灵活性，很多部分可以定制，满足用户个性化设计的模型结构。

　　十几年来深度学习领域的研究员们把经典的 MNIST 数据集作为衡量算法的基准之一。Fashion-MNIST 是一个替代 MNIST 手写数字集的图像数据集，其涵盖了来自 10 种类别的共 7 万个不同商品的正面图片。Fashion-MNIST 的图片大小、训练和测试样本数及类别数与经典 MNIST 完全相同。本项目使用 Keras API 搭建神经网络，并训练、评估预测模型，完成服装图像识别。

思维导图

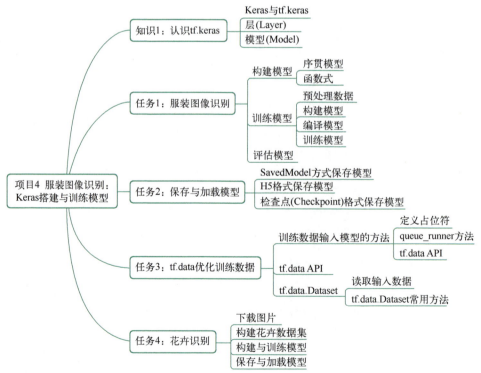

项目目标

1. **知识目标**
- 了解 Keras 的发展历史及作用。

- 了解 Keras 与 tf.keras 的关系。
- 掌握层的作用及定义层的方法。
- 掌握模型的作用及定义模型的方法。
- 掌握序贯模型的定义方法。
- 掌握函数式模型的定义方法。
- 了解训练数据集输入模型的方法。

2. 技能目标
- 能熟练预处理模型。
- 能定义序贯模型与函数式模型。
- 能使用 Keras API 编译模型，选择合适的损失函数以及优化器。
- 能使用 fit 训练模型。
- 能熟练评估与预测模型。
- 能熟练保存与加载模型。
- 能使用 tf.data API 构建数据集。

4.1 认识 tf.keras

Keras 是一个主要由 Python 语言开发的开源神经网络计算库，最初由 Francois Chollet 编写，它被设计为高度模块化和易扩展的高层神经网络接口，使得用户不需要过多的专业知识就可以简洁、快速地完成模型的搭建与训练。Francois 于 2015 年 3 月将 Keras 的第一个版本发布到 GitHub。

4.1 认识 tf.keras

4.1.1 Keras 与 tf.keras

Keras 库分为前端和后端，其中，后端可以基于现有的深度学习框架实现，如 Theano、CNTK、TensorFlow；前端接口即 Keras 抽象后的统一接口 API。用户通过 Keras 编写的代码可以轻松切换不同的后端运行，灵活性较大。

4.1.1~4.1.3
Keras 与 tf.keras、层、模型

Keras 非常容易使用，这可以让研究人员和开发人员的实验迭代更快。为了训练用户自定义的神经网络，Keras 需要一个后端，即需要一个计算引擎，它可以构建网络的图和拓扑结构，运行优化器，并执行具体的数字运算，如使用 PHP 编程语言和 SQL 数据库构建一个网站，这个 SQL 数据库就是后端，也可以使用 MySQL 或者 SQL Server，但用于与数据库交互的 PHP 代码是不会变的，PHP 并不关心正在使用哪个数据库，只要使用的数据库符合 PHP 的规则即可。

Keras 与 tf.keras 有什么区别与联系？其实 Keras 可以理解为一套搭建与训练神经网络的高层 API 协议，Keras 本身已经实现了此协议，可以方便地调用 TensorFlow、CNTK 等后端完成加速计算。

TensorFlow 与 Keras 既存在竞争又存在合作的关系；甚至 Keras 创始人 Francois Chollet 也曾是 Google AI 的开发人员。早在 2015 年 11 月，TensorFlow 被加入 Keras 后端支持。从 2017 年开始，Keras 的大部分组件被整合到 TensorFlow 框架中。在 TensorFlow 2.0 中，Keras 被正式

确定为 TensorFlow 的高层 API 唯一接口，Keras 被实现在 tf.keras 子模块中，取代了 TensorFlow 1.x 版本中自带的 tf.layers 等高层接口。tf.keras 是用于构建和训练深度学习模型的 TensorFlow 高阶 API。利用此 API，可实现快速原型设计、先进的研究和生产。

在 TensorFlow 中，也实现了一套 Keras 协议，即 tf.keras，但只能基于 TensorFlow 后端计算，对 TensorFlow 的支持更好。对于使用 TensorFlow 的开发者来说，tf.keras 可以理解为一个普通的子模块，与其他子模块（如 tf.math、tf.data 等）并没有本质差别。

tf.keras 具有以下三大优势。

- 方便用户使用，Keras 具有针对常见用例做出优化的简单而一致的界面。它可针对用户错误提供切实可行的清晰反馈。
- 模块化和可组合，将可配置的构造块组合在一起就可以构建 Keras 模型，并且几乎不受限制。
- 易于扩展，可以编写自定义构造块，表达新的研究创意；并且可以创建新层、指标、损失函数并开发先进的模型。

tf.keras 常用模块见表 4-1。

表 4-1　tf.keras 常用模块

模　　块	概　　述
activations	激活函数
applications	提供了带有预训练权重的 Keras 模型
backend	Keras 后端 API
Callbacks	在模型训练期间的回调函数
Constraints	约束模块，对权重施加约束的函数
datasets	tf.keras 数据集模块，包括 boston_housing、cifar10、fashion_mnist、imdb、mnist 等
estimator	Keras 评估 API
experimental	tf.keras.experimental 命名空间的公共 API
initializers	初始序列化/反序列化模块
layers	Keras 层 API
losses	内置损失函数
metircs	内置评价指标函数
mixed_precision	混合精度模块
models	模型相关的 API
optimizers	内置优化器模块
preprocessing	Keras 数据的预处理模块
regularizers	内置的正则模块
utils	Keras 实用工具
wrappers	在 Keras 模型中使用 Scikit-Learn API 的包装器

tf.keras 包含 Model、Sequential 两个重要的类，Model 类是将 Layers 组织成具有训练和推理功能的对象，Sequential 类的作用是有序地将 Layers 分组到 tf.keras.Model 中。

4.1.2　层（Layer）

Keras 有两个重要的概念：层（Layer）和模型（Model）。层将各种计算流程和变量进行了封装（如全连接层、卷积层、池化层等）；而模型则将各种层进行组织和连接，并封装成一个整体，描述了如何将输入数据通过各种层以及运算而得到输出。在需要模型调用的时候，使用

y_pred=model(X)的形式即可。Keras 在 tf.keras.layers 下内置了深度学习中大量常用的预定义层，同时也允许用户自定义层。

可在官网文档 Module：tf.keras.layers 中看到预先存在的层完整列表，它包括 Dense、Conv2D、LSTM、BatchNormalization、Dropout 等。

实现自定义层推荐的方法是扩展 tf.keras.Layer 类并实现，具体如下。

- __init__：执行所有与输入无关的初始化。
- build：输入张量的形状，并可以执行其余的初始化。
- call：进行正向计算。

可以使用 tf.Variable()或者 add_weight()方法为层添加权重，代码如下。

```
class MyLayer(tf.keras.layers.Layer):
    def __init__(self):
        super().__init__()
        # 初始化代码

    def build(self, input_shape):     # input_shape 是一个 TensorShape 类型对象，提供输入的形状
        # 在第一次使用该层的时候调用该部分代码
        # 在这里创建变量可以使得变量的形状自适应输入的形状
        # 而不需要使用者额外指定变量形状
        # 如果已经可以完全确定变量的形状，也可以在__init__部分创建变量
        self.variable_0 = self.add_weight(...)
        self.variable_1 = self.add_weight(...)

    def call(self, inputs):
        # 模型调用的代码（处理输入并返回输出）
        return output
```

可以在__init__中创建变量，也可以调用 build 来创建变量。在 build 中创建变量的好处是它可以根据将要操作的层输入形状、创建后期变量。此外在__init__中创建变量意味着需要明确指定创建变量所需的形状。build 方法只会被调用一次，经常被用来创建变量。如果 build 创建变量（权重）后，输入参数和权重的形状不匹配，则会报错。

项目 3 中全连接层 $y=wx+b$，可以通过以下方式实现，即实现全连接层（Dense）。它具有一个状态：变量 w 和 b，代码如下。

```
In[1]:
class Linear(keras.layers.Layer):
    def __init__(self, units=32, input_dim=32):
        super(Linear, self).__init__()
        self.w = self.add_weight(
            shape=(input_dim, units), initializer="random_normal", trainable=True
        )
        self.b = self.add_weight(shape=(units,), initializer="zeros", trainable=True)

    def call(self, inputs):
        return tf.matmul(inputs, self.w) + self.b

x = tf.ones((2, 2))
linear_layer = Linear(4, 2)
y = linear_layer(x)
print(y)
Out [1]:
```

```
tf.Tensor(
[[0.02568192 0.04541541 0.02019978 0.043936   ]
 [0.02568192 0.04541541 0.02019978 0.043936   ]], shape=(2, 4), dtype=float32)
```

可通过 get_weights()方法返回层的权重，代码如下。

```
In[2]:
linear_layer.get_weights()
Out [2]:
[array([[ 9.4201197e-05,  9.0937734e-02, -3.1390134e-02,  5.7725459e-02],
       [ 2.5587721e-02, -4.5522328e-02,  5.1589914e-02, -1.3789460e-02]],
      dtype=float32), array([0., 0., 0., 0.], dtype=float32)]
```

或者通过 trainable_weights 打印可训练权重，non_trainable_weights 打印不可训练权重，代码如下。

```
In[3]:
print("weights:", len(linear_layer.weights))
print("trainable weights:", linear_layer.trainable_weights)
Out [3]:
weights: 2
trainable weights: [<tf.Variable 'Variable:0' shape=(2, 4) dtype=float32, numpy=
array([[ 9.4201197e-05,  9.0937734e-02, -3.1390134e-02,  5.7725459e-02],
       [ 2.5587721e-02, -4.5522328e-02,  5.1589914e-02, -1.3789460e-02]],
      dtype=float32)>, <tf.Variable 'Variable:0' shape=(4,) dtype=float32, numpy=array([0., 0., 0., 0.],
dtype=float32)>]
```

上面例子中 Linear 层接收了一个 input_dim 参数，用于计算 __init__()中权重 w 和 b 的形状。在许多情况下不知道输入形状的大小，并希望在对层进行实例化后的某个时间再创建权重。建议在层的 build(self, inputs_shape)方法中创建层的权重，代码如下。

```
class Linear(keras.layers.Layer):
    def __init__(self, units=32):
        super(Linear, self).__init__()
        self.units = units

    def build(self, input_shape):
        self.w = self.add_weight(
            shape=(input_shape[-1], self.units),
            initializer="random_normal",
            trainable=True,
        )
        self.b = self.add_weight(
            shape=(self.units,), initializer="random_normal", trainable=True
        )

    def call(self, inputs):
        return tf.matmul(inputs, self.w) + self.b
```

4.1.3 模型（Model）

通常使用 Layer 类来定义内部计算块，使用 Model 类来定义模型。Layer 类定义了网络层的一些常见功能，如在全连接层（Dense）、卷积层（Conv2D）、循环层（RNN）、ResNet 块、Inception 块进行添加权值、管理权值列表等操作。Model 类除了具有 Layer 类的功能，还添加了保存或加载模型、训练与测试模型等便捷功能。Model 类对应于人们常说的深度学习模型或深度神经网络，如全连接神经网络、卷积神经网络、循环神经网络等。

通过对 tf.keras.Model 进行子类化，并定义向传播来构建完全可自定义的模型。在 __init__ 方法中创建层，将它们设置为类实例的属性，在 call 方法中定义前向传播。

在继承类中，需要重写 __init__()（构造函数，初始化）和 call(input)（模型调用）两个方法，同时也可以根据需要增加自定义的方法，代码如下。

```python
class MyModel(tf.keras.Model):
    def __init__(self):
        super().__init__()   # Python 2 下使用 super(MyModel, self).__init__()
        # 此处添加初始化代码（包含 call 方法中会用到的层），如
        # layer1 = tf.keras.layers.BuiltInLayer(...)
        # layer2 = MyCustomLayer(...)

    def call(self, input):
        # 此处添加模型调用的代码（处理输入并返回输出），如
        # x = layer1(input)
        # output = layer2(x)
        return output

    # 还可以添加自定义的方法
```

以下实例为建立一个继承了 tf.keras.Model 的模型类 MyModel。这个类在 __init__ 方法中创建了两个全连接层（tf.keras.layers.Dense），在 call 方法中定义前向传播，代码如下。

```python
In[1]:
class MyModel(tf.keras.Model):

    def __init__(self, num_classes=10):
        super(MyModel, self).__init__(name='my_model')
        self.num_classes = num_classes
        # 在此处定义层
        self.dense_1 = tf.keras.layers.Dense(32, activation='relu')
        self.dense_2 = tf.keras.layers.Dense(num_classes, activation='sigmoid')

    def call(self, inputs):
        # 在这里定义前向传播
        # 使用之前定义的层（在'__init__'中）
        x = self.dense_1(inputs)
        output = self.dense_2(x)
        return output

In[2]:
# 随机产生训练数据
data = np.random.random((1000, 32))
labels = np.random.random((1000, 10))

model = MyModel(num_classes=10)
model.compile(optimizer=tf.keras.optimizers.RMSprop(0.001),
              loss='categorical_crossentropy',
              metrics=['accuracy'])
# 训练 5 个周期
model.fit(data, labels, batch_size=32, epochs=5)
```

其中，全连接层（tf.keras.layers.Dense）是 Keras 最基础和常用的层之一。输入张量 input = [batch_size, input_dim]，该层对输入张量首先进行 tf.matmul(input, w) + b 的线性变换（w 和 b 是层中可训练的变量），输出形状为 [batch_size, units] 的二维张量，代码如下。

```
tf.keras.layers.Dense(
    units, activation=None, use_bias=True,
    kernel_initializer='glorot_uniform',
    bias_initializer='zeros', kernel_regularizer=None,
    bias_regularizer=None, activity_regularizer=None, kernel_constraint=None,
    bias_constraint=None, **kwargs
)
```

其包含的主要参数如下。
- units：输出张量的维度。
- activation：激活函数。常用的激活函数包括 tf.nn.relu、tf.nn.tanh 和 tf.nn.sigmoid。
- use_bias：是否加入偏置向量 bias。默认为 True。
- kernel_initializer、bias_initializer：权重矩阵 kernel 和偏置向量 bias 两个变量的初始化器。默认为 tf.glorot_uniform_initializer 1。设置为 tf.zeros_initializer 表示将两个变量均初始化全是 0。

该层包含权重矩阵 w=[input_dim, units]和偏置向量 b=[units]两个可训练变量。

4.2 任务 1：服装图像识别

MNIST 数据集作为机器学习的经典基准测试，在深度学习时代显得过于简单了，Fashion MNIST 是一个替代 MNIST 手写数字集的图像数据集。Fashion MNIST 的大小、格式和训练集/测试集划分与原始的 MNIST 完全一致，使用 60000 个图像来训练网络，使用 10000 个图像来评估网络学习对图像分类的准确率。

4.2 任务 1：服装图像识别

使用 tf.keras 提供的高层 API，可以轻松地完成建模三部曲——模型构建、训练、评估。下面将以 Fashion MNIST 数据集为例分别介绍如何使用 tf.keras 完成这三部曲。

4.2.1 构建模型

在 TensorFlow 2.x 版本中，可以使用三种方式来构建 Keras 模型，分别是序贯模型（Sequential API）、函数式（Functional API）以及自定义模型（Model Subclassing），如图 4-1 所示。

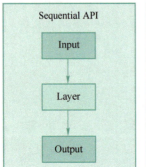
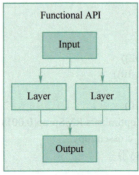
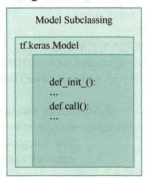

图 4-1 构建 Keras 模型的三种方式

1. 序贯模型（Sequential API）

序贯模型是多个网络层的线性堆叠，其中每个层恰好都是一个输入张量和一个输出张量。通常是将多个层（Layer）组装起来形成一个模型（Model），最常见的一种方式就是层的堆叠，层可以是全连接层，也可以是卷积网络。

例如，下面代码定义了一个包含三个全连接层的神经网络模型。

```
model = keras.Sequential(
    [
        layers.Dense(2, activation="relu", name="layer1"),
        layers.Dense(3, activation="relu", name="layer2"),
        layers.Dense(4, name="layer3"),
    ]
)
# Call model on a test input
x = tf.ones((3, 3))
y = model(x)
```

这是通过将层列表（Layers）以参数的形式传递给 Sequential 来构建模型。还可以通过 add() 方法以增量方式创建 Sequential 模型。代码如下。

```
model = keras.Sequential()
model.add(layers.Dense(2, activation="relu"))
model.add(layers.Dense(3, activation="relu"))
model.add(layers.Dense(4))
```

模型需要知道输入数据的形状，因此，Sequential 的第一层需要接收一个关于输入数据形状的参数，后面的各个层则可以自动的推导出中间数据的形状，因此不需要为每个层都指定这个参数。可以用 keras.Input 向模型中输入数据，并指定数据的形状、数据类型等信息，代码如下。

```
model = keras.Sequential()
model.add(keras.Input(shape=(4,)))
model.add(layers.Dense(2, activation="relu"))
model.summary()
```
Out：

Layer (type)	Output Shape	Param #
dense (Dense)	(None, 2)	10

Total params: 10
Trainable params: 10
Non-trainable params: 0

或者传递一个 input_shape 的关键字参数给第一层，input_shape 是一个 Tuple 类型的数据，其中也可以填入 None，如果填入 None 则表示此位置可以是任何正整数，代码如下。

```
model = keras.Sequential()
model.add(layers.Dense(2, activation="relu", input_shape=(4,)))
model.summary()
```
Out：

Layer (type)	Output Shape	Param #

```
dense_1 (Dense)          (None, 2)                  10
=================================================================
Total params: 10
Trainable params: 10
Non-trainable params: 0
```

Sequential 添加的第一层可以包含一个 input_shape、input_dim 或 batch_input_shape 参数来指定输入数据的维度。当指定了 input_shape 等参数后，每次增加新的层，模型都在持续不断地创建过程中，也就说此时模型中各层的权重矩阵已经被初始化了，可以通过调用 model.weights 来打印模型的权重信息。

当然第一层也可以不包含输入数据的维度信息，称之为延迟创建模式，也就是说此时模型还未真正创建，权重矩阵也不存在。可以通过调用 model.build(batch_input_shape) 方法手动创建模型。如果未手动创建，那么只有当调用 fit 或者其他训练和评估方法时，模型才会被创建，权重矩阵才会被初始化，此时模型会根据输入的数据来自动推断其维度信息。

在以下情况下不适合使用顺序模型。
- 模型有多个输入或多个输出。
- 任何层都有多个输入或多个输出。
- 需要共享层。
- 需要非线性拓扑（如残差连接、多分支模型）。

2. 函数式（Functional API）

Keras 函数式模型接口是用户定义多输出模型、非循环有向模型或具有共享层的模型等复杂模型的途径。只要模型不是类似于 VGG 的模型，或者模型需要多于一个的输出，那么应该选择函数式模型。

Keras 函数式 API 是一种比 tf.keras.Sequential API 更加灵活的模型创建方式。函数式 API 可以处理具有非线性拓扑的模型、具有共享层的模型，以及具有多个输入或输出的模型。深度学习模型通常是层的有向无环图（DAG），因此函数式 API 是构建层计算图的一种方式。

以序贯模型中提到的模型为例，使用函数式 API 实现的方式如下。

```
layer1 = layers.Dense(2, activation="relu", name="layer1")
layer2 = layers.Dense(3, activation="relu", name="layer2")
layer3 = layers.Dense(4, name="layer3")

# Call layers on a test input
x = tf.ones((3, 3))
y = layer3(layer2(layer1(x)))
```

函数式 API 通过 keras.Input 指定了输入（inputs），并通过函数调用的方式生成了输出（outputs），最后使用 keras.Model 方法构建了整个模型。假设有以下模型，模型是形状[32, 32, 3]的图像，包含 3 个全连接层的简单神经网络，如图 4-2 所示。

要使用函数式 API 构建此模型，需要先创建一个输入节点，代码如下。

```
inputs = keras.Input(shape=(784,))
```

输入数据的形状设置为 784 维向量，由于仅指定了每个样本

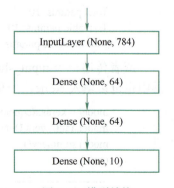

图 4-2　模型结构

的形状，没用指定批次大小。如果有一个形状为[32, 32, 3]的图像输入，则可以使用：

```
img_inputs = keras.Input(shape=(32, 32, 3))
```

返回值 inputs 将作为 Dense 层的输入，inputs 张量的形状和类型的信息如下。

```
inputs.shape
inputs.dtype
Out:
TensorShape([None, 784])
tf.float32
```

然后定义好 Dense 层，可以直接将 inputs 作为 Dense 层的输入而得到一个输出 x，然后又将 x 作为下一层的输入，最后的函数返回值就是整个模型的输出，代码如下。

```
dense = layers.Dense(64, activation="relu")
x = dense(inputs)
x = layers.Dense(64, activation="relu")(x)
outputs = layers.Dense(10)(x)
model = keras.Model(inputs=inputs, outputs=outputs, name="mnist_model")
model.summary()
```

"层调用"操作就像从"输入"向创建的该层绘制一个箭头，将输入"传递"到 Dense 层，然后得到 x，outputs 是最后的输出结果。通过在层计算图中指定模型的输入和输出来创建 Model。

输出模型摘要如下。

Layer (type)	Output Shape	Param #
input_1 (InputLayer)	[(None, 784)]	0
dense (Dense)	(None, 64)	50240
dense_1 (Dense)	(None, 64)	4160
dense_2 (Dense)	(None, 10)	650

Total params: 55,050
Trainable params: 55,050

每个层的输入和输出形状如图 4-3 所示。

4.2.2 训练模型

Keras 模型有两种训练评估的方式，一种方式是使用模型内置 API，如 model.fit()，model.evaluate()和 model.predict()等分别执行不同的操作；另一种方式是利用即时执行策略（eager execution）以及 GradientTape 对象自定义训练和评估流程。对所有 Keras 模型来说，这两种方式都是按照相同的原理来

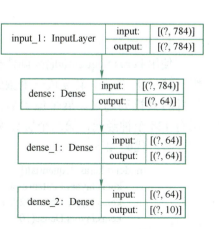

图 4-3 每个层的输入和输出形状

工作的，没有本质上的区别。在一般情况下，因为第一种方法更为简单，更易于使用，推荐使用第一种训练评估方式。在一些特殊的情况下，会考虑使用自定义的方式来完成训练与评估。

Fashion MNIST 数据集分类模型完整流程如下。

1. 预处理数据

直接从 TensorFlow 中导入和加载 Fashion MNIST 数据集。加载数据集会返回 4 个 NumPy 数组：train_images 和 train_labels 数组是训练集，即模型用于学习的数据；test_images 和 test_labels 数组用来对模型进行测试。图像是 28×28 的 NumPy 数组，像素值介于 0~255，图像如图 4-4 所示。标签是整数数组，介于 0~9，标签对应于图像所代表的服装类。

```
fashion_mnist = keras.datasets.fashion_mnist
(train_images, train_labels), (test_images, test_labels) = fashion_mnist.load_data()
```

在训练网络之前，必须对数据进行预处理。图像的像素值为 0~255，将这些值缩小至 0~1，然后将其传送到神经网络模型。为此将这些值除以 255，以相同的方式对训练集和测试集进行预处理，代码如下。

```
train_images = train_images.reshape(60000, 784).astype("float32") / 255.0
test_images = test_images.reshape(10000, 784).astype("float32") / 255.0
```

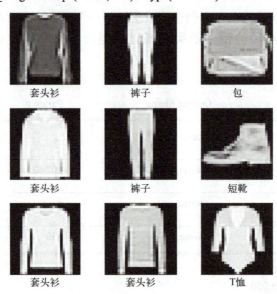

图 4-4　Fashion MNIST 图片

2. 构建模型

使用 keras.Sequential() 来创建模型，网络的第一层 tf.keras.layers.Flatten 将图像格式从二维数组（28×28 像素）转换成一维数组（28×28 像素=784 像素）。将该层视为图像中未堆叠的像素行并将其排列起来。展平像素后，网络包括两个 tf.keras.layers.Dense 层的序列，第一个 Dense 层有 128 个神经元，第二个层会返回一个长度为 10 的数组，用来表示当前图像属于 10 类中的哪一类，代码如下。

```
model = keras.Sequential([
    keras.layers.Flatten(input_shape=(28, 28)),
    keras.layers.Dense(128, activation='relu'),
    keras.layers.Dense(10)
])
```

3. 编译模型

构建好模型后要对模型进行编译（Compile），目的是指定模型训练过程中需要用到的优化器（Optimizer）、损失函数（LOsses）以及评估指标（Metrics），代码如下。

```
model.compile(optimizer='adam',
              loss=tf.keras.losses.SparseCategoricalCrossentropy(from_logits=True),
              metrics=['accuracy'])
```

在模型训练之前首先要进行模型编译，因为只有知道了要优化什么目标、如何进行优化以及要关注什么指标，模型才能被正确地训练与调整。compile 方法包含三个主要参数。

- 损失（loss）：用于测量模型在训练期间的准确率，它指明了要优化的目标，如 MeanSquaredError()、KLDivergence()、CosineSimilarity() 等。
- 优化器（optimizer）：决定模型如何根据其获取的数据和自身的损失函数进行更新，它指明了目标优化的方向，如 SGD()、RMSprop()、Adam() 等。
- 指标（metrics）：用于监控训练和测试步骤，它指明了训练过程中要关注的模型指标，如 AUC()、Precision()、Recall() 等。

Keras API 中已经包含了许多内置的损失函数、优化器以及指标，可以拿来即用，能够满足大多数的训练需要。

损失函数类主要在 tf.keras.losses 模块下，其中包含了多种预定义的损失，比如常用的二分类损失（BinaryCrossentropy）、多分类损失（CategoricalCrossentropy）以及均方根损失（MeanSquaredError）等。传递给 compile 的参数既可以是一个字符串（如 binary_crossentropy）也可以是对应的 losses 实例（如 tf.keras.losses.BinaryCrossentropy()），当需要设置损失函数的一些参数时（比如上例中 from_logits=True），则需要使用实例参数。

优化器类主要在 tf.keras.optimizers 模块下，一些常用的优化器（如 SGD、Adam 和 RMSprop 等）均包含在内。同样它也可以通过字符串或者实例的方式传给 compile 方法，一般需要设置的优化器参数主要为学习率（Learning Rate），其他的参数可以参考每个优化器的具体实现来动态设置，或者直接使用其默认值即可。

指标类主要在 tf.keras.metrics 模块下，二分类中常用的 AUC 指标以及 Lookalike 中常用的召回率（Recall）指标等均有包含。同理，它也可以以字符串或者实例的形式传递给 compile 方法，注意 compile 方法接收的是一个 metric 列表，所以可以传递多个指标信息。

4. 训练模型

指定模型训练过程中需要用到的优化器（Optimizer）、损失函数（Losses）以及评估指标（Metrics）后，就可以开始进行模型的训练与交叉验证（Fit），在训练模型之前需要提前指定好训练数据和验证数据，并设置一些参数（如 epochs 等），交叉验证操作会在每轮（epoch）训练结束后自动触发。

tf.keras 中提供了 fit() 方法对模型进行训练，fit() 方法的主要参数如下。

- x 和 y：训练数据和目标数据。
- epochs：训练周期数，每一个周期都是对训练数据集的一次完整迭代。
- batch_size：簇的大小，一般在数据集是 NumPy 数组类型时使用。
- validation_data：验证数据集，模型训练时，如果用户想通过一个额外的验证数据集来监测模型的性能变换，就可以通过这个参数传入验证数据集。
- verbose：日志显示方式，verbose=0 为不在标准输出流输出日志信息，verbose=1 为输出进度条记录，verbose=2 为每个 epoch 输出一行记录。
- **callbacks**：回调方法组成的列表，一般是定义在 tf.keras.callbacks 中的方法。
- **validation_split**：从训练数据集抽取部分数据作为验证数据集的比例，是一个 0~1 的浮点数。这一参数在输入数据为 dataset 对象、生成器、keras.utils.Sequence 对象时无效。
- **shuffle**：是否在每一个周期开始前打乱数据。

训练模型代码如下。

```
history = model.fit(
    train_images,
    train_labels,
    epochs=10,
    validation_split=0.2
)
```

在模型训练期间，会显示损失和准确率指标。训练结果如下。

```
Epoch 8/10
1500/1500 [==============================] - 3s 2ms/step - loss: 0.2607 - accuracy: 0.9045 - val_loss: 0.3177 - val_accuracy: 0.8840
Epoch 9/10
1500/1500 [==============================] - 3s 2ms/step - loss: 0.2507 - accuracy: 0.9074 - val_loss: 0.3351 - val_accuracy: 0.8788
Epoch 10/10
1500/1500 [==============================] - 3s 2ms/step - loss: 0.2415 - accuracy: 0.9095 - val_loss: 0.3271 - val_accuracy: 0.8882
```

fit 方法包括训练数据与验证数据参数，它们可以是 NumPy 类型数据，或者是 tf.data 模块下 dataset 类型的数据。fit 方法还包括 epochs、batch_size 以及 steps_per_epoch 等控制训练流程的参数，并且还可以通过 callbacks 参数控制模型在训练过程中执行一些其他的操作，如 Tensorboard 日志记录等。

模型的训练和验证数据可以是 NumPy 类型数据，最开始的端到端示例即是采用 NumPy 数组作为输入。一般在数据量较小且内存能容下的情况下采用 NumPy 数据作为训练和评估的数据输入。

对于 NumPy 类型数据来说，如果指定了 epochs 参数，则有

训练数据的总量=原始样本数量×epochs

默认情况下一轮训练（epoch）所有的原始样本都会被训练一遍，下一轮训练还会使用这些样本数据进行训练，每一轮执行的步数（steps）为原始样本数量（batch_size），如果 batch_size 不指定，默认为 32。

交叉验证在每一轮训练结束后触发，并且也会在所有验证样本上执行一遍，可以指定 validation_batch_size 来控制验证数据的 batch 大小，如果不指定则默认同 batch_size。

对于 NumPy 类型数据来说，如果设置了 steps_per_epoch 参数，表示一轮要训练指定的步数，下一轮会在上轮基础上使用下一个 batch 的数据继续进行训练，直到所有的 epochs 结束或者训练数据的总量被耗尽。要想训练流程不因数据耗尽而结束，则需要保证数据的总量要大于 steps_per_epoch×epochs×batch_size。同理也可以设置 validation_steps，表示交叉验证所需步数，此时要注意验证集的数据总量要大于 validation_steps×validation_batch_size。

fit 方法还提供了另外一个参数 validation_split，它允许自动保留部分训练数据以进行验证。参数值表示要为验证保留数据的占比，因此应将其设置为大于 0 且小于 1 的数字。例如，

validation_split=0.2 表示"使用 20% 的数据进行验证",validation_split=0.6 表示"使用 60% 的数据进行验证"。

4.2.3 评估模型

model.evaluate 用于评估训练的模型。它的输出是准确度或损失,而不是对输入数据的预测。model.predict 得到预测类结果,如二分类就是 0 和 1。

如果需要测试模型的性能,可以通过 model.evaluate()测试数据集上的所有样本,并打印出性能指标,代码如下。

```
test_loss, test_acc = model.evaluate(test_images,  test_labels, verbose=2)
print('\nTest accuracy:', test_acc)
```

模型在测试数据集上的评估如下,准确率达到了 0.88 以上

```
313/313 - 1s - loss: 0.3588 - accuracy: 0.8811
Test accuracy: 0.8810999989509583
```

在模型经过训练后,可以使用它对一个或者多个图像进行预测。模型具有线性输出,附加一个 SoftMax 层,将结果转换成更容易理解的概率,代码如下。

```
test_images = test_images.reshape(10000, 28,28)
probability_model = tf.keras.Sequential([model,
                                         tf.keras.layers.Softmax()])
predictions = probability_model.predict(test_images)
```

模型预测了测试集中每个图像的标签,使用 predictions[0]输出第一个预测结果如下。

```
array([2.3066116e-06, 9.3137329e-09, 3.6922348e-08, 5.5256084e-09,
       1.7894720e-07, 6.6116010e-04, 4.7714570e-05, 4.5199534e-03,
       4.1387802e-06, 9.9476445e-01], dtype=float32)
```

预测结果是一个包含 10 个数字的数组,代表模型对 10 种不同服装的"置信度",可以用 np.argmax(predictions[0])查看,第 10 个标签的置信度值最大,因此它是短靴。

每个图像都会被映射到一个标签,依次是 T 恤、裤子、套头衫、连衣裙、外套、凉鞋、衬衫、运动鞋、包、短靴,定义类别名如下。

```
class_names = ['T-shirt', 'Trouser', 'Pullover', 'Dress', 'Coat',
               'Sandal', 'Shirt', 'Sneaker', 'Bag', 'Ankle boot']
```

可以使用 plot_image 函数绘制图片,使用 plot_value_array 函数输出结果图表,代码如下。

```
def plot_image(i, predictions_array, true_label, img):
    predictions_array, true_label, img = predictions_array, true_label[i], img[i]
    plt.grid(False)
    plt.xticks([])
    plt.yticks([])

    plt.imshow(img, cmap=plt.cm.binary)

    predicted_label = np.argmax(predictions_array)
    if predicted_label == true_label:
        color = 'blue'
    else:
```

```
        color = 'red'
    plt.xlabel("{} {:2.0f}% ({})".format(class_names[predicted_label],
                                  100*np.max(predictions_array),
                                  class_names[true_label]),
                                  color=color)

def plot_value_array(i, predictions_array, true_label):
    predictions_array, true_label = predictions_array, true_label[i]
    plt.grid(False)
    plt.xticks(range(10))
    plt.yticks([])
    thisplot = plt.bar(range(10), predictions_array, color="#777777")
    plt.ylim([0, 1])
    predicted_label = np.argmax(predictions_array)

    thisplot[predicted_label].set_color('red')
    thisplot[true_label].set_color('blue')
```

再查看第 0 个图像、预测结果和预测数组。正确的预测标签为黑色，错误的预测标签为灰色，数字表示预测标签的百分比。代码如下。

```
i = 0
plt.figure(figsize=(6,3))
plt.subplot(1,2,1)
plot_image(i, predictions[i], test_labels, test_images)
plt.subplot(1,2,2)
plot_value_array(i, predictions[i],  test_labels)
plt.show()
```

输出图片如图 4-5 所示。

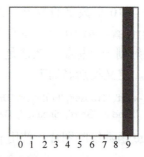

图 4-5　第 0 个图像、预测结果和预测数组

4.3 任务 2：保存与加载模型

模型训练完成后，需要将模型保存到文件系统上，提供给后续的模型测试与部署。在训练时间隔性地保存模型状态也是非常好的习惯，对于训练大规模的网络尤其重要，大规模的网络常常需要训练数天乃至数周，一旦训练过程被中断或者发生宕机等意外，之前训练的

进度将全部丢失。如果能够在训练过程中定时地保存模型，即使发生意外训练过程被中断，也可以从最近一次保存模型状态的文件中恢复。因此模型的保存与加载非常重要。

4.3.1 SavedModel 方式保存模型

SavedModel 保存的模型包含一个 TensorFlow 程序的完整信息：不仅包含参数的权值，还包含计算的流程（架构或配置）。当模型导出为 SavedModel 文件时，无须模型的源代码即可再次运行模型，这使得 SavedModel 尤其适用于模型的分享和部署。TensorFlow Serving（服务器端部署模型）、TensorFlow Lite（移动端部署模型）以及 TensorFlow.js 都会用到这一格式。训练好的 TensorFlow 模型包含以下几部分。
- 架构或配置，即指定模型包含的层及其连接方式。
- 模型的状态，即训练得到的所有变量的权重值。
- 编译模型时定义的优化器。
- 编译模型时通过调用 add_loss()定义的损失函数以及 add_metric()函数定义的指标。

TensorFlow 提供了统一模型导出格式 SavedModel，训练好的模型可以以这一格式保存到单个文档中，在多种平台上部署，这是 TensorFlow 2.0 中主要使用的导出格式。也可以仅保存架构/配置，通常保存为 JSON 文件，或者在训练模型时仅保存权重值，作为训练过程的备份文件。另外 Keras 的 Sequential 和 Functional 模式也有自己的模型导出格式。

Keras 提供的保存和加载模型 API 函数如下。
- model.save()或 tf.keras.models.save_model()。
- tf.keras.models.load_model()。

可以使用 TensorFlow SavedModel 格式和 Keras H5 格式将整个模型保存，推荐使用 SavedModel 格式，这是使用 model.save()时的默认格式。

SavedModel 基于计算图，所以对于使用继承 tf.keras.Model 类建立的 Keras 模型，其导出到 SavedModel 格式的方法（比如 call）都需要使用@tf.function 修饰。假设 Keras 模型名为 model，使用下面的代码即可将模型导出为 SavedModel。

```
model.save( "path_to_saved_model")
```

"path_to_saved_model"不再是模型名称，而仅是一个文件夹，模型会保存在这个文件夹之下。
在需要载入 SavedModel 文件时，使用如下代码。

```
model = tf.keras.models.load_model("path_to_saved_model")
```

以下是一个简单的示例，将 4.2.1 节的 Fashion 模型进行导出和导入，导出模型到 my_model 文件夹，代码如下。

```
model = keras.Sequential([
    keras.layers.Flatten(input_shape=(28, 28)),
    keras.layers.Dense(128, activation='relu'),
    keras.layers.Dense(10)
])
model.compile(optimizer='adam',
              loss=tf.keras.losses.SparseCategoricalCrossentropy(from_logits=True),
              metrics=['accuracy'])

history = model.fit(
```

```
        train_images,
        train_labels,
        epochs=10,
        validation_split=0.2
)
model.save("my_model")
```

输出结果如下。

```
INFO:TensorFlow:Assets written to: my_model\assets
```

调用 model.save('my_model') 会创建一个名为 my_model 的文件夹，包含以下内容。

```
assets/
variables/
    variables.data-00000-of-00001
    variables.index
saved_model.pb
```

模型架构和训练配置（包括优化器、损失和指标）存储在 saved_model.pb 中，saved_model.pb 是 MetaGraphDef，它包含图形结构。Variables 文件夹保存模型训练后的权重。assets 文件夹可以添加可能需要的外部文件，包含 TensorFlow 计算图使用的文件，如用于初始化词汇表的文本文件（本例中没有使用这种文件）。

4.3.2 H5 格式保存模型

Keras 还支持保存单个 H5 文件，其中包含模型的架构、权重值和 compile() 信息。它是 SavedModel 的轻量化替代选择。将整个模型保存为一个 H5 文件，由于保存的是整个模型，这个文件包括模型的结构、模型的权值、模型的配置，即通过 compile 编译模型的一些信息，如优化器、损失函数等。

使用下面的代码即可将模型导出为 H5 文件，保存模型代码如下。

```
model.save('path_to_my_model.h5')
```

加载 H5 格式模型，同时加载模型的结构、权重等信息，代码如下。

```
new_model = tf.keras.models.load_model('path_to_my_model.h5')
```

以 4.3.1 节的 Fashion 模型进行导出和导入为例，导出模型到 my_h5_model.h5 文件中，代码如下。

```
model.save("my_h5_model.h5")
```

由于没有指定路径，即在当前工作目录下生成 my_h5_model.h5 文件，如图 4-6 所示。

加载模型使用 load_model，代码如下。

```
new_model = tf.keras.models.load_model("my_h5_model.h5")
```

与 SavedModel 格式相比，H5 文件不包括以下两方面内容。

图 4-6　my_h5_model.h5 文件信息

1）通过 model.add_loss()和 model.add_metric()添加的外部损失和指标不会被保存（这与 SavedModel 不同）。如果用户的模型有此类损失和指标且用户想要恢复训练，则用户需要在加载模型后自行重新添加这些损失。请注意，这不适用于通过 self.add_loss()和 self.add_metric()在层内创建的损失/指标。只要该层被加载，这些损失和指标就会被保留，因为它们是该层 call 方法的一部分。

2）已保存的文件中不包含自定义对象（如自定义层）的计算图。在加载时，Keras 需要访问这些对象的 Python 类/函数以重建模型。

4.3.3 检查点（Checkpoint）格式保存模型

TensorFlow 的检查点（Checkpoint）机制将可追踪变量以二进制的方式保存成一个.ckpt 文件，其中包括变量的名称及对应张量的值。以 tf.keras.layers.Dense 层为例。该层包含两个权重：dense.kernel 和 dense.bias。将层保存为 tf 格式后，生成的检查点会包含"kernel"和"bias"键及其对应的权重值。

Checkpoint 只保存模型的参数，不保存模型的计算过程，因此一般用于在具有模型源代码的时候恢复之前训练好的模型参数。TensorFlow 提供了 tf.train.Checkpoint 这一强大的变量保存与恢复类，可以使用其 save()和 restore()方法将 TensorFlow 中所有包含 Checkpointable State 的对象进行保存和恢复。具体而言，tf.keras.optimizer、tf.Variable、tf.keras.Layer 或者 tf.keras.Model 实例都可以被保存。首先声明一个 Checkpoint，代码如下。

```
checkpoint = tf.train.Checkpoint(model=model)
```

这里 tf.train.Checkpoint()接受的初始化参数值为需要保存的对象。例如，如果保存一个继承 tf.keras.Model 的模型实例 model 和一个继承 tf.train.Optimizer 的优化器 optimizer，代码如下。

```
checkpoint = tf.train.Checkpoint(myModel=model, myOptimizer=optimizer)
```

myModel 是为待保存模型 model 取的任意键名。在恢复变量的时候还将使用这一键名。

当模型训练完成需要保存的时候，使用如下代码。

```
checkpoint.save(save_path_with_prefix)
```

例如，在源代码目录创建名为 save 的文件夹，并调用一次 checkpoint.save('./save/model.ckpt')，就可以在可以在 save 目录下发现名为 checkpoint、model.ckpt-1.index、model.ckpt-1.data-00000-of-00001 的三个文件，这些文件记录了变量信息。checkpoint.save()方法可以运行多次，每运行一次都会得到一个.index 文件和.data 文件，序号依次累加。

当其他地方需要为模型重新载入之前保存的参数时，需要再次实例化一个 checkpoint，同时保持键名的一致，再调用 checkpoint 的 restore 方法即可恢复模型变量。代码如下。

```
model_to_be_restored = MyModel()
checkpoint = tf.train.Checkpoint(myModel=model_to_be_restored)
checkpoint.restore(save_path_with_prefix_and_index)
```

save_path_with_prefix_and_index 是之前保存文件的"目录+前缀+编号"。例如，调用 checkpoint.restore('./save/model.ckpt-1')就可以载入前缀为 model.ckpt、序号为 1 的文件来恢复模型。

当保存了多个文件时，如果希望载入最后一个，可使用 tf.train.latest_checkpoint(save_path)。例如，save 目录下有 model.ckpt-1.index 到 model.ckpt-10.index 的 10 个保存文件，使用 tf.train.latest_checkpoint ('./save')即可返回./save/model.ckpt-10。

Checkpoint 恢复与保存变量的典型代码框架如下。

```
# train.py  模型训练阶段
model = MyModel()
# 实例化 Checkpoint，指定保存对象为 model（如果需要保存 Optimizer 的参数也可加入）
checkpoint = tf.train.Checkpoint(myModel=model)
# ...（模型训练代码）
# 模型训练完毕后将参数保存到文件（也可以在模型训练过程中每隔一段时间就保存一次）
checkpoint.save('./save/model.ckpt')

# test.py  模型使用阶段
model = MyModel()
checkpoint = tf.train.Checkpoint(myModel=model)          # 实例化 Checkpoint，指定恢复对象为 model
checkpoint.restore(tf.train.latest_checkpoint('./save'))    # 从文件恢复模型参数
# 模型使用代码
```

在模型的训练过程中，需要保存其中的训练结果，如每隔 100 个 batch 保存一次模型变量数据。每隔一定步数保存一个 Checkpoint 并进行编号，在长时间的训练后，程序会保存大量的 Checkpoint，可以保留最后几个 Checkpoint。在命令行参数中添加--mode=test 并再次运行代码，将直接使用最后一次保存的变量值恢复模型并在测试集上测试模型性能。

4.4 任务 3：tf.data 优化训练数据

GPU、TPU 的使用能够从根本上减少单个训练步所需的时间。但优异的性能不仅依赖于高速的计算硬件，也要求有一个高效的输入管道（Input Pipeline Performance Guide），这个管道可以在当前步完成前，进行下一步需要数据的准备。TensorFlow 提供 tf.data API 来便捷地加载数据集，构建高性能的 TensorFlow 数据输入管道。tf.dataAPI 能够处理大量的数据、从不同的数据格式读取数据并执行复杂的转换。

4.4
任务 3：tf.data
优化训练数据

4.4.1 训练数据输入模型的方法

使用 TensorFlow 搭建深度学习模型进行训练时，需要把数据集处理后送给模型，在这些年的发展过程中，TensorFlow 有以下三种方法。

1. 定义 placeholder（占位符），通过字典填充函数 feed_dict 读取数据

这在 TensorFlow 1.0 中被广泛使用，这种方法比较灵活，在训练数据比较小时，可以一次把所有数据读入内存，然后分批次进行数据填充。当数据量较大时，也可以建立一个 generator（生成器），然后分多个批次依次从硬盘中读入并填充数据。

2. TensorFlow 的 queue_runner 方法

这种方法是使用 Python 实现的，其性能受限于 C++multi-threading，而 tf.data API 使用了 C++multi-threading。入队操作是从硬盘中读取输入，放到内存当中，其速度较慢。使用 QueueRunner 可以创建一系列新的线程进行入队操作，让主线程继续使用数据。

在训练神经网络的场景中，如果训练网络和读取数据是异步的，则主线程用以训练网络，另一个线程将数据从硬盘读入内存。

3. tf.data API

作为新的 API，tf.data API 比以上两种方法的速度都快，并且使用难度要远远低于使用 Queues。tf.data 中包含两个用于 TensorFlow 程序的接口：Dataset 和 Iterator。

一个抽象的概念是 tf.data.Dataset，一个 Dataset 是一个数据集，它由一系列的元素组成，每个元素的类型都是相同的。Dataset API 在 TensorFlow 1.4 版本中已经从 tf.contrib.data 迁移到了 tf.data 之中，增加了对于 Python 生成器的支持，官方建议使用 Dataset API 为 TensorFlow 模型创建输入管道，原因如下。

- 与旧 API（feed_dict 或队列式管道）相比，Dataset API 可以提供更多功能。
- Dataset API 的性能更高。
- Dataset API 更简洁，更易于使用。

将来 TensorFlow 团队会将开发中心放在 Dataset API 而不是旧的 API 上。

另外一个抽象的概念是 tf.data.Iterator，它代表的是迭代器，表示的是如何从数据集中取出元素，最简单的迭代器是单次迭代器，Dataset.make_one_shot_iterator()可以创建单次迭代器。创建迭代器以后，可以使用 Iterator.get_next()来获取下一个元素。

4.4.2 tf.data API

一个典型的 TensorFlow 训练输入管道可以构建为 ETL 过程。

- 提取数据（Extract）：将训练数据从存取器（如硬盘、云端等）提取。
- 转换数据（Transform）：将数据转换为模型可读取的数据，同时进行数据清洗等预处理，即使用 CPU 内核对数据进行解析和执行预处理操作，如图像解压缩、数据扩充转换（如随机裁剪、翻转和颜色失真）、随机洗牌和批处理。
- 装载数据（Load）：将变换后的数据加载到执行机器学习模型的加速器设备（如 GPU 或 TPU）上。

这种模式有效地利用了 CPU，与此同时为了执行模型训练这种繁重的工作，还保留了加速器。此外，将输入管道视为 ETL 过程，提供了便于性能优化应用的结构。

随着新的计算设备（如 GPU 和 TPU）不断问世，训练神经网络的速度变得越来越快，这种情况下 CPU 处理很容易成为瓶颈，如图 4-7 所示。tf.dataAPI 为用户提供构建块，以设计有效利用 CPU 的输入管道，优化 ETL 过程的每个步骤。

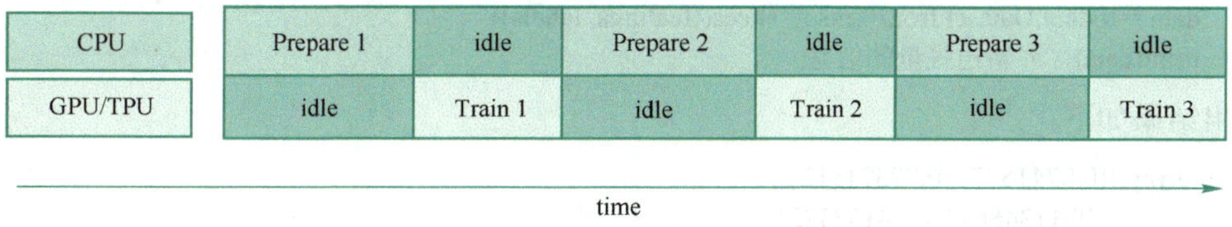

CPU	Prepare 1	idle	Prepare 2	idle	Prepare 3	idle
GPU/TPU	idle	Train 1	idle	Train 2	idle	Train 3

图 4-7 CPU 处理成为瓶颈

要执行训练时，首先需要提取并转换训练数据，然后将其提供给在 GPU 上运行的模型。然而在一个简单的同步执行中，当 CPU 正在准备数据时，GPU 则处于空闲状态。相反当 GPU 正在训练模型时，CPU 则处于空闲状态。因此训练步骤时间是 CPU 预处理时间和加速器训练时间的总和。

流水线化（Pipelining）则将一个训练步骤的预处理和模型执行重叠。当加速器正在执行训练步骤 N 时，CPU 则在准备步骤 N+1 的数据。这样做的目的是可以将步骤时间缩短到极致，包含训练以及提取和转换数据所需时间，如图 4-8 所示。

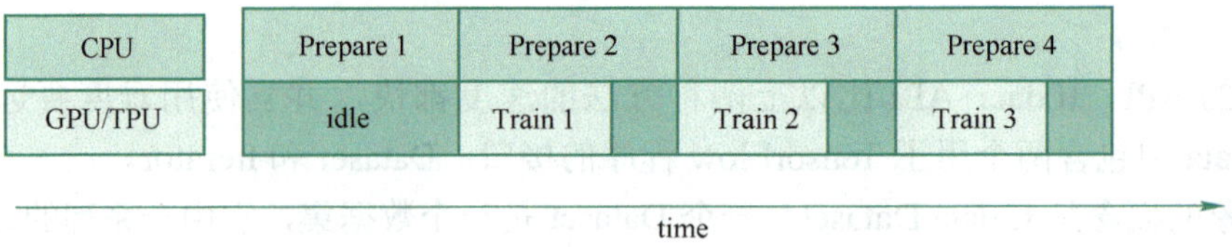

CPU	Prepare 1	Prepare 2	Prepare 3	Prepare 4
GPU/TPU	idle	Train 1	Train 2	Train 3

图 4-8　流水线化(Pipelining)

如果没有使用 Pipelining，则 CPU 和 GPU/TPU 在大部分时间处于闲置状态。使用 Pipelining 技术后，空闲时间显著减少。

tf.data API 通过 tf.data.Dataset.prefetch 转换提供了一个软件 Pipelining 操作机制，该转换可用于将数据生成的时间与所消耗时间分离。特别是，转换使用后台线程和内部缓冲区，以便在请求输入数据集之前从输入数据集中预提取元素。

准备批处理时，可能需要预处理输入元素。为此，tf.data API 提供了 tf.data.Dataset.map 转换，它将用户定义的函数应用于输入数据集的每个元素。

4.4.3　tf.data.Dataset

tf.data.Dataset 模块提供了常用经典数据集的自动下载、管理、加载与转换功能，方便实现多线程（Multi-Thread）、预处理（Preprocess）、随机打散（Shuffle）和批训练（Train on Batch）等常用数据集功能。

1. 读取输入数据

tf.data.Dataset 可以把给定的元组、列表和张量等数据进行特征切片，切片的范围是从最外层维度开始的。如果有多个特征进行组合，那么一次切片是把每个组合最外维度的数据切开，分成一组一组的。

假设有两组数据，分别是特征和标签，每两个特征对应一个标签。之后把特征和标签组合成一个 Tuple，让每个标签都恰好对应两个特征，而且像直接切片，比如[f11, f12] [t1]。f11 表示第一个数据的第一个特征，f12 表示第一个数据的第二个特征，t1 表示第一个数据标签。代码如下。

```
features, labels = (np.random.sample((6, 2)),    # 模拟 6 组数据，每组数据两个特征
                    np.random.sample((6, 1)))    # 模拟 6 组数据，每组数据对应一个标签

print((features, labels))   # 输出组合的数据
data = tf.data.Dataset.from_tensor_slices((features, labels))
print(data)   # 输出张量的信息
```

输出结果如下。

```
(array([[0.87415771, 0.97371512],
        [0.11348694, 0.74132382],
        [0.32912232, 0.3749195 ],
        [0.76525084, 0.16611365],
        [0.71794419, 0.58607498],
        [0.31579606, 0.09509035]]),
 array([[0.24971344],
        [0.99046117],
        [0.50118355],
        [0.92988016],
        [0.99184928],
```

```
            [0.09768007]]))
<TensorSliceDataset shapes: ((2,), (1,)), types: (tf.float64, tf.float64)>
```

从结果可以看出,该函数将数据分为了 shape 为((2,),(1,))的数据形式,即每两个特征对应一个标签。

许多数据集是一个或多个文本文件,可以利用 tf.data.TextLineDataset 来处理文件数据。tf.data.TextLineDataset 提供了一种简单的方法来提取一个或多个文本文件内容。给定一个或多个文件名,aTextLineDataset 将在这些文件的每一行生成一个字符串值元素。

首先下载文本文件,代码如下。

```
directory_url = 'https://storage.googleapis.com/download.TensorFlow.org/data/illiad/'
file_names = ['cowper.txt', 'derby.txt', 'butler.txt']

file_paths = [
    tf.keras.utils.get_file(file_name, directory_url + file_name)
    for file_name in file_names
]
```

输出结果如下。

```
Downloading data from https://storage.googleapis.com/download.TensorFlow.org/data/illiad/cowper.txt
819200/815980 [==============================] - 1s 1us/step
Downloading data from https://storage.googleapis.com/download.TensorFlow.org/data/illiad/derby.txt
811008/809730 [==============================] - 1s 1us/step
Downloading data from https://storage.googleapis.com/download.TensorFlow.org/data/illiad/butler.txt
811008/807992 [==============================] - 1s 1us/step
```

分别下载了 cowper.txt、derby.txt 和 butler.txt 三个文件,使用 TextLineDataset 处理文件数据,代码如下。

```
dataset = tf.data.TextLineDataset(file_paths)
```

读取第一个文件(cowper.txt)的前 5 行,代码如下。

```
for line in dataset.take(5):
    print(line.numpy())
```

输出结果如下。

```
b"\xef\xbb\xbfAchilles sing, O Goddess! Peleus' son;"
b'His wrath pernicious, who ten thousand woes'
b"Caused to Achaia's host, sent many a soul"
b'Illustrious into Ades premature,'
b'And Heroes gave (so stood the will of Jove)'
```

使用 Dataset.interleave 交替读取文件中的行内容,这样可以更容易地将文件混合在一起。读取每个文本的第一行、第二行和第三行,代码如下。

```
files_ds = tf.data.Dataset.from_tensor_slices(file_paths)
lines_ds = files_ds.interleave(tf.data.TextLineDataset, cycle_length=3)

for i, line in enumerate(lines_ds.take(9)):
    if i % 3 == 0:
        print()
    print(line.numpy())
```

输出结果如下。

```
# 每个文本的第一行
b"\xef\xbb\xbfAchilles sing, O Goddess! Peleus' son;"
b"\xef\xbb\xbfOf Peleus' son, Achilles, sing, O Muse,"
b'\xef\xbb\xbfSing, O goddess, the anger of Achilles son of Peleus, that brought'
# 每个文本的第二行
b'His wrath pernicious, who ten thousand woes'
b'The vengeance, deep and deadly; whence to Greece'
b'countless ills upon the Achaeans. Many a brave soul did it send'
# 每个文本的第三行
b"Caused to Achaia's host, sent many a soul"
b'Unnumbered ills arose; which many a soul'
b'hurrying down to Hades, and many a hero did it yield a prey to dogs and'
```

2. tf.data.Dataset 常用方法

tf.data.Dataset 是 TensorFlow 用于数据输入的接口,不仅可以简洁高效地实现数据的读入,还提供了打乱(Shuffle)、增强(Augment)等功能。下面以一个简单的实例讲解该功能的基本使用方法。

创建一个简单的数据集,该数据包含 10 个样本,每个样本由 1 个浮点数组成,代码如下。

```
data = np.array([0.1, 0.4, 0.6, 0.2, 0.8, 0.8, 0.4, 0.9, 0.3, 0.2])
```

其中大于 0.5 的样本为正样本,即标签记为 1,否则为 0,代码如下。

```
label = np.array([0, 0, 1, 0, 1, 1, 0, 1, 0, 0])
```

利用 tf.data.Dataset.from_tensor_slices 建立数据集,代码如下。

```
dataset = tf.data.Dataset.from_tensor_slices((data, label))
```

训练网络时数据不止迭代一轮,可以利用 repeat()方法使数据集能多次迭代,代码如下。

```
dataset = dataset.repeat()
it = dataset.__iter__()
for i in range(20):
    x, y = it.next()
    print(x, y)
```

输出结果如下。

```
tf.Tensor(0.1, shape=(), dtype=float64) tf.Tensor(0, shape=(), dtype=int32)
tf.Tensor(0.4, shape=(), dtype=float64) tf.Tensor(0, shape=(), dtype=int32)
tf.Tensor(0.6, shape=(), dtype=float64) tf.Tensor(1, shape=(), dtype=int32)
tf.Tensor(0.2, shape=(), dtype=float64) tf.Tensor(0, shape=(), dtype=int32)
tf.Tensor(0.8, shape=(), dtype=float64) tf.Tensor(1, shape=(), dtype=int32)
……
```

shuffle()方法可以随机打乱样本次序,参数 buffer_size 建议设为样本数量,过大会浪费内存空间,过小会导致打乱不充分,代码如下。

```
dataset = dataset.shuffle(buffer_size=10)
it = dataset.__iter__()
for i in range(10):
    x, y = it.next()
    print(x, y)
```

batch()方法可以将多个元素组合成一批数据,使迭代器一次获取多个样本,代码如下。

```
dataset_batch = dataset.batch(batch_size=5)
```

```
it = dataset_batch.__iter__()
for i in range(2):
    x, y = it.next()
    print(x, y)
```

输出结果如下。

```
tf.Tensor([0.8 0.2 0.1 0.4 0.4], shape=(5,), dtype=float64) tf.Tensor([1 0 0 0 0], shape=(5,), dtype=int32)
tf.Tensor([0.3 0.8 0.6 0.4 0.3], shape=(5,), dtype=float64) tf.Tensor([0 1 1 0 0], shape=(5,), dtype=int32)
```

Dataset 对象通过提供 map(func)方法可以非常方便地调用用户自定义的预处理逻辑。Map 方法的输入参数 func 是一个函数，可以在 func 函数中实现对数据的变换，如图片加载、数据增强、标签 One_Hot 化等。

如果还需要 map 方法添加额外的参数，就要用 lambda 表达式，即 dataset=dataset.map (lambda x: func(x))。

下面以 One_Hot 为例具体说明，首先实现 One_Hot 函数，代码如下。

```
def one_hot(x, y):
    if y == 0:
        return x, np.array([1, 0])
    else:
        return x, np.array([0, 1])
```

数据集对应执行 map 方法，将标签 One_Hot 化，代码如下。

```
dataset_one_hot = dataset.map(one_hot)
it = dataset_one_hot.__iter__()
for i in range(10):
    x, y = it.next()
    print(x, y)
```

输出结果如下。

```
tf.Tensor(0.2, shape=(), dtype=float64) tf.Tensor([1 0], shape=(2,), dtype=int32)
tf.Tensor(0.2, shape=(), dtype=float64) tf.Tensor([1 0], shape=(2,), dtype=int32)
tf.Tensor(0.8, shape=(), dtype=float64) tf.Tensor([0 1], shape=(2,), dtype=int32)
tf.Tensor(0.6, shape=(), dtype=float64) tf.Tensor([0 1], shape=(2,), dtype=int32)
```

4.5 任务 4：花卉识别

根据拍摄照片可以识别图片中植物的类别，还可以配合其他识图能力对识别的结果进一步细化，广泛应用于拍照识图类 App 中。百度提供的 API 可识别超过 2 万种常见植物和近 8 千种花卉。支持获取识别结果的百科信息，返回百科词条 URL、图片和描述等。本节将以 Google 在 TensorFlow 帮助文档中提供的 5 类花朵训练图片为数据集，使用 tf.keras 建立一个简单的花卉识别模型。

4.5
任务 4：花卉识别

4.5.1 下载图片

花卉图片数据集可以在本书的配套资源中找到，该数据集包含 5 类花朵的训练图片，即

Daisy、Dandelion、Sunflowers、Tulips、Roses。可以新建 flower_demo 文件夹，用于存放数据和训练的模型。代码如下。

In[1]：

```
import pathlib
data_root_orig = tf.keras.utils.get_file(origin='http://download.TensorFlow.org/example_images/flower_photos.tgz',
                                         fname='flower_photos', untar=True)
data_root = pathlib.Path(data_root_orig)
print(data_root)
```

Out[1]：

```
Downloading data from http://download.tensorflow.org/example_images/flower_photos.tgz
228818944/228813984 [==============================] - 39s 0us/step
C:\Users\pingzhenyu\.keras\datasets\flower_photos
```

打开训练样本文件夹 flower_photos，里面有 5 种类别的花：Daisy（雏菊）、Dandelion（蒲公英）、Roses（玫瑰）、Sunflowers（向日葵）、Tulips（郁金香），总共 3672 张，每个类别有 600～900 张训练样本图片，结果如下。

```
/              3672
/roses         641
/sunflowers    699
/daisy         633
/dandelion     898
/tulips        799
```

快速浏览一张图片，代码如下。

In[2]：

```
import IPython.display as display
import random

all_image_paths = list(data_root.glob('*/*'))
all_image_paths = [str(path) for path in all_image_paths]
random.shuffle(all_image_paths)

for n in range(1):
    image_path = random.choice(all_image_paths)
    display.display(display.Image(image_path))
```

输出结果如图 4-9 所示。

图 4-9　浏览蒲公英图片

每一个类别的图片都放在同一个文件夹下,根据所在文件夹可以确定每张图片的标签。列出可用的标签,即文件夹名,代码如下。

In[3]:

```
label_names = sorted(item.name for item in data_root.glob('*/') if item.is_dir())
label_names
```

Out[3]:

```
['daisy', 'dandelion', 'roses', 'sunflowers', 'tulips']
```

为每个标签分配索引,创建一个列表,包含每个文件的标签索引,代码如下。

In[4]:

```
label_to_index = dict((name, index) for index, name in enumerate(label_names))
all_image_labels = [label_to_index[pathlib.Path(path).parent.name]
                    for path in all_image_paths]

print("First 10 labels indices: ", all_image_labels[:10])
```

Out[4]:

```
First 10 labels indices:  [4, 1, 3, 3, 1, 1, 0, 4, 4, 3]
```

4.5.2 构建花卉数据集

all_image_paths 存放了所有图片的路径,可以用 from_tensor_slices 方法构建 tf.data.Dataset 对象,代码如下。

In[5]:

```
path_ds = tf.data.Dataset.from_tensor_slices(all_image_paths)
path_ds
```

Out[5]:

```
<TensorSliceDataset shapes: (), types: tf.string>
```

其中,path_ds 是一组字符串标量;shapes(维数)和 types(类型)描述数据集中每个数据项的内容。

通过 map 方法创建一个新的数据集,在 path_ds 数据集上映射 load_and_preprocess_image 来动态加载和格式化图片,根据模型调整图片大小为[192, 192],代码如下。

In[6]:

```
AUTOTUNE = tf.data.AUTOTUNE
def preprocess_image(image):
    image = tf.image.decode_jpeg(image, channels=3)
    image = tf.image.resize(image, [192, 192])
    image /= 255.0   # normalize to [0,1] range
    return image
def load_and_preprocess_image(path):
    image = tf.io.read_file(path)
    return preprocess_image(image)
image_ds = path_ds.map(load_and_preprocess_image, num_parallel_calls=AUTOTUNE)
```

同样使用 from_tensor_slices 方法创建一个标签数据集,代码如下。
In[7]:

```
label_ds = tf.data.Dataset.from_tensor_slices(tf.cast(all_image_labels, tf.int64))
for label in label_ds.take(5):
    print(label_names[label.numpy()])
```

Out[7]:

```
tulips
daisy
roses
roses
roses
```

由于图片数据集与标签数据集顺序相同,可以将其打包在一起,得到一个(图片, 标签)对数据集,代码如下。
In[8]:

```
image_label_ds = tf.data.Dataset.zip((image_ds, label_ds))
print(image_label_ds)
```

Out[8]:

<ZipDataset shapes: ((192, 192, 3), ()), types: (tf.float32, tf.int64)>

要使用此数据集训练模型,需要对其做如下处理。
- 被充分打乱。
- 被分割为批次(batch)。
- 永远重复。
- 尽快提供 batch。

代码如下。
In[9]:

```
image_count = len(all_image_paths)
BATCH_SIZE = 32

# 设置一个和数据集大小一致的 shuffle buffer size(随机缓冲区大小)以保证数据
# 被充分打乱
ds = image_label_ds.shuffle(buffer_size=image_count)
ds = ds.repeat()
ds = ds.batch(BATCH_SIZE)
# 当模型在训练的时候,'prefetch'使数据集在后台取得 batch
ds = ds.prefetch(buffer_size=tf.data.AUTOTUNE)
ds
```

Out[9]:

<PrefetchDataset shapes: ((None, 192, 192, 3), (None,)), types: (tf.float32, tf.int64)>

在.repeat 之后.shuffle,会在 epoch 之间打乱数据(当有些数据出现两次的时候,其他数据还没有出现过)。在.batch 之后.shuffle,会打乱 batch 的顺序,但是不会在 batch 之间打乱数据。

在完全打乱中使用和数据集大小一样的 buffer_size(缓冲区大小)。较大的缓冲区大小可以提供更好的随机化,但会使用更多的内存,直到超过数据集大小。

在从随机缓冲区中拉取任何元素前，要先填满它。所以当 Dataset（数据集）启动时，一个大的 buffer_size（缓冲区大小）可能会引起延迟。

在随机缓冲区完全为空之前，被打乱的数据集不会报告数据集的结尾。Dataset（数据集）由 .repeat 重新启动，需要再次等待随机缓冲区被填满。

4.5.3 构建与训练模型

Keras 的应用模块（keras.applications）提供了带有预训练权值的深度学习模型，这些模型可以用来进行预测、特征提取和微调。TensorFlow 官网提供了在 ImageNet 上预训练过的用于图像分类的模型，如 VGG19、Xception、ResNet50、Inceptionv3、MobileNet、DenseNet。

首先下载 MobileNet v2 副本，代码如下。

In[10]:

```
mobile_net = tf.keras.applications.MobileNetV2(input_shape=(192, 192, 3), include_top=False)
```

Out [10]:

Downloading data from https://storage.googleapis.com/TensorFlow/keras-applications/mobilenet_v2/mobilenet_v2_weights_tf_dim_ordering_tf_kernels_1.0_192_no_top.h5
9412608/9406464 [==============================] - 0s 0us/step

MobileNet v2 模型期望它的输出被标准化至 [-1,1] 范围内，因此将输出传递给 MobilNet v2 模型之前，需要将其范围从[0,1]转化为[-1,1]。MobileNet v2 为每张图片的特征返回一个 6×6 的空间网格，代码如下。

In[11]:

```
def change_range(image,label):
    return 2*image-1, label

keras_ds = ds.map(change_range)
# 数据集可能需要几秒来启动，因为要填满其随机缓冲区
image_batch, label_batch = next(iter(keras_ds))
feature_map_batch = mobile_net(image_batch)
print(feature_map_batch.shape)
```

Out[11]:

(32, 6, 6, 1280)

构建花卉预测模型，该模型以 MobileNet v2 模型为骨干网络，使用 tf.keras.layers.GlobalAveragePooling2D 来平均 MobileNet v2 模型输出空间向量。结果输入一个 Flatten 层以及一个全连接层，上面有 128 个单元，由 ReLU 激活函数激活，最后由一个全连接层输出结果，代码如下。

In[12]:

```
model = tf.keras.Sequential([
    mobile_net,
    tf.keras.layers.GlobalAveragePooling2D(),
```

```
tf.keras.layers.Flatten(),
tf.keras.layers.Dense(128, activation='relu'),
tf.keras.layers.Dense(len(label_names))
])
```

选择 optimizers.Adam 优化器和 losses.SparseCategoricalCrossentropy 损失函数传递 metrics 参数，查看每个训练时期的训练和验证准确性，代码如下。

In[13]:

```
model.compile(optimizer='adam',
              loss=tf.keras.losses.SparseCategoricalCrossentropy(from_logits=True),
              metrics=['accuracy'])
```

最后开始训练模型，代码如下。

In[14]:

```
model.fit(ds, epochs=10,steps_per_epoch=115)
```

Out[14]:

```
……
Epoch 9/10
115/115 [==============================] - 274s 2s/step - loss: 0.1055 - accuracy: 0.9674
Epoch 10/10
115/115 [==============================] - 277s 2s/step - loss: 0.1166 - accuracy: 0.9622
```

4.5.4 保存与加载模型

使用 model.save("mobile_net_flower")保存模型，save 方法会创建一个名为 mobile_net_flower 的文件夹，模型保存在这个文件夹中，代码如下。

In[15]:

```
model.save("mobile_net_flower")
ls mobile_net_flower
```

Out[15]:

```
 C:\Users\pingzhenyu\mobile_net_flower 的目录

2021/07/26  14:23    <DIR>          .
2021/07/26  14:23    <DIR>          ..
2021/07/26  08:52    <DIR>          assets
2021/07/26  14:23           527,553 keras_metadata.pb
2021/07/26  14:23         5,063,061 saved_model.pb
2021/07/26  14:23    <DIR>          variables
               2 个文件      5,590,614 字节
               4 个目录 339,438,518,272 可用字节
```

使用 load_model 方法加载模型，新模型的名称为 flower_model，代码如下。

In[16]:

```
flower_model = keras.models.load_model("mobile_net_flower")
```

Out[16]:

下载一个向日葵的图片，保存在当前用户模型下，使用 flower_model 模型进行预测，代码

如下。

In[17]:

```
sunflower_path = 'C:\\Users\\pingzhenyu\\12.jpg'

img = keras.preprocessing.image.load_img(
    sunflower_path, target_size=(192, 192)
)
img_array = keras.preprocessing.image.img_to_array(img)
img_array = tf.expand_dims(img_array, 0) # Create a batch

predictions = flower_model.predict(img_array)
score = tf.nn.softmax(predictions[0])

print(
    "This image most likely belongs to {} with a {:.2f} percent confidence."
    .format(label_names[np.argmax(score)], 100 * np.max(score))
)
```

Out[17]:

This image most likely belongs to sunflowers with a 100.00 percent confidence.

拓展项目

在搭建好深度神经网络模型后，需要花费大量的算力和时间去训练模型和优化参数，最后耗费了这么多资源得到的模型只能解决一个问题，那么模型的代价会很大。如果已经掌握了迁移学习方法，就不必再重新搭建一套全新的模型，可以直接使用之前已经得到的模型和模型的参数并稍加改动来满足新的需求。

Keras 的应用模块（keras.applications）提供了带有预训练权值的深度学习模型，这些模型可以用来进行预测、特征提取和微调。TensorFlow 官网提供了在 ImageNet 上预训练过的用于图像分类的模型，如 VGG19、Xception、ResNet50、Inceptionv3、MobileNet、DenseNet，本项目要求使用以上模型解决猫狗识别任务。

猫狗照片的数据集从 kaggle 官网（https://www.kaggle.com/c/dogs-vs-cats）下载，包含训练集和测试集两个压缩文件。测试集中的图片没有标签，可以把训练图像集划分成训练集和测试集。

拓展项目猫狗识别任务要求如下。

1）下载数据集。

2）探索集数据，使用 tf.data API 构建数据集。

3）构建模型（搭建神经网络结构、编译模型），即预训练模型+自定义模型。

4）训练模型（把数据输入模型、评估准确性、验证预测）。

5）使用训练好的模型。

项目 5　图像识别：卷积神经网络

项目 5
图像识别：卷积神经网络

项目描述

　　卷积神经网络是一种类似于人类或动物视觉系统结构的人工神经网络，是近年来视觉领域取得突破性成果的基石，也逐渐被其他诸如自然语言处理、推荐系统和语音识别等领域广泛应用。图像识别是指利用计算机对图像进行处理、分析和理解，以识别不同模式的目标和对象的技术，是应用深度学习算法的一种实践应用，如人脸识别、动物识别、植物识别、商品 Logo 识别、红酒识别、货币识别等。本项目的任务是通过学习卷积神经网络中卷积层、池化层的工作原理以及填充、步幅、输入输出通道等知识，探究具有代表性的卷积神经网络设计思路，如 AlexNet、VGG、ResNet 等，并使用 Keras 搭建卷积神经网络来识别 CIFAR-10 图像。

思维导图

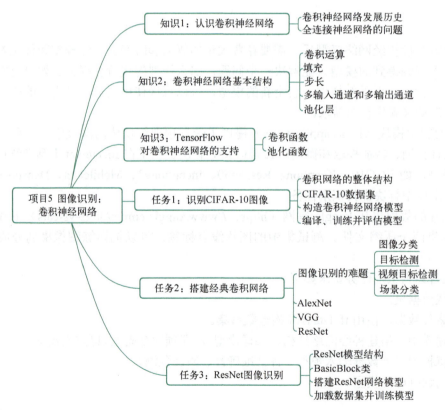

项目目标

1. 知识目标

- 了解卷积神经网络的发展历史。

- 了解全连接神经网络的缺陷。
- 掌握卷积运算工作原理。
- 掌握池化层工作原理。
- 掌握填充、步长、输入/输出通道概念。
- 了解图像识别的难题。
- 了解常用经典卷积神经网络结构。

2. 技能目标

- 能进行卷积、池化、填充、步长、输入/输出通道操作。
- 能使用 Keras API 搭建卷积神经网络。
- 能使用 Keras API 搭建 AlexNet 网络。
- 能使用 Keras API 搭建 VGG 网络。
- 能使用 Keras API 搭建 ResNet 网络。
- 能熟练编译并训练、评估模型。

5.1 认识卷积神经网络

人类的大脑是非常强大的处理器,人们每分每秒都在通过眼睛接收不同的图像,并且能瞬间处理图像。卷积神经网络最常被应用的方面是图像识别,同时其也被应用在视频分析、自然语言处理等方面,如 AlphaGo 通过卷积神经网络"看"懂了围棋。相对于全连接神经网络而言,卷积神经网络进步的地方是引入了卷积层结构和池化层结构,这两种层结构是卷积神经网络的重要组成部分。

5.1 认识卷积神经网络

5.1.1 卷积神经网络发展历史

卷积神经网络(CNN)的发展,最早可以追溯到 1958 年 David Hubel 和 Torsten Wiesel 对猫脑中的视觉系统的研究,对视觉皮层的结构提出了重要的见解,因其在视觉系统信息处理方面的杰出贡献,他们在 1981 年获得了诺贝尔医学奖。他们通过实验记录了猫脑中各个神经元的电活动,使用幻灯机向猫展示特定的模式,并指出视觉皮层神经元有一块小的局部接受野(Receptive Field),即只对视野的局部区域视觉刺激做出反应。不同神经元的接受野可能会有重复,一起平铺在整个视觉区域,可能作用于不同方向。

1980 年,日本科学家福岛邦彦在论文中提出了一个包含卷积层、池化层的神经网络结构。1998 年,一个重要的里程碑是 Yann Lecun 提出了 LeNet-5,并应用在 MNIST 数据集,达到 98%以上的识别准确率。

2012 年,由 Alex Krizhevsky 提出的 AlexNet 给卷积神经网络带来了历史性的突破,一举摘下了视觉领域竞赛 ILSVRC-2012 的桂冠。

顺着 AlexNet 的思想,新加坡国立大学颜水成带领的团队提出的"Network in Network(NIN)"对深度学习产生了很大的推动力,NIN 的应用也取得了 PASCAL VOC 和 ImageNet 图像检测的冠军。Network in Network 的思想是 CNN 结构完全可变,由此,Inception 和

VGG 在 2014 年将网络加深到了 20 层左右，图像识别的错误率也大幅降低到 5.7%，接近人类的 5.1%。

在 2015 年的ImageNet图像识别大赛中，何恺明和他的团队用"图像识别深度残差网络"系统，击败了谷歌、英特尔、高通等业界团队，荣获第一。何恺明团队在图像检测中提出了候选区域法（Region Proposal Methods），然后用 CNN 去判断是否是对象的方法。Fast R-CNN 是基于深度学习 R-CNN 系列目标检测最好的方法，可以简单地看作是 R-CNN 和 Faster R-CNN 的升级版。使用 VOC2007+2012 数据集训练，VOC2007 数据集测试，平均精度值（mean Average Precision，mAP）达到 73.2%，目标检测的速度可以达到每秒 5 帧。Faster R-CNN 的主要贡献是设计了提取候选区域的网络 RPN，代替了费时的选择性搜索（Selective Search），使得检测速度大幅提高。

Mask R-CNN 是在 Faster R-CNN 已有的用于边界框识别分支上添加了一个并行的用于预测目标掩码的分支。Mask R-CNN 的训练很简单，只是在 R-CNN 的基础上增加了少量的计算量，大约为 5FPS。例如，估计同一图片中人物的姿态，在 COCO 挑战中的三种任务（包括实例分割、边界框目标探测、任务关键点检测）中都获得了最好的成绩。

随着 CNN 的发展，AlphaGo 利用 CNN 战胜了李世石，其基础版本的 AlphaGo 其实和人类高手比起来是有胜有负的。利用了 ResNet 和 Faster R-CNN 的思想后的 Master 则战胜了人类围棋高手。由于卷积神经网络的一系列突破性研究成果，且其根据不同的任务需求不断改进，使其在目标检测、语义分割、自然语言处理等不同的任务中均获得了成功的应用。

5.1.2 全连接神经网络的问题

用全连接神经网络处理图像会有以下三个明显的缺点。
1）将图像展开为向量会丢失空间信息。
2）参数过多效率低下，训练困难。
3）大量的参数很快会导致网络过拟合。

考虑一个简单的 4 层全连接神经网络，输入是 28×28 的手写数字图片，其有三个隐藏层，每个隐藏层的节点数为 256，输出节点数为 10。

利用 model.summary()函数打印出模型参数统计结果如下。

Layer (type)	Output Shape	Param #
dense (Dense)	(4, 256)	200960
dense_1 (Dense)	(4, 256)	65792
dense_2 (Dense)	(4, 256)	65792
dense_3 (Dense)	(4, 10)	2570

Total params: 335,114
Trainable params: 335,114

以第一层为例，输入特征长度为 784，输出特征长度为 256，参数量为 784×256+256=200 960 个。如果输入 1000×1000 像素的图片，输入层有 1000×1000=1000 000 个节点。那么仅这一层就有 1000×1000×256+256=256 000 256 个参数。全连接神经网络参数过多效率低下，较高的内存占用量严重限制了其朝着更深层数发展。

网络层数越多其表达能力越强，但是通过梯度下降方法训练深度全连接神经网络很困难，因为全连接神经网络的梯度很难传递超过三层。因此不可能得到一个很深的全连接神经网络，也就限制了它的能力。

对于图像识别任务来说，每个像素和其周围像素的联系是比较紧密的，和离得很远的像素的联系可能就很小了。如果一个神经元和上一层所有神经元相连，那么就相当于对于一个像素来说，把图像的所有像素都等同看待，这不符合前面的假设。当完成每个连接权重的学习之后，最终可能会发现有大量的权重，它们的值都是很小的。努力学习大量并不重要的权重，这样的学习必将是非常低效的。

5.2 卷积神经网络基本结构

1998 年，Yann LeCun 构建了卷积神经网络 LeNet-5 并在手写数字识别问题中取得成功。LeNet-5 定义了现代卷积神经网络的基本结构，其中交替出现的卷积层、池化层被认为能够提取输入图像的平移不变特征。

5.2 卷积神经网络的基本结构

5.2.1 卷积运算

卷积神经网络（Convolutional Neural Network，CNN），是一种专门用来处理具有类似网络结构的数据且含有卷积层（Convolutional Layer）的神经网络。卷积层使用了卷积这种数学运算，这是一种特殊的线性运算。

5.2.1～5.2.3 卷积运算、填充、步长

卷积的第一个参数通常叫作输入（Input），第二个参数叫作核函数（Kernel Function）。输出有时被称作特征映射（Feature Map）。

图 5-1 演示了一个在二维张量上的卷积运算，离散卷积可以看作矩阵的乘法，然而这个矩阵的一些元素被限制为必须和另外一些元素相等。例如，对于单变量的离散卷积，矩阵每一行中的元素都与上一行对应位置平移一个单位的元素相同。

传统的神经网络使用矩阵乘法来建立输入与输出的连接关系。其中，参数矩阵中每一个单独的参数都描述了一个输入单元与一个输出单元间的交互。这意味着每一个输出单元与每一个输入单元都产生交互。然而，卷积网络具有稀疏交互（Sparse Interactions）的特征，这是使核的大小远小于输入的大小来达到的。

例如，处理图像时，输入的图像可能包含成千上万个像素点，但可通过只占用几十到上百个像素点的核来检测一些小的有意义的特征，如图像的边缘。这意味着需要存储的参数更少，不仅减少了模型的存储需求，而且提高了它的统计效率。

如果有 m 个输入和 n 个输出，那么矩阵乘法需要 $m \times n$ 个参数并且相应算法的时间复杂度为 $O(m \times n)$。如果限制每一个输出拥有的连接数为 k，那么稀疏的连接方法只需要 $k \times n$ 个参数以及 $O(k \times n)$ 的运行时间。

这个高和宽均为 k 的核函数也被称为感受野（Receptive Field），如图 5-2 所示。它表征了每个像素对于中心像素的重要性分布情况，网格内的像素才会被考虑，网格外的像素对于中心像素会被简单忽略。

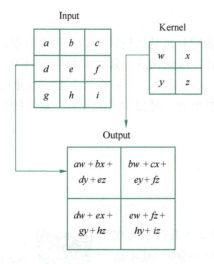

图 5-1 二维张量上的卷积运算

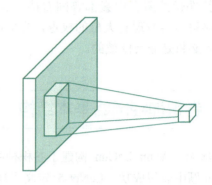

图 5-2 感受野

用一个具体的例子来解释卷积运算流程，输入形状为[3，3]二维数组，核函数形状为[2，2]，如图 5-3 所示。

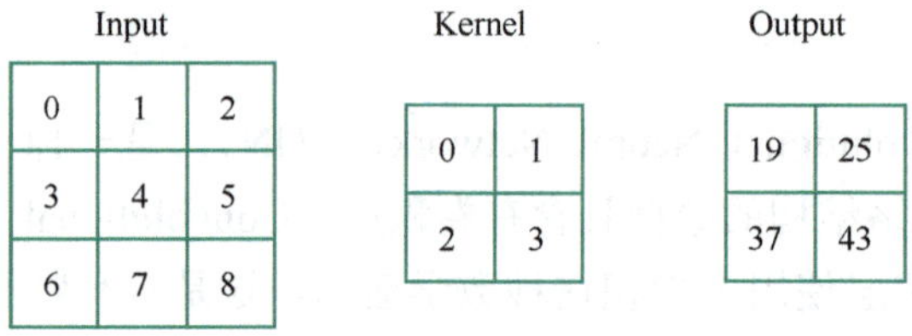

图 5-3 卷积运算流程

卷积窗口从输入数组的最左上方开始，按从左到右、从上往下的顺序，依次在输入数组上滑动。当卷积窗口滑动到某一位置时，窗口中的输入子数组与核函数按元素相乘并求和，得到数组中相应位置的元素。图 5-3 中输出数组的高和宽均为 2，4 个元素运算过程如下。

$$0\times0+1\times1+3\times2+4\times3=19$$
$$1\times0+2\times1+4\times2+5\times3=25$$
$$3\times0+4\times1+6\times2+7\times3=37$$
$$4\times0+5\times1+7\times2+8\times3=43$$

在一个模型的多个函数中使用相同的参数叫作参数共享（Parameter Sharing）。在卷积神经网络中，核的每一个元素都作用在输入的每一位置上。卷积运算中的参数共享保证了只需要学习一个参数集合，而不是对于每一位置都需要学习一个单独的参数集合。这虽然没有改变前向传播的运行时间，但它显著地将模型的存储需求降低至 k 个参数，并且 k 通常要比 m 小很多个数量级。

5.2.2 填充

输入形状为[3，3]的二维数组，核函数形状为[2，2]，得到的输出形状为[2，2]。假设输入形状为[n_h，n_w]，核函数形状为[k_h，k_w]，那么输出形状为

$$(n_h-k_h+1)\times(n_w-k_w+1)$$

卷积层的输出形状由输入形状和核函数形状决定。输入图像与卷积核进行卷积操作后的结果中损失了部分值，输入图像的边缘被修剪，边缘处只检测了部分像素点，丢失了图片边界处的众多信息。这是因为边缘上的像素永远不会位于卷积核中心，而卷积核也无法扩展到边缘区域以外。

填充（Padding）是指在输入高和宽的两侧填充元素，通常填充的是 0 元素。例如，在图 5-3 原输入高和宽的两侧分别添加了值为 0 的元素，使得输入高和宽从 3 变成了 5，并导致输出高和宽由 2 增加到 4。如图 5-4 所示，第一个输出元素及其计算所使用的输入和核数组元素为 0×0+0×1+0×2+0×3＝0。

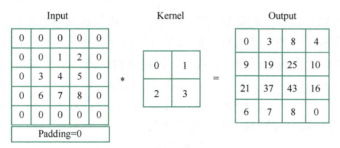

图 5-4　填充 0 元素

假设在高两侧填充 p_h 行，在宽两侧填充 p_w 列，那么输出形状为

$$(n_h-k_h+p_h+1)\times(n_w-k_w+p_w+1)$$

TensorFlow 有以下两种填充方式。

1）Valid Padding：不进行任何处理，只使用原始图像，不允许卷积核超出原始图像边界。

2）Same Padding：进行填充，允许卷积核超出原始图像边界，并使得卷积后结果的大小与原来的一致。

如果卷积的步幅取值为 1，那么 padding='SAME' 就是指特征映射的分辨率在卷积前后保持不变，而 padding='VALID' 则是要下降 $k-1$ 个像素（即不填充，k 是卷积核大小）。

5.2.3　步长

卷积窗口按从左往右、从上往下的顺序，依次在输入数组上滑动，将每次滑动的行数和列数称为步长（Stride），或者叫步幅。

在卷积运算中，感受野密度的控制手段一般是通过移动步长实现的。对于信息密度较大的输入，如物体数量很多的图片，为了尽可能少漏掉有用信息，在网络设计的时候希望能够较密集地布置感受野窗口；对于信息密度较小的输入（如全是海洋的图片），可以适量减少感受野窗口的数量。

前面的例子中在高和宽两个方向上所使用的步长均为 1。当然也可以使用更大的步长，如图 5-5 所示，高步长为 3、宽步长为 2 的卷积运算。输出第一列第三个元素时，卷积窗口向下滑动了 3 行，而在输出第一行第二个元素时卷积窗口向右滑动了 2 列。当卷积窗口在输入上再向右滑动 2 列时，由于输入元素无法填满窗口，无结果输出。图 5-5 中的阴影部分为输出元素及其计算所使用的输入和核数组元素，即 0×0+0×1+1×2+2×3=8、0×0+6×1+0×2+0×3=6。

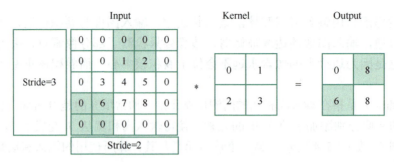

图 5-5　高步长为 3、宽步长为 2 的卷积运算

通过设定步长可以有效地控制信息密度的提取。当步长设计得较小时，感受野以较小幅度移动窗口，有利于提取更多的特征信息，输出张量的尺寸也更大。当步长设计得较大时，感受野以较大幅度移动窗口，有利于减少计算代价，过滤冗余信息，输出张量的尺寸也更小。

假设高侧步长为 s_h，在宽侧步长为 s_w，则输出形状为

$$(n_h-k_h+p_h+s_h)/s_h \times (n_w-k_w+p_w+s_w)/s_w$$

如果 $p_h=k_h-1$ 且 $p_w=k_w-1$，则输出形状可简化为

$$(n_h+s_h-1)/s_h \times (n_w-s_w-1)/s_w$$

5.2.4　多输入通道和多输出通道

除了前面介绍的输入/输出都是二维数组，如黑白图像。实际数据维度更高（如彩色图像），处理高和宽两个维度外还有 RGB 三个颜色通道，它的形状为 $[h,w,3]$。下面将介绍含多个输入通道以及多个输出通道的卷积核。

5.2.4～5.2.5 多输入通道和多输出通道、池化层

当输入数据含多个通道时，需要构造一个输入通道数与输入数据通道数相同的卷积核，从而能够与含多通道的输入数据做卷积运算。

假设输入数据的通道数为 c，那么卷积核的输入通道数同样为 c。设卷积核窗口形状为 $[h,w]$。当 $c=1$ 时，卷积核是包含一个形状为 $[h,w]$ 的二维数组。当 $c>1$ 时，将会为每个输入通道各分配一个形状为 $[h,w]$ 的核数组，即得到一个形状为 $[h,w,c]$ 的卷积核。由于输入和卷积核各有 c 个通道，可以在各个通道上对输入的二维数组和卷积核的二维核数组做卷积运算，此时可以视为单通道输入与单卷积核的情况，所有通道的中间矩阵对应元素再次相加，作为最终输出。

多通道输入计算流程如图 5-6 所示，在初始状态每个通道上面的卷积核窗口同步落在对应通道上面的最左边、最上方位置，每个通道上感受野区域元素与卷积核对应通道上面的矩阵相乘累加，分别得到三个通道上面的输出-1、-2、2 的中间变量，这些中间变量相加得到输出-1，写入第一行第一列位置。

随后卷积核窗口同步在输入的每个通道上向右移动 $s=1$ 个步长单位，每个通道上的感受野与卷积核对应通道上的矩阵相乘累加，得到中间变量 3、3、1，这些中间变量相加得到输

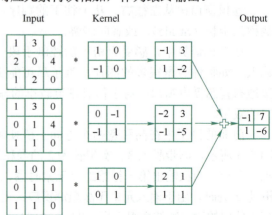

图 5-6　多通道输入计算流程

出 7，写入第一行第二列位置。

循环往复同步移动卷积核窗口，直至最右边、最下方位置，此时全部完成输入和卷积核的卷积运算，得到形状为[2,2]的输出矩阵。输入的每个通道均与卷积核的对应通道相乘累加，得到与通道数量相等的中间变量，这些中间变量全部相加即得到当前位置的输出值。输入通道的通道数量决定了卷积核的通道数。一个卷积核只能得到一个输出矩阵，如果要得到多个输出通道就必须使用多个卷积核。

多通道输入、多卷积核是卷积神经网络中间最常见的形式，单卷积核的运算过程中，每个卷积核和输入做卷积运算，得到一个输出矩阵。当出现 n 个卷积核时，第 i 个卷积核与输入运算得到第 i 个输出矩阵（也称为输出张量 O 的通道 i），最后全部的输出矩阵在通道维度上进行拼接（创建输出通道数的新维度），产生输出张量 O，O 包含了 n 个通道数。

如图 5-7 所示，该卷积层输入通道数为 3，卷积核数为 2。第一个卷积核与输入运算得到输出 O 的第一个通道，第二个卷积核与输入运算得到输出 O 的第二个通道。每个卷积核的大小为 k，步长为 s，填充设定等都是统一设置，这样才能保证输出的每个通道大小一致，从而满足拼接的条件。

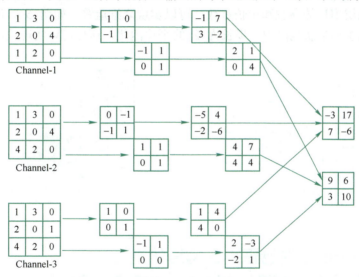

图 5-7 多通道输入、多通道输出计算流程

5.2.5 池化层

卷积层可以通过调节步长参数实现特征图的高宽成倍缩小，从而降低网络的参数量。除了通过设置步长，还有一种专门的网络层可以实现尺寸缩减功能，它就是池化层（Pooling Layer），也叫作汇聚层或者子采样层（Subsampling Layer），其作用是进行特征选择，降低特征数量，从而减少参数数量。

卷积层虽然可以显著减少网络中连接的数量，但特征映射组中的神经元个数并没有显著减少。如果后面接一个分类器，分类器的输入维数依然很高，很容易出现过拟合。为了解决这个问题，可以在卷积层之后加上一个池化层，从而降低特征维数，避免过拟合。

同卷积层一样，池化层每次对输入数据的一个固定形状窗口（又称池化窗口）中的元素计算输出。不同于卷积层中计算输入和卷积核的互相关性，池化层直接计算池化窗口内元素的最大值或平均值。该运算分别叫作最大池化或平均池化。

在二维最大池化中，池化窗口从输入数组的最左上方开始，按从左往右、从上往下的顺序依次在输入数组上滑动。当池化窗口滑动到某一位置时，窗口中输入子数组的最大值即为输出数组中相应位置的元素。

如图 5-8 所示，池化窗口形状为[2,2]，计算池化窗口内元素的最大值即最大池化，阴影部分为第一个输出元素及其计算所使用的输入元素。

输出数组形状为[2,2]，其中 4 个元素由取最大值运算得出。

$$max(1,3,2,2)=3$$
$$max(3,0,2,4)=4$$
$$max(2,2,4,2)=4$$
$$max(2,4,2,0)=4$$

二维平均池化的工作原理与二维最大池化类似，只是将最大运算符替换成平均运算符。由于池化层没有需要学习的参数，计算简单，可以有效减小特征图的尺寸，非常适合图片这种类型的数据，在计算机视觉相关任务中得到了广泛的应用。

通过设计池化层窗口的高宽和步长参数，可以实现降维运算。如图 5-9 所示，一种常用的池化层设定是池化窗口形状为[2,2]、步长为 2 的平均池化，这样可以实现输出只有输入高宽一半的目的。

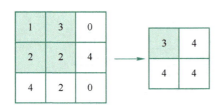

图 5-8　步长为 2 的最大池化

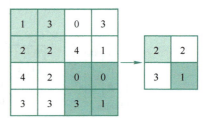

图 5-9　步长为 2 的平均池化

5.3　TensorFlow 对卷积神经网络的支持

TensorFlow 中构建卷积神经网络最主要的函数之一就是 conv2d()，它是实现卷积计算的核心函数。在使用 TensorFlow 时，会发现 tf.nn、tf.layers、tf.contrib 模块有很多功能是重复的，尤其是卷积操作，在使用的时候可以根据需要使用不同的模块。三个模块的功能如下。

1）tf.nn：提供神经网络相关操作的支持，其中 nn 是 Neural Network 的缩写，包括卷积操作（Convolution）、池化操作（Pooling）、归一化、损失函数（Losses）、分类操作等。

2）tf.layers：主要提供高层的神经网络，主要和卷积相关，是对 tf.nn 的进一步封装，tf.nn 是更底层一些的函数。

3）tf.contrib：TensorFlow1 中的 contrib 模块十分丰富，但是其发展不可控，TensorFlow2 将这个模块集成到其他模块中，不再支持 tf.contrib 了。

TensorFlow2 推荐使用 Keras 构建网络，常见的神经网络都包含在 keras.layer 中。下面将通过几个例子来介绍 tf.nn.conv2d 与 tf.nn.avg_pool、tf.nn.max_pool 函数的使用。

5.3.1 卷积函数

1. 函数定义

tf.nn.conv2d 函数用于 TensorFlow 的二维卷积，其函数定义如下。

    tf.nn.conv2d(input, filters, strides, padding, data_format='NHWC', dilations=None,
        name=None)

参数说明如下。

1）input：指需要做卷积的输入图像，是一个 4D 张量，维度顺序根据 data_format 值进行解释，如[batch, height, width, channels]，含义为"训练时一个批次的图片，图片高，图片宽，图像通道数"，要求类型为 float32 和 float64 其中之一。

2）filters：卷积核，是一个 Tensor，必须与 input 相同，形状为[filter_height, filter_width, in_channels, out_channels]的 4D 张量，含义为"卷积核的高度，卷积核的宽度，图像通道数，卷积核个数"，in_channels 就是参数 input 的 channels。

3）strides：步长，长度为 4 的 1D 张量，input 每个维度的滑动窗口步幅；维度顺序由 data_format 值确定，如 batch 方向、height 方向、width 方向、channels 方向。strides 参数确定了滑动窗口在各个维度上移动的步数。

4）padding：定义填充。string 类型，只能是 SAME 和 VALID 中的之一，确定要使用的填充算法的类型。

5）data_format：指定输入和输出数据的数据格式。string 类型，可以是 NHWC 或 NCHW，默认为 NHWC。使用默认格式 NHWC，数据按以下顺序存储：[batch, height, width, channels]。格式为 NCHW 时数据存储顺序为[batch, channels, height, width]。

6）dilations：ints 的可选列表，默认形状为[1, 1, 1, 1]、长度为 4 的 1D 张量，input 每个维度的扩张系数。如果设置为 $k>1$，则该维度上的每个滤镜元素之间将有 k-1 个跳过的单元格，维度顺序由 data_format 值确定。

7）name：此操作的名称。

2. 函数应用

tf.nn.conv2d 函数结果返回一个张量，这个输出就是常说的特征图。在 tf.nn.conv2d 函数中，当变量 padding 为 VALID 和 SAME 时，输出张量形状怎么计算？定义以下几个变量。

1）输入高和宽定义成 in_height、in_width。

2）卷积核的高和宽定义成 filter_height、filter_width。

3）输出高和宽定义成 output_height、output_width。

4）步长的高宽方向定义成 strides_height、strides_width。

padding 为 VALID 时输出宽和高为

    output_width = (in_width - filter_width + 1)/strides_width
    output_height = (in_height - filter_height + 1)/strides_height

padding 为 SAME 时输出的宽和高将与卷积核没有关系，具体如下。

    out_height = in_height / strides_height
    out_width = in_width / strides_width

【例 5-1】 现在有一张 3×3 单通道的图像（shape 为[1，3，3，1]），用一个 2×2 的卷积核（shape 为[2，2，1，1]）去做卷积，最后会得到一张 2×2 的特征图，代码如下。

In[1]:

```
x_in = np.array([[0, 1, 2],
                 [3, 4, 5],
                 [6, 7, 8]])
kernel_in = np.array([[0, 1],
                      [2, 3]])
x = tf.constant(x_in, shape=[1,3,3,1],dtype=tf.float32)
kernel = tf.constant(kernel_in, shape=[2,2,1,1],dtype=tf.float32)
output = tf.nn.conv2d(x, kernel, strides=[1, 1, 1, 1], padding='VALID')
print(output)
```

运行结果如下。

Out[1]:

```
tf.Tensor(
[[[[19.] [25.]]
  [[37.] [43.]]]], shape=(1, 2, 2, 1), dtype=float32)
```

请注意 input 与 filter 必须是 4D 张量，因此使用 tf.constant 函数改变了形状。

【例 5-2】 增加图片的通道数，使用一张 3×3 三通道的图像（shape 为[1，3，3，3]），用一个 2×2 的卷积核（shape 为[2，2，3，1]）去做卷积，输出一张 3×3 的特征图，代码如下。

In[1]:

```
x = tf.random.normal( shape=[1,3,3,3],dtype=tf.float32)
kernel = tf.random.normal(shape=[2,2,3,1],dtype=tf.float32)
output = tf.nn.conv2d(x, kernel, strides=[1, 1, 1, 1], padding='SAME')
print(output.shape)
```

运行结果如下。

Out[1]:

(1, 3, 3, 1)

【例 5-3】 输入图片为 5×5 五通道的图像（shape 为[1，5，5，5]），卷积核为 3×3，数量为 1，步长为[1,1,1,1]，最后得到一个 3×3 的特征图，不考虑边界，代码如下。

In[1]:

```
x = tf.random.normal( shape=[1,5,5,5],dtype=tf.float32)
kernel = tf.random.normal(shape=[3,3,5,1],dtype=tf.float32)
output = tf.nn.conv2d(x, kernel, strides=[1, 1, 1, 1], padding=' VALID ')
print(output.shape)
```

运行结果如下。

Out[1]:

(1, 3, 3, 1)

最后输出特征图形状为[1,3,3,1]的张量。

【例 5-4】 输入图片为 5×5 三通道的图像（shape 为[1，5，5，3]），卷积核为 3×3，数量为 7，步长为[1,1,1,1]，最后得到一个 5×5 的特征图，考虑边界，代码如下。

In[1]:

```
x = tf.random.normal( shape=[1,5,5,3],dtype=tf.float32)
kernel = tf.random.normal(shape=[3,3,3,7],dtype=tf.float32)
```

```
output = tf.nn.conv2d(x, kernel, strides=[1, 1, 1, 1], padding='SAME')
print(output.shape)
```

运行结果如下。

Out[1]:

(1, 5, 5, 7)

最后输出特征图形状为[1,5,5,7]的张量。

【例 5-5】 一次输入 10 张图片，每张图片为 5×5 三通道的图像（shape 为[10，5，5，3]），卷积核为 3×3，数量为 7，步长为[1,2,2,1]，最后每张图得到 7 个 3×3 的特征图，考虑边界，代码如下。

In[1]:

```
x = tf.random.normal( shape=[10,5,5,3],dtype=tf.float32)
kernel = tf.random.normal(shape=[3,3,3,7],dtype=tf.float32)
output = tf.nn.conv2d(x, kernel, strides=[1, 2, 2, 1], padding='SAME')
print(output.shape)
```

运行结果如下。

Out[1]:

(10,3, 3, 7)

最后输出是一个 shape 为[10,3,3,7] 的张量。

【例 5-6】 如图 5-10 所示的一张玩具熊图片，计算机要识别这张图片里的物体，可能做的第一件事是检测图片中的垂直边缘，一般通过卷积运算来检测图片中的边缘。

这是一个 800×800 像素的彩色图片，先处理其灰度图像，所以它的形状为[800,800,1]。为了检测图片中的垂直边缘，可以构造一个 3×3 卷积核（也叫作过滤器），代码如下，玩具熊灰度图片如图 5-11 所示，玩具熊边缘提取图片如图 5-12 所示。

$$\begin{pmatrix} -1 & 0 & 1 \\ -2 & 0 & 2 \\ -1 & 0 & 1 \end{pmatrix}$$

图 5-10　玩具熊图片

In[1]:

```
img_path = './bear.png'        # 图片路径
img = Image.open(img_path).convert('L')   # 读取图片,并转换为灰度图片
img = np.array(img)
plt.imshow(img)
```

Out[1]:

In[2]:

```
kernel = [-1.0,0,1, -2,0,2, -1,0,1]        # 边缘提取
kernel = tf.constant(kernel,shape=[3,3,1,1],dtype=tf.float32)
input = tf.constant(img,shape=[1,800,800,1],dtype=tf.float32)
output  = tf.nn.conv2d(input,kernel,strides=[1,1,1,1],padding='SAME')
print(output.shape)
output = tf.reshape(output,[800,800])
plt.imshow(output, cmap='Greys')
```

Out[2]:

(1, 800, 800, 1)

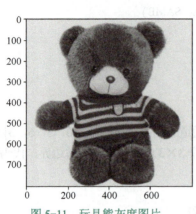
图 5-11 玩具熊灰度图片

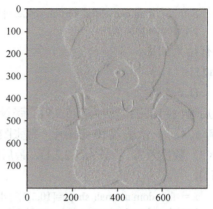
图 5-12 玩具熊边缘提取图片

5.3.2 池化函数

池化层的输入一般来源于上一个卷积层，它提供了很强的鲁棒性。例如，最大值池化是取一小块区域中的最大值，此时若此区域中的其他值略有变化，或者图像稍有平移，池化操作后的结果不会发生改变，但可以减少参数的数量，防止过拟合现象的发生。池化层没有参数，所以反向传播的时候，只需对输入参数求导，不需要进行权值更新。

常用的池化函数有最大池化 tf.nn.max_pool、平均池化 tf.nn.avg_pool。最大池化就是求最大值，平均池化就是求平均值，函数定义如下。

```
tf.nn.max_pool(
    input, ksize, strides, padding, data_format=None, name=None
)
tf.nn.avg_pool(
    input, ksize, strides, padding, data_format=None, name=None
)
```

参数说明如下。

1) input：输入需要做池化的图像，形状为[batch, height, width, channels]的 4 维张量，并且类型为 float32 或 float64。

2) ksize：池化窗口的大小，类似于卷积核，是一个长度为 4 的一维向量，输入张量的每个维度的窗口大小。但它的第一个和最后一个数必须为 1，即[1, height, width, 1]。这意味着池化层的过滤器不可以在 batch 和 channels 上做池化。实际应用中，使用最多的过滤器尺寸为[1, 2, 2, 1]或[1, 3, 3, 1]。

3) strides：不同维度上的步长，是一个长度为 4 的一维向量，第一维和最后一维的数字要求必须是 1，即[1, strides, strides, 1]。因为卷积层的步长只对矩阵的长和宽有效。

4) padding：一个字符串，可以是 VALID 或 SAME。

5) data_format：一个字符串，可以是 NHWC 和 NCHW。

6) name：操作的可选名称。

【例 5-7】输入为如图 5-8 所示的 3×3 特征图，进行最大池化操作。过滤器大小是[1, 2, 2, 1]，步长是[1,1,1,1]，padding 值取 VALID，代码如下。

In[1]:

```
x_in = np.array([[[1, 3, 0],
                  [2, 2, 4],
                  [4, 2, 0]]])
ksize = [1, 2, 2, 1]
input = tf.constant(x_in, shape=[1,3,3,1],dtype=tf.float32)
pool = tf.nn.max_pool(input, ksize, strides=[1, 1, 1, 1], padding='VALID')
print(pool)
```

运行结果如下。

Out[1]:

```
tf.Tensor(
[[[[3.] [4.]]
  [[4.] [4.]]]], shape=(1, 2, 2, 1), dtype=float32)
```

【例 5-8】 输入为如图 5-9 所示的 4×4 特征图，进行平均池化操作，过滤器大小是[1, 2, 2, 1]，步长是[1,2,2,1]，padding 值取 VALID，代码如下。

In[1]:

```
x_in = np.array([[[1, 3, 0,3],
                  [2, 2, 4,1],
                  [4, 2, 0,0],
                  [3, 3, 3,1]]])
ksize = [1, 2, 2, 1]
input = tf.constant(x_in, shape=[1,4,4,1],dtype=tf.float32)
pool = tf.nn.avg_pool(input, ksize, strides=[1, 2, 2, 1], padding='VALID')
print(pool)
```

运行结果如下。

Out[1]:

```
tf.Tensor(
[[[[2.] [2.]]
  [[3.] [1.]]]], shape=(1, 2, 2, 1), dtype=float32)
```

5.4 任务 1：识别 CIFAR-10 图像

CIFAR-10 是用于普通物体识别的小型数据集，一共包含 10 个类别的 RGB 彩色图片。下面通过构建一个简单的卷积网络来识别 CIFAR-10 图像。

5.4 任务 1：识别 CIFAR-10 图像

5.4.1 卷积网络的整体结构

一个典型的卷积网络是由卷积层、池化层、全连接层交叉堆叠而成。目前常用的卷积网络整体结构如图 5-13 所示。一个卷积块为连续 M 个卷积层和 b 个池化层，M 通常设置为 2~5，b 为 0 或 1。一个卷积网络中可以堆叠 N 个连续的卷积块，然后在后面接着 K 个全连接层，N 的取值区间比较大，比如 1~100 或者更大，K 一般为 0~2。

卷积网络的整体结构趋向于使用更小的卷积核（如 1×1 和 3×3）以及更深的结构（如层数大于 50）。此外由于卷积的操作性越来越灵活（如不同的步长），池化层的作用也变得越来越小，因此目前比较流行的卷积网络中池化层的比例正在逐渐降低，趋向于全卷积网络。

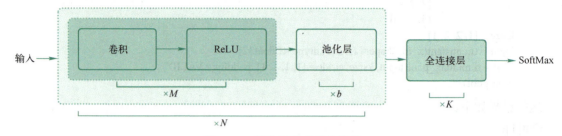

图 5-13　卷积网络的整体结构

5.4.2　CIFAR-10 数据集

CIFAR-10 和 CIFAR-100 都是带有标签的数据集，它是 8000 万小图像数据集的子集，由 Alex Krizhevsky、Vinod Nair、Geoffrey Hinton 等人创建。

CIFAR-10 由 60 000 张 32×32 的彩色图片组成，有 50 000 张训练图片和 10 000 张测试图片，共分 10 个类，每个类 6000 幅图片，不同类的图片互斥。这些数据集分成 5 个训练 batch 和一个测试 batch，每个 batch 包含 10 000 幅图片。

CIFAR-10 数据集由 60 000 张 32×32 的彩色图片组成，有 50 000 张训练图片和 10 000 张测试图片，共分 10 个类，每个类 6000 幅图片，不同类的图片互斥。测试集的数据取自 10 类中的每一类，每一类随机取 1000 张。剩下的数据随机排列组成了训练集。

图 5-14 列举了 10 个类别，每一类展示了随机的 10 张图片。这 10 类分别是 airplane（飞机）、automobile（汽车）、bird（鸟）、cat（猫）、deer（鹿）、dog（狗）、frog（青蛙）、horse（马）、ship（船）和 truck（卡车），其中没有任何的重叠情况，即 airplane 只包括飞机，automobile 只包括小型汽车，也不会在同一张图片中出现两类事物。

图 5-14　CIFAR-10 10 个类别

下载并准备 CIFAR10 数据集，代码如下。

In[1]:

```
(train_images, train_labels), (test_images, test_labels) = datasets.cifar10.load_data()
# 将像素的值标准化至 0 到 1 的区间内
train_images, test_images = train_images / 255.0, test_images / 255.0
```

Out[1]：

```
Downloading data from https://www.cs.toronto.edu/~kriz/cifar-10-python.tar.gz
  106496/170498071 [..............................] - ETA: 4:45:30
```

将测试集的前 25 张图片和类名打印出来，以确保数据集被正确加载，代码如下，结果如图 5-15 所示。

In[2]：

```
class_names = ['airplane', 'automobile', 'bird', 'cat', 'deer',
               'dog', 'frog', 'horse', 'ship', 'truck']
plt.figure(figsize=(10,10))
for i in range(25):
    plt.subplot(5,5,i+1)
    plt.xticks([])
    plt.yticks([])
    plt.grid(False)
    plt.imshow(train_images[i], cmap=plt.cm.binary)
    # 由于 CIFAR 的标签是 array，
    # 因此您需要额外的索引（index）
    plt.xlabel(class_names[train_labels[i][0]])
plt.show()
```

Out[2]：

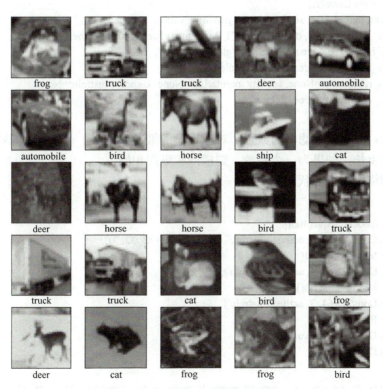

图 5-15　打印前 25 张图片和类名

5.4.3 构造卷积神经网络模型

图 5-16 搭建了一个常见卷积神经网络，模型分为卷积层与全连接层两个部分，卷积层由 3 个 Conv2D 和两个 MaxPooling2D 层组成，在模型的最后把卷积后的输出张量传给多个全连接层来完成分类。

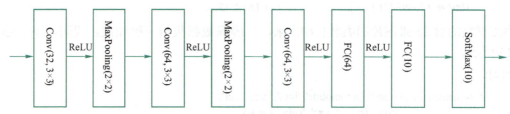

图 5-16　搭建卷积神经网络

卷积层的基本单位是卷积层后接上最大池化层，卷积层的作用是识别图像里的空间模式，如线条和物体局部。最大池化层的作用是降低卷积层对位置的敏感。每个卷积层都使用 3×3 的卷积核，并在输出上使用 ReLU 激活函数。第一个卷积层输出通道数为 32，第二、三个卷积层的输出是 64。

卷积层输入张量形状是（image_height, image_width, color_channels），包含图片高度、宽度及颜色信息。CIFAR 数据集中的图片形状是[32, 32, 3]，可以在声明第一层时将形状赋值给参数 input_shape。

tf.keras.layers.conv2D()参数与 tf.nn.conv2d()稍有差别，函数定义如下。

```
tf.keras.layers.Conv2D(
    filters, kernel_size, strides =(1, 1), padding='valid',
    data_format=None, dilation_rate=(1, 1), groups=1, activation=None,
    use_bias=True, kernel_initializer='glorot_uniform',
    bias_initializer='zeros', kernel_regularizer=None,
    bias_regularizer=None, activity_regularizer=None, kernel_constraint=None,
    bias_constraint=None, **kwargs
)
```

其中，filters 是卷积过滤器的数量，对应输出的维数，kernel_size 是过滤器的大小，strides 是横向和纵向的步长，如果为一个整数，则横向和纵向相同。

卷积神经网络模型声明代码如下。

In[3]:
```
model = models.Sequential([
    layers.Conv2D(32, 3, activation='relu', input_shape=(32, 32, 3)),
    layers.MaxPooling2D(),
    layers.Conv2D(64, 3, activation='relu'),
    layers.MaxPooling2D(),
    layers.Conv2D(64, 3, activation='relu') ,
    layers.Flatten(),
    layers.Dense(64, activation='relu'),
    layers.Dense(10)
])
```

每个 Conv2D 和 MaxPooling2D 层的输出都是一个三维的张量，其形状描述了（height, width, channels）。每一次层卷积和池化后输出宽度和高度都会收缩。每个 Conv2D 层输出的通道数量取决于声明层时的 filters 参数（如 32 或 64）。

Dense 层等同于全连接（Full Connected）层。在模型的最后通过把卷积后的输出张量传给一个或多个 Dense 层来完成分类。Dense 层的输入为向量，但前面层的输出是三维的张量。因此需要使用 layers.Flatten()将三维张量展开到一维，之后再传入一个或多个 Dense 层。CIFAR 数据集有 10 个类，因此最终的 Dense 层需要 10 个输出及一个 SoftMax 激活函数。

通过 model.summary()输出模型各层的参数状况如下。

Out[3]:
```
Model: "sequential"
Layer (type)                  Output Shape              Param #
=================================================================
conv2d (Conv2D)               (None, 30, 30, 32)        896
max_pooling2d (MaxPooling2D)  (None, 15, 15, 32)        0
conv2d_1 (Conv2D)             (None, 13, 13, 64)        18496
max_pooling2d_1 (MaxPooling2  (None, 6, 6, 64)          0
conv2d_2 (Conv2D)             (None, 4, 4, 64)          36928
_____
flatten (Flatten)             (None, 1024)              0
dense (Dense)                 (None, 64)                65600
dense_1 (Dense)               (None, 10)                650
=================================================================
Total params: 122,570
Trainable params: 122,570
Non-trainable params: 0
```

可以看出每次经过卷积和池化操作后高和宽逐层减小。卷积层使用 3×3 的卷积核，从而将高和宽分别减少 2，而池化层则将高和宽减半。当卷积层的输出传入全连接层时，会将小批量中每个样本展平，形状为[4, 4, 64]的输出被展平成了形状为[1024]的向量。全连接层输入形状为[None, 1024]，逐层减少输出个数，最后输出图片的 10 个类别。

5.4.4 编译、训练并评估模型

在训练模型之前，使用 compile 对学习过程进程配置，优化器使用'adam'，损失函数使用 SparseCategoricalCrossentropy，评估模型在训练和测试时性能的指标使用'accuracy'。训练循环 10 次，每次循环结束会打印出测试数据集中的准确度，代码如下。

In[4]:
```
model.compile(optimizer='adam',
              loss=tf.keras.losses.SparseCategoricalCrossentropy(from_logits=True),
              metrics=['accuracy'])

history = model.fit(train_images, train_labels, epochs=10,
                    validation_data=(test_images, test_labels))
```

Out[4]:
```
Epoch 9/10
1563/1563 [==============================] - 6s 4ms/step - loss: 0.6416 - accuracy: 0.7740 - val_loss: 0.8675 - val_accuracy: 0.7062
Epoch 10/10
```

```
            1563/1563 [==============================] - 6s 4ms/step - loss: 0.5987 - accuracy: 0.7889 -
        val_loss: 0.9091 - val_accuracy: 0.7068
```

在测试集上可以达到 70%的准确率，通过以下代码绘制每个训练循环的准确率，输出结果如图 5-17 所示。

In[5]:

```
plt.plot(history.history['accuracy'], label='accuracy')
plt.plot(history.history['val_accuracy'], label = 'val_accuracy')
plt.xlabel('Epoch')
plt.ylabel('Accuracy')
plt.ylim([0.5, 1])
plt.legend(loc='lower right')
plt.show()

test_loss, test_acc = model.evaluate(test_images,  test_labels, verbose=2)
```

Out[5]:

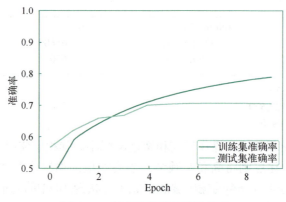

图 5-17　每个训练循环的准确率

Yann LeCun 提出 LeNet 后，神经网络一度被其他机器学习方法超越，如支持向量机。LeNet 在小数据集上取得了较好的成绩，但是在更大的真实数据集上表现却不尽人意。随着计算机硬件的发展，训练多通道、多层和有大量参数的卷积神经网络成为可能。

5.5　任务 2: 搭建经典卷积网络

从 2012 年 AlexNet 被提出以来，各种各样的深度卷积神经网络模型被相继提出，其中代表性较强的有 VGG 系列、GoogLeNet 系列、ResNet、DenseNet 系列等。这些模型的网络层数整体趋势逐渐增多，以网络模型在 ILSVRC 挑战赛 ImageNet 数据集上面的分类性能表现为例，在 AlexNet 出现之前的网络模型都是浅层的神经网络，Top5 错误率均在 25%以上，AlexNet 8 层的神经网络将 Top5 错误率降低至 15.4%，性能提升巨大，后续的 VGG、GoogLeNet 模型继续将错误率降低至 5.7%，ResNet 的出现首次将网络层数提升至 152 层，错误率也降低至 3.57%。

5.5
任务 2: 搭建经典卷积网络

5.5.1 图像识别的难题

ImageNet 大规模视觉识别挑战赛 ILSVRC（ImageNet Large Scale Visual Recognition Challenge，ILSVRC）是近年来机器视觉领域最具权威的学术竞赛之一。每年全世界最顶尖的科学家和企业都会参与到这个盛会中，利用最前沿、最先进的算法来解决图像识别方面的难题，并不断刷新各种挑战的诉求，代表了图像领域的最高水平。

ImageNet 数据集是 ILSVRC 竞赛中使用的数据集，由斯坦福大学著名的华人教授李飞飞主导，其中包含了超过 1400 万张全尺寸的有标记图片。ILSVRC 比赛每年从 ImageNet 数据集中抽出部分样本，以 2012 年为例，比赛的训练集包含 1 281 167 张图片，验证集包含 50 000 张图片，测试集包含 100 000 张图片。

ILSVRC 竞赛的比赛项目实际上是图像识别和计算机视觉领域中最困难、应用范围最广、最需要解决的问题，包括如下几个问题。

（1）图像分类与目标定位

图像分类与目标定位最初是两个独立的项目。图像分类的任务是要判断图片中的物体在 1000 个分类中所属的类别，主要采用 Top5 错误率的评估方式。每张图给出 5 次猜测结果，只要 5 次中有一次命中真实类别就算正确分类，最后统计完全没有命中的错误率。

目标定位是要在分类正确的基础上，从图片中标识出目标物体所在的位置，用方框框定，以错误率作为评判标准。

图像分类与目标定位的难度在于，图像分类问题可以有 5 次尝试机会，而在目标定位问题上，每一次都需要框定得非常准确。在这一项上，2015 年 ResNet 的贡献巨大，将错误率从上一年的最好约 25%降低至 9%。

（2）目标检测

目标检测是在目标定位的基础上更进一步，在图片中同时检测并定位多个类别的物体。在每一张测试图片中找到属于 200 个目标类别中的所有物体，如人、勺子、水杯等。

最终的评判方式是看模型在每一个单独类别中所有物体的识别准确率，在多数类别中都获得最高准确率的队伍获胜。

平均精度均值（Mean Average Precision，MAP）是这一项上的重要指标，一般来说，平均精度均值最高的队伍也会在多数的独立类别中获胜。

（3）视频目标检测

视频目标检测与图片目标检测任务类似，是要检测出视频每一帧中包含的多个类别物体。要检测的目标物体有 30 个类别，是目标检测 200 个类别的子集。此项问题最大的难度在于要求算法的检测效率非常高。

（4）场景分类

场景分类是要识别图片中的场景，比如森林、剧场、会议室、商店等。也就是说，场景分类要识别图片中的背景。

这个项目由 MIT Places 团队组织，使用 Places2 数据集，其中包括 400 多个场景的超过 1000 万张图片。评判标准与图像分类相同，5 次猜测中有一次命中即可，最后统计错误率。

场景分类问题中有一个子问题是场景分割，是将图片划分为不同的区域，比如天空、道路、人、桌子等。

图像识别是一项基础研究，应用场景非常丰富。所要面临的问题也非常有挑战，仍然需要人们不懈地研究下去。

5.5.2 AlexNet

2012 年，AlexNet 以较大的优势赢得了 ImageNet 2012 图像识别挑战赛。该模型的名字来源于论文第一作者的姓名 Alex Krizhevsky。AlexNet 使用了 8 层卷积神经网络，其首次使用了很多现代深度卷积网络的技术方法，比如使用 GPU 进行并行训练，采用 ReLU 作为非线性激活函数，使用 Dropout 防止过拟合，使用数据增强来提高模型准确率等。

AlexNet 与 LeNet 的设计理念非常相似，但也有显著的区别。与相对较小的 LeNet 相比，AlexNet 包含 8 层，其中有 5 层卷积、2 层全连接隐藏层以及 1 个全连接输出层，模型结构如图 5-18 所示。

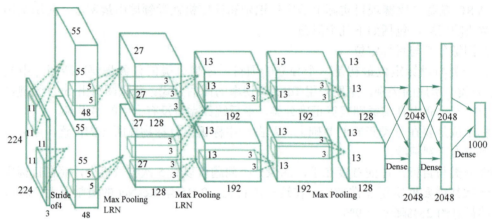

图 5-18　AlexNet 网络结构

下面使用 tf.keras 实现 AlexNet，代码如下。

```
# AlexNet
model = models.Sequential([
    # 1st conv
    layers.Conv2D(96, (11,11),strides=(4,4), activation='relu', input_shape=(227, 227, 3)),
    layers.MaxPooling2D(3, strides=(2,2)),
    # 减小卷积窗口，填充为 2，使得输入与输出的高和宽一致，且增大输出通道数
    # 2nd conv
    layers.Conv2D(256, (5,5),strides=(1,1), activation='relu',padding="same"),
    layers.MaxPooling2D(3, strides=(2,2)),
    # 连续 3 个卷积层，且使用更小的卷积窗口。除了最后的卷积层外，进一步增大了输出通道数
    # 前两个卷积层后不使用池化层来减小输入的高和宽
    # 3rd conv
    layers.Conv2D(384, (3,3),strides=(1,1), activation='relu',padding="same"),
    # 4th conv
    layers.Conv2D(384, (3,3),strides=(1,1), activation='relu',padding="same"),
    # 5th Conv
    layers.Conv2D(256, (3,3), strides=(1,1), activation='relu',padding="same"),
    layers.MaxPooling2D(3, strides=(2, 2)),
    # 全连接层
    layers.Flatten(),
    # 使用 Dropout 层来缓解过拟合
    layers.Dense(4096, activation='relu'),
```

```
    layers.Dropout(rate=0.5),
    layers.Dense(4096, activation='relu'),
    layers.Dropout(rate=0.5),
    # 输出层，输出 1000 个类别
    layers.Dense(1000)
])
model.summary()
```

通过 model.summary()输出模型各层的参数状况如下。

```
Model: " AlexNet "
Layer (type)                    Output Shape            Param #
=================================================================
conv2d (Conv2D)                 (None, 55, 55, 96)      34944
max_pooling2d (MaxPooling2D)    (None, 27, 27, 96)      0
conv2d_1 (Conv2D)               (None, 27, 27, 256)     614656
max_pooling2d_1 (MaxPooling2    (None, 13, 13, 256)     0
conv2d_2 (Conv2D)               (None, 13, 13, 384)     885120
conv2d_3 (Conv2D)               (None, 13, 13, 384)     1327488
conv2d_4 (Conv2D)               (None, 13, 13, 256)     884992
max_pooling2d_2 (MaxPooling2    (None, 6, 6, 256)       0
flatten (Flatten)               (None, 9216)            0
dense (Dense)                   (None, 4096)            37752832
dropout (Dropout)               (None, 4096)            0
dense_1 (Dense)                 (None, 4096)            16781312
dropout_1 (Dropout)             (None, 4096)            0
dense_2 (Dense)                 (None, 1000)            4097000
=================================================================
Total params: 62,378,344
Trainable params: 62,378,344
Non-trainable params: 0
```

AlexNet 的输入为 224×224×3 的图像，输出为 1000 个类别的条件概率，具体结构如下。

1）第一个卷积层，使用两个大小为 11×11×3×48 的卷积核，步长 $S=4$，零填充 $P=3$，得到两个大小为 55×55×48 的特征图，即形状为[55, 55, 96]，计算过程为（227-11）/4+1=55。

2）第一个池化层，使用大小为 3×3 的最大池化操作，步长 $S=2$，得到形状为[27, 27, 96]特征图，计算过程为（55-3）/2+1=27。

3）第二个卷积层，使用两个大小为 5×5×48×128 的卷积核，步长 $S=1$，零填充 $P=2$，得到形状为[27, 27, 256]特征图，计算过程为（27-5+2×2）/1+1=27。

4）第二个池化层，使用大小为 3×3 的最大汇聚操作，步长 $S=2$，得到形状为[13, 13, 256]特征图，计算过程为（27-3）/2+1=13。

5）第三个卷积层，使用两个大小为 3×3×192×192 的卷积核，步长 $S=1$，零填充 $P=1$，得到形状为[13, 13, 384]特征图，计算过程为（13-3+1×2）/1+1=13。

6）第四个卷积层，使用两个大小为 3×3×192×192 的卷积核，步长 $S=1$，零填充 $P=1$，得到形状为[13, 13, 384]特征图，计算过程为（13-3+1×2）/1+1=13。

7）第五个卷积层，使用两个大小为 3×3×192×128 的卷积核，步长 $S=1$，零填充 $P=1$，得到形状为[13, 13, 256]特征图，计算过程为（13-3+1×2）/1+1=13。

8）第三个池化层，使用大小为 3×3 的最大池化操作，步长 $S=2$，得到形状为[6, 6, 256]特征图，计算过程为（13-3）/2+1=6。

9）三个全连接层，神经元数量分别为 4096、4096 和 1000。AlexNet 通过丢弃法来控制全连接层的模型复杂度。

AlexNet 的创新之处如下。
- AlexNet 使用了 8 层网络，其中有 5 层卷积层、2 层全连接层、1 个全连接输出层。
- AlexNet 将 Sigmoid 激活函数改成了更加简单的 ReLU 激活函数，Sigmoid 激活函数计算相对复杂，容易出现梯度弥散现象。
- 引入 Dropout，提高了模型的泛化能力，防止过拟合。
- AlexNet 引入了大量的图像增广，如翻转、裁剪和颜色变化，从而进一步扩大数据集来缓解过拟合。

5.5.3 VGG 系列

2014 年，牛津大学计算机视觉组（Visual Geometry Group）和 Google DeepMind 公司的研究员一起研发出了新的深度卷积神经网络 VGGNet，并取得了 ILSVRC2014 比赛分类项目的第二名，第一名是 GoogLeNet。但是 VGG 模型在多个迁移学习任务中的表现要优于 GoogLeNet。VGGNet 使用很小的卷积核（3×3）构建各种深度的卷积神经网络结构，并对这些网络结构进行了评估，最终证明 15～19 层的网络深度能够取得较好的识别精度，因此常用来提取图像特征的 VGG-16 和 VGG-19。从图像中提取 CNN 特征，VGG 模型是首选算法。

VGG 可以看成是加深版的 AlexNet，整个网络由卷积层和全连接层叠加而成，和 AlexNet 不同的是，VGG 中使用的都是小尺寸的卷积核（3×3），VGG-16 模型结构如图 5-19 所示。

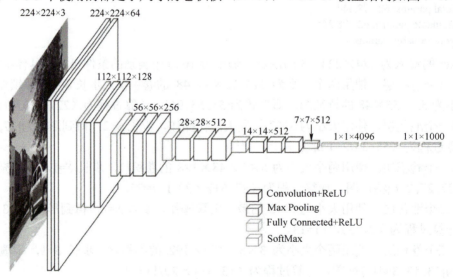

图 5-19　VGG-16 模型结构

下面使用 tf.keras 实现 VGG-16，代码如下。

```
# VGG-16
model = models.Sequential([
    # Block 1
    layers.Conv2D(64, (3, 3), activation='relu', padding='same',input_shape=(224,224, 3)),
```

```
    layers.Conv2D(64, (3, 3), activation='relu', padding='same'),
    layers.MaxPooling2D((2, 2), strides=(2, 2)),
    # Block 2
    layers.Conv2D(128, (3, 3), activation='relu', padding='same'),
    layers.Conv2D(128, (3, 3), activation='relu', padding='same'),
    layers.MaxPooling2D((2, 2), strides=(2, 2)),
    # Block 3
    layers.Conv2D(256, (3, 3), activation='relu', padding='same'),
    layers.Conv2D(256, (3, 3), activation='relu', padding='same'),
    layers.Conv2D(256, (3, 3), activation='relu', padding='same'),
    layers.MaxPooling2D((2, 2), strides=(2, 2)),
    # Block 4
    layers.Conv2D(512, (3, 3), activation='relu', padding='same'),
    layers.Conv2D(512, (3, 3), activation='relu', padding='same'),
    layers.Conv2D(512, (3, 3), activation='relu', padding='same'),
    layers.MaxPooling2D((2, 2), strides=(2, 2)),
    # Block 5
    layers.Conv2D(512, (3, 3), activation='relu', padding='same'),
    layers.Conv2D(512, (3, 3), activation='relu', padding='same'),
    layers.Conv2D(512, (3, 3), activation='relu', padding='same'),
    layers.MaxPooling2D((2, 2), strides=(2, 2)),

    layers.Flatten(),
    layers.Dense(4096, activation='relu'),
    layers.Dense(4096, activation='relu'),
    layers.Dense(1000)
])
model.summary()
```

通过 model.summary()输出模型各层的参数状况如下。

Model: " VGG16"

Layer (type)	Output Shape	Param #
conv2d (Conv2D)	(None, 224, 224, 64)	1792
conv2d_1 (Conv2D)	(None, 224, 224, 64)	36928
max_pooling2d (MaxPooling2D)	(None, 112, 112, 64)	0
conv2d_2 (Conv2D)	(None, 112, 112, 128)	73856
conv2d_3 (Conv2D)	(None, 112, 112, 128)	147584
max_pooling2d_1 (MaxPooling2	(None, 56, 56, 128)	0
conv2d_4 (Conv2D)	(None, 56, 56, 256)	295168
conv2d_5 (Conv2D)	(None, 56, 56, 256)	590080
conv2d_6 (Conv2D)	(None, 56, 56, 256)	590080
max_pooling2d_2 (MaxPooling2	(None, 28, 28, 256)	0
conv2d_7 (Conv2D)	(None, 28, 28, 512)	1180160
conv2d_8 (Conv2D)	(None, 28, 28, 512)	2359808
conv2d_9 (Conv2D)	(None, 28, 28, 512)	2359808
max_pooling2d_3 (MaxPooling2	(None, 14, 14, 512)	0
conv2d_10 (Conv2D)	(None, 14, 14, 512)	2359808
conv2d_11 (Conv2D)	(None, 14, 14, 512)	2359808
conv2d_12 (Conv2D)	(None, 14, 14, 512)	2359808
max_pooling2d_4 (MaxPooling2	(None, 7, 7, 512)	0
flatten (Flatten)	(None, 25088)	0

dense (Dense)	(None, 4096)	102764544
dense_1 (Dense)	(None, 4096)	16781312
dense_2 (Dense)	(None, 1000)	4097000

Total params: 138,357,544
Trainable params: 138,357,544
Non-trainable params: 0

VGG-16 输入为 224×224 彩色图像，经过两个 Conv-Conv-Pooling 单元和 3 个 Conv-Conv-Conv-Pooling 单元的堆叠，最后通过 3 层全连接层输出当前图片分别属于 1000 类别的概率分布。VGG-16 在 ImageNet 取得了 7.4%的 Top5 错误率，比 AlexNet 在错误率上降低了 7.9%。

VGGNet 的创新之处如下。

- VGG 中使用连续的 3×3 卷积核来增大感受野，减少参数。VGG 认为两个连续的 3×3 卷积核能够代替一个 5×5 卷积核，三个连续的 3×3 卷积核能够代替一个 7×7 卷积核。
- 通道数更多，特征度更宽。每个通道代表一个特征图，更多的通道数表示更丰富的图像特征。VGG 网络第一层的通道数为 64，后面每层都进行了翻倍，最多到 512 个通道，通道数的增加使得更多的信息可以被提取出来。
- 层数更深，使用连续的小卷积核代替大的卷积核，网络的深度更深，并且对边缘进行填充，卷积的过程并不会降低图像尺寸。VGG 仅使用小的池化单元来降低图片的尺寸。

5.5.4 ResNet

在 AlexNet 取得 ILSVRC 2012 分类竞赛冠军之后，深度残差网络（Residual Network，ResNet）可以说是过去几年中计算机视觉和深度学习领域最具开创性的工作。ResNet 是由微软研究院的何恺明及其团队提出的卷积神经网络，在 2015 年的 ImageNet 大规模视觉识别竞赛（ILSVRC）中获得了图像分类和物体识别的优胜。

5.5.4 ResNet-1

自 AlexNet 后的 CNN 架构已经越来越深。AlexNet 有 5 个卷积层，而之后的 VGG 网络和 GoogLeNet 分别有 19 层和 22 层。

5.5.4 ResNet-2

网络的深度提升不能通过层与层的简单堆叠来实现。由于梯度消失问题，深层网络很难训练。对浅层网络逐渐叠加层，模型在训练集和测试集上的性能会变好，因为模型复杂度更高了，表达能力更强了，可以对潜在的映射关系拟合得更好。但给网络叠加更多的层后，却会出现性能快速下降的情况，这就是深度神经网络的"退化"问题。

解决"退化"问题有两种方法，一种是调整求解方法，比如更好的初始化、更好的梯度下降算法等；另一种是调整模型结构，让模型更易于优化。

ResNet 提出了更好的模型结构，假设在一个深度网络中期望一个非线性单元（可以为一层或多层的卷积层）$f(x;\theta)$ 去逼近一个目标函数 $h(x)$。如果将目标函数拆分成两部分，即恒等函数（Identity Function）x 和残差函数（Residue Function）$h(x)-x$。一个由神经网络构成的非线性单元有足够的能力来逼近原始目标函数或残差函数，但实际中后者更容易学习。因此原来的优化问题可以转换为：让非线性单元 $f(x;\theta)$ 去近似残差函数$h(x)-x$，并用 $f(x;\theta)+x$ 去逼近$h(x)$。

图 5-20 给出了一个典型的残差单元结构示例。残差

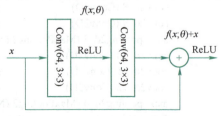

图 5-20　简单的残差单元结构

单元由多个级联的（等宽）卷积层和一个跨层的直连边（Shortcut）组成，再经过 ReLU 激活后得到输出。

$f(x;\theta)+x$ 构成的块称之为残差块（Residual Block），一个残差块有 $f(x;\theta)$ 和 x 两条路径，$f(x;\theta)$ 路径拟合残差，称为残差路径，x 路径为恒等映射，称之为快捷路径（Shortcut）。

残差路径可以大致分成两种，一种称之为 Basic Block，由两个 3×3 卷积层构成；另一种是有 Bottleneck 结构的，如图 5-21 中的 1×1 卷积层，称之为 Bottleneck Block。相比较于 Basic Block，Bottleneck Block 将 两个 3×3 卷积变为两个 1×1 卷积和一个与原来的 Basic Block 中 3×3 卷积相同通道数的 3×3 卷积，第一个 1×1 卷积用于降维，第二个 1×1 卷积用于升维。主要出于降低计算复杂度的现实考虑，ResNet-50/101/152 使用了这个结构。

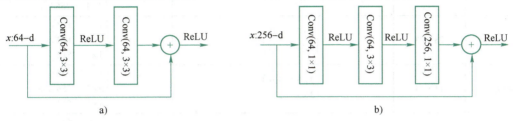

图 5-21　Basic Block 与 Bottleneck Block 结构
a) Basic Block　b) Bottleneck Block

深度残差网络有很多旁路的支线将输入直接连到后面的层，使得后面的层可以直接学习残差，这些支路叫作 Shortcut，Shortcut 也可以分成两种，这取决于残差路径是否改变了特征图数量和尺寸，一种是将输入 x 原封不动地输出，如图 5-20 所示。另一种则需要经过 1×1 卷积来升维，如图 5-22 所示，主要作用是将输出与 $f(x;\theta)$ 路径的输出保持形状一致。

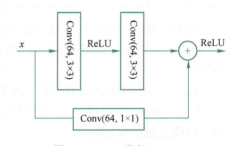

图 5-22　1×1 卷积 Shortcut

ResNet 为多个残差块的串联，图 5-23 可以直观地比较 Plain Network（34-layer plain）、Residual Network（34-layer residual）和 VGG-19 的网络结构。

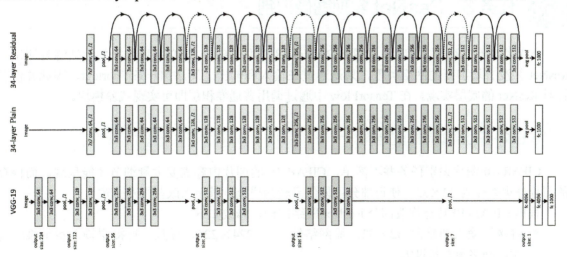

图 5-23　Plain Network、Residual Network 和 VGG-19 的网络结构

ResNet 常用的有 5 种深度的网络，分别是 18、34、50、101 和 152 层，表 5-1 列出了 ResNet-18 与 ResNet-50 网络架构各层详细信息。表左侧将 ResNet 网络分成 5 部分，分别是 conv1、conv2_x、conv3_x、conv4_x、conv5_x。

表 5-1 ResNet-18/50 网络架构各层详细信息

层	输出	ResNet-18	ResNet-50
conv1	112×112	7×7,64,Stride 2	7×7,64,Stride 2
conv2_x	56×56	3×3 Max Pool,Stride 2	3×3 Max Pool,Stride 2
conv2_x	56×56	$\begin{bmatrix} 3\times 3 & 64 \\ 3\times 3 & 64 \end{bmatrix} \times 2$	$\begin{bmatrix} 1\times 1 & 64 \\ 3\times 3 & 64 \\ 1\times 1 & 256 \end{bmatrix} \times 3$
Conv3_x	28×28	$\begin{bmatrix} 3\times 3 & 128 \\ 3\times 3 & 128 \end{bmatrix} \times 2$	$\begin{bmatrix} 1\times 1 & 128 \\ 3\times 3 & 128 \\ 1\times 1 & 512 \end{bmatrix} \times 4$
conv4_x	14×14	$\begin{bmatrix} 3\times 3 & 256 \\ 3\times 3 & 256 \end{bmatrix} \times 2$	$\begin{bmatrix} 1\times 1 & 256 \\ 3\times 3 & 256 \\ 1\times 1 & 512 \end{bmatrix} \times 6$
conv5_x	7×7	$\begin{bmatrix} 3\times 3 & 512 \\ 3\times 3 & 512 \end{bmatrix} \times 2$	$\begin{bmatrix} 1\times 1 & 512 \\ 3\times 3 & 512 \\ 1\times 1 & 2048 \end{bmatrix} \times 3$
	1×1	Average Pool,1000-d fc,Softmax	Average Pool,1000-d fc,Softmax

例如，ResNet-50 首先有个输入为 7×7×64 的卷积，然后经过 3+4+6+3=16 个残差块，每个残差块为 3 层，所以有 16×3=48 层，最后是全连接层，所以有 1+48+1=50 层，即有 50 层网络。

ResNet-50 和 ResNet-101 唯一的不同在于 conv4_x，ResNet-50 有 6 个 Block，而 ResNet-101 有 23 个 Block。深度残差网络通过堆叠残差模块，达到了较深的网络层数，从而获得了训练稳定、性能优越的深层网络。

5.6 任务 3：ResNet 实现图像识别

本节将实现 18 层的深度残差网络 ResNet-18，并在 CIFAR-10 图片数据集上训练与测试。ResNet 并没有增加新的网络类型，只是通过在输入和输出之间添加一条 Shortcut，因此并没有针对 ResNet 的底层实现。在 TensorFlow 中通过调用普通卷积层即可实现残差模块。

5.6.1 ResNet 模型结构

CIFAR-10 图片识别任务并不简单，CIFAR-10 的图片内容需要大量细节才能呈现，而保存的图片分辨率仅为 32×32，使得部分主体信息较为模糊，甚至人眼都很难分辨。

根据 CIFAR-10 特点修改部分 ResNet 网络结构，修改如下。

- 将网络输入调整为 32×32，原网络输入为 224×224，导致全连接层输入特征维度过大，网络参数量过大。
- 全连接层调整维度满足 10 分类任务。

调整后的 ResNet-18 网络结构如图 5-24 所示。

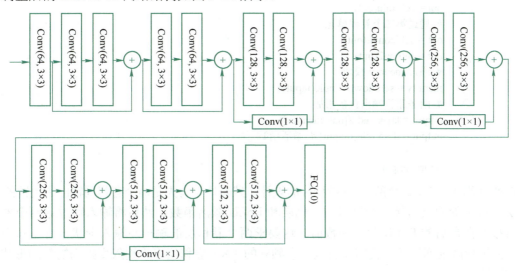

图 5-24 ResNet-18 网络结构

ResNet-18 使用了 Basic Block 结构，conv1 对输入图像进行一次卷积，卷积核为 $3\times3\times64$，然后经过 2+2+2+2=8 个残差块，每个残差块为两层。

5.6.2 BasicBlock 类

ResNet 基础模块有 Bottleneck Block 与 Basic Block，ResNet-50、ResNet-101、ResNet-152 中用的是 Bottleneck Block，而 ResNet-18 和 ResNet-34 中用的是 Basic Block。Basic Block 实现代码如下。

```
class BasicBlock(layers.Layer):
    # 残差模块
    def __init__(self, filter_num, stride=1):
        super(BasicBlock, self).__init__()
        # 第一个卷积单元
        self.conv1 = layers.Conv2D(filter_num, (3, 3), strides=stride, padding='same')
        self.bn1 = layers.BatchNormalization()
        self.relu = layers.Activation('relu')
        # 第二个卷积单元
        self.conv2 = layers.Conv2D(filter_num, (3, 3), strides=1, padding='same')
        self.bn2 = layers.BatchNormalization()

        if stride != 1:# 通过 1×1 卷积完成 shape 匹配
            self.downsample = Sequential()
            self.downsample.add(layers.Conv2D(filter_num, (1, 1), strides=stride))
        else:# shape 匹配，直接短接
            self.downsample = lambda x:x

    def call(self, inputs, training=None):
        # [b, h, w, c]，通过第一个卷积单元
        out = self.conv1(inputs)
```

```python
        out = self.bn1(out)
        out = self.relu(out)
        # 通过第二个卷积单元
        out = self.conv2(out)
        out = self.bn2(out)
        # 通过 identity 模块
        identity = self.downsample(inputs)
        # 两条路径输出直接相加
        output = layers.add([out, identity])
        output = tf.nn.relu(output) # 激活函数

        return output
```

ResNet 沿用了 VGG 全部 3×3 卷积层的设计，残差块里首先是两个有相同输出通道数的 3×3 卷积层。每个卷积层后接一个批量归一化层和 ReLU 激活函数。然后将输入跳过这两个卷积运算后直接加在最后的 ReLU 激活函数前。这要求两个卷积层的输出与输入形状一样，从而可以相加。如果想改变通道数，就需要引入一个额外的 1×1 卷积层来将输入变换为需要的形状后再做相加运算。

设计卷积神经网络时一般按照特征图高和宽逐渐减少、通道数逐渐增大的经验法则。可以通过堆叠通道数逐渐增大的残差块实现高层特征的提取，通过 build_resblock 一次完成多个残差模块的新建，代码如下。

```python
def build_resblock(self, filter_num, blocks, stride=1):
    # 辅助函数，堆叠 filter_num 个 BasicBlock
    res_blocks = Sequential()
    # 只有第一个 Basic Block 的步长可能不为 1，实现下采样
    res_blocks.add(BasicBlock(filter_num, stride))
    for _ in range(1, blocks):# 其他 Basic Block 步长都为 1
        res_blocks.add(BasicBlock(filter_num, stride=1))
    return res_blocks
```

5.6.3 搭建 ResNet 网络模型

表 5-1 中 ResNet-18 的 conv1 是输出通道数为 64、步长为 2 的 7×7 卷积层，后接步长为 2 的 3×3 的最大池化层。ResNet 每个卷积层后增加批量归一化层。

由于 CIFAR-10 图片分辨率仅有 32×32，所以 conv1 修改为输出通道数为 64、步长为 1 的 3×3 卷积层，后接批量归一化层和 ReLU 激活函数以及步长为 2 的最大池化层。

conv2_x～conv5_x 是 4 个由残差块组成的 4 个 ResBlock，每个模块使用若干个同样输出通道数的残差块，通过调用 build_resblock()生成。第一个模块的通道数同输入通道数一致。由于之前已经使用了步长为 2 的最大池化层，所以无须减小高和宽。之后的每个模块在第一个残差块里将上一个模块的通道数翻倍，并将高和宽减半。

最后加入全局平均池化层后接上全连接层输出，实现代码如下。

```python
class ResNet(keras.Model):
    # 通用的 ResNet 实现类
    def __init__(self, layer_dims, num_classes=10): # [2, 2, 2, 2]
        super(ResNet, self).__init__()
        # 根网络，预处理
```

```python
        self.stem = Sequential([layers.Conv2D(64, (3, 3), strides=(1, 1)),
                                layers.BatchNormalization(),
                                layers.Activation('relu'),
                                layers.MaxPool2D(pool_size=(2, 2), strides=(1, 1), padding='same')
                                ])
        # 堆叠 4 个 Block，每个 Block 包含了多个 Basic Block，设置步长不同
        self.layer1 = self.build_resblock(64,  layer_dims[0])
        self.layer2 = self.build_resblock(128, layer_dims[1], stride=2)
        self.layer3 = self.build_resblock(256, layer_dims[2], stride=2)
        self.layer4 = self.build_resblock(512, layer_dims[3], stride=2)

        # 通过 Pooling 层将高宽降低为 1×1
        self.avgpool = layers.GlobalAveragePooling2D()
        # 最后连接一个全连接层分类
        self.fc = layers.Dense(num_classes)

    def call(self, inputs, training=None):
        # 通过根网络
        x = self.stem(inputs)
        # 一次通过 4 个模块
        x = self.layer1(x)
        x = self.layer2(x)
        x = self.layer3(x)
        x = self.layer4(x)

        # 通过池化层
        x = self.avgpool(x)
        # 通过全连接层
        x = self.fc(x)

        return x
```

通过调整每个 ResBlock 的堆叠数量和通道数可以产生不同的 ResNet，如通过通道数分别为 64、64、128、128、255、255、512、512 的 8 个 ResBlock，可得到 ResNet-18 的网络模型。每个 ResBlock 包含了两个卷积层，因此主要卷积层数量是 8×2=16，加上网络最前面的普通卷积层和全连接层，共 18 层。

通过调整模块内部 Basic Block 的数量和配置实现不同的 ResNet，代码如下。

```python
def resnet18():
    return ResNet([2, 2, 2, 2])
def resnet34():
    return ResNet([3, 4, 6, 3])
```

通过 model.summary() 输出模型各层的参数状况如下。

Model: "res_net"

Layer (type)	Output Shape	Param #
sequential (Sequential)	(None, 30, 30, 64)	2048
sequential_1 (Sequential)	(None, 30, 30, 64)	148736
sequential_2 (Sequential)	(None, 15, 15, 128)	526976

sequential_4 (Sequential)	(None, 8, 8, 256)	2102528
sequential_6 (Sequential)	(None, 4, 4, 512)	8399360
global_average_pooling2d (Gl multiple		0
dense (Dense)	multiple	5130

===

Total params: 11,184,778
Trainable params: 11,176,970
Non-trainable params: 7,808

5.6.4 加载数据集并训练模型

完成数据集的加载工作,代码如下。

```
def preprocess(x, y):
    # 将数据映射到-1~1
    x = 2*tf.cast(x, dtype=tf.float32) / 255. - 1
    y = tf.cast(y, dtype=tf.int32) # 类型转换
return x,y


(x,y), (x_test, y_test) = datasets.cifar10.load_data() # 加载数据集
y = tf.squeeze(y, axis=1) # 删除不必要的维度
y_test = tf.squeeze(y_test, axis=1) # 删除不必要的维度
print(x.shape, y.shape, x_test.shape, y_test.shape)
train_db = tf.data.Dataset.from_tensor_slices((x,y)) # 构建训练集
# 随机打散、预处理、批量化
train_db = train_db.shuffle(1000).map(preprocess).batch(512)
test_db = tf.data.Dataset.from_tensor_slices((x_test,y_test)) # 构建测试集
# 随机打散、预处理、批量化
test_db = test_db.map(preprocess).batch(512)
# 采样一个样本
sample = next(iter(train_db))
print('sample:', sample[0].shape, sample[1].shape,
      tf.reduce_min(sample[0]), tf.reduce_max(sample[0]))
```

运行代码后得到 CIFAR-10 训练集(x,y)的形状为[50000, 32, 32, 3][50000,],测试集(x_test,y_test)的形状为[10000, 32, 32, 3][10000,]。batch(512)则根据 GPU 显存适当调整。

最后开始训练网络,代码如下。

```
def main():
    # [b, 32, 32, 3] => [b, 1, 1, 512]
    model = resnet18() # ResNet-18 网络
    model.build(input_shape=(None, 32, 32, 3))
    model.summary() # 统计网络参数
    optimizer = optimizers.Adam(lr=1e-4) # 构建优化器
    for epoch in range(100): # 训练 Epoch
        for step, (x,y) in enumerate(train_db):
            with tf.GradientTape() as tape:
                # [b, 32, 32, 3] => [b, 10],前向传播
                logits = model(x)
                # [b] => [b, 10],One-Hot 编码
                y_onehot = tf.one_hot(y, depth=10)
```

```
        # 计算交叉熵
        loss = tf.losses.categorical_crossentropy(y_onehot, logits, from_logits=True)
        loss = tf.reduce_mean(loss)
    # 计算梯度信息
    grads = tape.gradient(loss, model.trainable_variables)
    # 更新网络参数
    optimizer.apply_gradients(zip(grads, model.trainable_variables))

    if step %50 == 0:
        print(epoch, step, 'loss:', float(loss))
total_num = 0
total_correct = 0
for x,y in test_db:
    logits = model(x)
    prob = tf.nn.softmax(logits, axis=1)
    pred = tf.argmax(prob, axis=1)
    pred = tf.cast(pred, dtype=tf.int32)
    correct = tf.cast(tf.equal(pred, y), dtype=tf.int32)
    correct = tf.reduce_sum(correct)
    total_num += x.shape[0]
    total_correct += int(correct)
acc = total_correct / total_num
print(epoch, 'acc:', acc)

if __name__ == '__main__':
    main()
```

ResNet-18 模型设置迭代次数为 100 次，学习率设置为默认的模式。经过 100 次的迭代之后，模型在训练集上的准确率为 80.37%，在测试集上的准确率为 75.03%。

拓展项目

ImageNet 项目是一个用于视觉对象识别软件研究的大型可视化数据库，超过 1400 万张图片 URL 被 ImageNet 手动注释，以表示图片中的对象。

自 2010 年以来，每年度 ImageNet 大规模视觉识别挑战赛（ILSVRC）中，研究团队在给定的数据集上评估其算法，并在几项视觉识别任务中争夺更高的准确性。在 ILSVRC 竞赛中诞生了许多成功的图像识别方法，促进了计算机视觉技术的发展。

本项目的任务是使用 Keras API 搭建 VGG-19、ResNet-50、Inceptionv3、MobileNet、DenseNet 网络，使用 ImageNet 数据集对各个网络模型进行对比分析。

项目 6 AI 诗人：循环神经网络

项目 6
AI 诗人：循环神经网络

项目描述

当人们在理解一句话意思时，孤立地理解这句话的每个词是不够的，需要处理这些词连接起来的整个序列；当人们处理视频时，也不能只单独地去分析每一帧，而是要分析这些帧连接起来的整个序列。循环神经网络是为了更好地处理时序信息而设计的，它引入状态变量来存储过去的信息，并用其当前的输入共同决定当前的输出。

循环神经网络有着极其广泛的实际应用，如识别一段文字或语音的含义、识别视频的含义等。本项目的任务是通过学习循环神经网络的基本知识，并使用循环神经网络实现的古诗生成器，来完成古体诗的自动生成。"熟读唐诗三百首，不会作诗也会吟"，让循环神经网络学习几千首唐诗后成为 AI 诗人。

思维导图

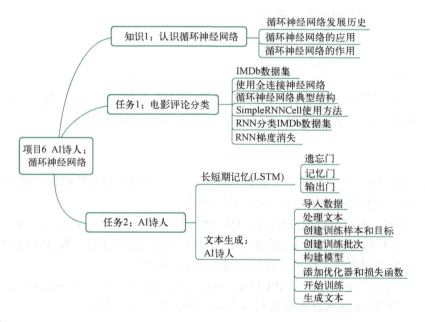

项目目标

1. 知识目标

- 了解循环神经网络发展历史。
- 了解循环神经网络特点与作用。
- 了解循环神经网络的应用。
- 掌握循环神经网络的结构。
- 掌握遗忘门的结构与作用。
- 掌握记忆门的结构与作用。

- 掌握输出门的结构与作用。

  2. 技能目标
- 能熟练构建 RNN 模型。
- 能熟练构建 LSTM 模型。
- 能处理文本数据。
- 能构建文本数据集。
- 能熟练训练、评估与预测循环神经网络模型。

6.1 认识循环神经网络

传统的机器学习算法依赖于人工提取的特征，在图像识别、语言识别以及自然语言处理等方面特征提取困难。基于全连接神经网络的方法存在参数太多、无法利用数据中的时序信息等问题，而循环神经网络在挖掘数据中的时序信息以及语言信息的特殊能力，使得它在语音识别、机器翻译以及时序分析等方面实现了突破。

6.1 认识循环神经网络

6.1.1 循环神经网络发展历史

循环神经网络源自 1982 年由 Saratha Sathasivam 提出的霍普菲尔德网络（Hopfield Network），但其因为实现困难而未被应用。1986 年，另一位机器学习泰斗 Michael I. Jordan 定义了 Recurrent 的概念，提出 Jordan Network。1990 年，美国认知科学家 Jeffrey L. Elman 对 Jordan Network 进行了简化，并采用 BP 算法进行训练，便有了如今最简单的包含单个自连接节点的 RNN 模型。但此时 RNN 由于梯度消失（Vanishing Gradient）及梯度爆炸（Exploding Gradient）的问题，训练非常困难。

直到 1997 年，瑞士人工智能研究所的 Jurgen Schmidhuber 提出长短期记忆（LSTM），LSTM 使用门控单元及记忆机制大大缓解了早期 RNN 训练的问题。同样在 1997 年，Mike Schuster 提出双向 RNN（Bidirectional RNN）模型。这两种模型大大改进了早期 RNN 的结构，拓宽了 RNN 的应用范围，为后续序列建模的发展奠定了基础。此时 RNN 虽然在一些序列建模任务上取得了不错的效果，但由于计算资源消耗大，后续几年一直没有太大的进展。

2010 年，Tomas Mikolov 提出了基于 RNN 的语言模型（RNN LM），并将其用在语音识别任务中，大幅提升了识别精度。Tomas Mikolov 在此基础上于 2013 年提出了大名鼎鼎的 Word2Vec。Word2Vec 的目标不再专注于建模语言模型，而是如何利用语言模型学习每个单词的语义化向量（Distributed Representation）。Word2Vec 引发了深度学习在自然语言处理领域的浪潮。

2014 年 Bengio 团队与 Google 几乎同时提出了 Seq2Seq 架构，将 RNN 用于机器翻译。不久后，Bengio 团队又提出了注意力（Attention）机制，对 Seq2Seq 架构进行改进。自此机器翻译全面进入到神经机器翻译（NMT）时代，NMT 不仅过程简单，而且其效果要远超传统机器翻译的效果。目前主流的机器翻译系统几乎都采用了神经机器翻译的技术。除此之外，Attention 机制也被广泛用于基于深度学习的各种任务中。

2017 年，Facebook 人工智能实验室提出了基于卷积神经网络的 Seq2Seq 架构，将 RNN 替换为带有门控单元的 CNN，提升效果的同时大幅加快了模型训练速度。此后不久，Google 提出了 Transformer 架构，使用 Self-Attention 代替原有的 RNN 及 CNN，更进一步降低了模型复杂度。

OpenAI 团队提出了预训练模型 GPT，把 LSTM 替换为 Transformer 来训练语言模型，在应用到具体任务时，与之前学习词向量当作特征的方式不同，GPT 直接在预训练得到的语言模型最后一层接上 SoftMax 作为任务输出层，然后对模型进行微调，在多项任务上 GPT 取得了更好的效果。不久之后，Google 提出了 BERT 模型，将 GPT 中的单向语言模型拓展为掩码语言模型（Masked Language Model），并在预训练中引入了 Sentence Prediction 任务。BERT 模型在 11 个任务中取得了较好的效果，是深度学习在 NLP 领域又一个里程碑式的成果。

6.1.2　循环神经网络的应用

循环神经网络的应用如下。

1. 语言建模和文本生成

给出一个词语序列，试着预测下一个词语的可能性。这在翻译任务中是很有用的，因为最有可能的句子将是可能性最高的单词组成的句子。

2. 机器翻译

将文本内容从一种语言翻译成其他语言使用了一种或几种形式的 RNN。所有日常使用的实用系统都用了某种高级版本的 RNN。

3. 语音识别

基于输入的声波预测语音片段，从而确定词语。

4. 生成图像描述

RNN 一个非常广泛的应用是理解图像中发生了什么，从而做出合理的描述。这是 CNN 和 RNN 相结合的作用。CNN 做图像分割，RNN 用分割后的数据重建描述。这种应用虽然较为基本，但可能性是无穷的。

5. 视频标记

可以通过一帧一帧地标记视频进行视频搜索。

6.1.3　循环神经网络的作用

目前已经有像卷积网络这样表现非常出色的网络了，为什么还需要其他类型的网络？

人类在做思考的时候，并不是每次都从一片空白的大脑开始。比如，在阅读一篇文章的时候，对文章的理解程度都会依赖于之前已经积累的相关知识。人类之所以能够不断进步，一个重要的原因就是不会丢掉之前学到的知识而每次重新从空白的大脑开始思考。大脑对知识具有持久性。

为了解释 RNN，首先需要了解序列的相关知识。序列是相互依赖的（有限或无限）数据流，比如时间序列数据、信息性的字符串、对话等。在对话中，一个句子可能有一个意思，但是整体的对话可能又是完全不同的意思。

比如，要完成填空：今天天气特别好，我想去＿＿＿。

传统神经网络结构由于只能单独处理一个个的输入，前一个输入和后一个输入是完全没有关系的，也就是说，当传统神经网络看到"特别好"这个词语时，并不会与前面的"天气"进行关联，因而也无法正确理解语义，结果针对这个句子会生成与上文无关的答案，诸如"书本""马路"等。

很明显，在这个句子中，前面的信息"天气""特别好"都会对后面的"我想去"产生很大的影响。而 RNN 就能够很好地捕获"天气""特别好"这种关键信息，当处理到"我想去"时，会结合上文信息生成符合语境的答案，如"爬山""游玩"等。

所以，传统神经网络在处理时序数据时具有巨大的弊端，即无法利用先前的信息来推断后续的行为。前一个输入和下一个输入之间没有任何关联。所以所有的输出都是独立的。神经网络接受输入，然后基于训练好的模型输出。如果运行了 100 个不同的输入，它们中的任何一个输出都不会受之前输出的影响。

无论是卷积神经网络，还是人工神经网络，前提假设各元素之间是相互独立的，输入与输出也是独立的，比如猫和狗。但在现实世界中，很多元素都是相互连接的，因此就有了循环神经网络，它像人一样拥有记忆的能力，网络的输出依赖于当前的输入和记忆。循环神经网络的提出正是借鉴了人类大脑学习的重要环节，从而解决了传统神经网络的弊端。循环神经网络允许神经单元包含循环，这样信息可以在不同时刻传输，达到信息持久化的目的。

6.2 任务 1：电影评论分类

本任务根据电影评论的文字内容将其划分为正面（Positive）或负面（Nagative）。

6.2 任务 1：电影评论分类

6.2.1 IMDb 数据集

本任务将使用来源于网络电影数据库的 IMDb 数据集，它包含 50 000 条严重两极分化的评论。数据集被分为用于训练的 25 000 条评论与用于测试的 25 000 条评论，训练集和测试集都包含 50%的正面评论和 50%的负面评论。

IMDb 数据集集成在 Keras 中，同时经过了预处理：每条电影评论转换成了一系列数字，每个数字代表字典中的一个单词。

首先下载 IMDb 数据集，IMDb 数据集可以在 TensorFlow 数据集处获取。代码如下。
In[1]：

```
import numpy as np
import tensorflow as tf
from tensorflow import keras
imdb = keras.datasets.imdb
(train_data, train_labels), (test_data, test_labels) = imdb.load_data(num_words=10000)
```

- 参数 num_words=10000 的含义是仅保留训练数据中前 10 000 个最常出现的单词，低频单词将被舍弃。
- train_data 和 test_data 这两个变量都是由评论组成的列表。
- 每条评论又是由单词索引组成的列表（表示一系列单词）。
- 里面的单词数值化，比如"a"=1。
- train_labels 和 test_labels 都是由 0 和 1 组成的列表，其中 0 代表负面，1 代表正面。

下面打印一些数据来了解数据集的格式。每一个样本都是一个表示电影评论和相应标签的句子。该句子不以任何方式进行预处理。代码如下。

In[2]:

```
print("Training entries: {}, labels: {}".format(len(train_data), len(train_labels)))
print(train_data[0])
```

Out[2]:

Training entries: 25000, labels: 25000
[1, 14, 22, 16, 43, 530, 973, 1622, 1385, 65, 458, 4468, 66, 3941,... 19, 178, 32]

train_data 中存放了 25 000 条评论,评论文本被转换为整数值,其中每个整数代表词典中的一个单词。train_labels 存放了 25 000 个标签,是 0、1 列表。

可以将某条评论迅速解码为英文单词,创建一个辅助函数 decode_review 来查询一个包含整数到字符串映射的字典对象。代码如下。

In[3]:

```
# 一个映射单词到整数索引的词典
word_index = imdb.get_word_index()

# 保留第一个索引
word_index = {k:(v+3) for k,v in word_index.items()}
word_index["<PAD>"] = 0
word_index["<START>"] = 1
word_index["<UNK>"] = 2    # unknown
word_index["<UNUSED>"] = 3

reverse_word_index = dict([(value, key) for (key, value) in word_index.items()])

def decode_review(text):
    return ' '.join([reverse_word_index.get(i, '?') for i in text])
# 调用 decode_review 函数解码 train_data[0]:
decode_review(train_data[0])
```

Out[3]:

"\<START\> this film was just brilliant casting location scenery story direction everyone's really suited the part they played and you could just imagine being there robert \<UNK\> is an amazing actor and now the same being director \<UNK\> father came from the same scottish island as myself so i loved the fact there was a real connection with this film the witty remarks throughout the film were great it was just brilliant so much that i bought the film as soon as it was released for \<UNK\> and would recommend it to everyone to watch and the fly fishing was amazing really cried at the end it was so sad and you know what they say if you cry at a film it must have been good and this definitely was also \<UNK\> to the two little boy's that played the \<UNK\> of norman and paul they were just brilliant children are often left out of the \<UNK\> list i think because the stars that play them all grown up are such a big profile for the whole film but these children are amazing and should be praised for what they have done don't you think the whole story was so lovely because it was true and was someone's life after all that was shared with us all"

电影评论可能具有不同的长度。以下代码显示了第一条和第二条评论中的单词数量。

In[4]:

```
len(train_data[0]), len(train_data[1])
```

Out[4]:

(218, 189)

不能将整数序列直接输入神经网络，整数数组必须在输入神经网络之前转换为张量，可以通过以下两种方式来完成转换。
- 将数组转换为表示单词出现与否的由 0 和 1 组成的向量，类似于 One-Hot 编码。例如，将序列[3, 5]转换为一个 10 000 维的向量，该向量除了索引为 3 和 5 的位置是 1 以外，其他都为 0。这种方法需要大量的内存，需要一个大小为 num_words×num_reviews 的矩阵。
- 可以填充数组来保证输入数据具有相同的长度，然后创建一个大小为 max_length×num_reviews 的整型张量。可以使用能够处理此形状数据的嵌入层作为网络的第一层。使用 pad_sequences 函数来使长度标准化，代码如下。

```
train_data = keras.preprocessing.sequence.pad_sequences(train_data,
                                                        value=word_index["<PAD>"],
                                                        padding='post',
                                                        maxlen=256)

test_data = keras.preprocessing.sequence.pad_sequences(test_data,
                                                       value=word_index["<PAD>"],
                                                       padding='post',
                                                       maxlen=256)
```

6.2.2 使用全连接神经网络

传统的神经网络存在一个问题：只适用于预先设定的大小。通俗讲就是采用固定大小的输入并产生固定大小的输出。例如，卷积网络 4×4 图像为输入，最终指定输出 2×2 的图像。

循环神经网络专注于处理文本，其输入和输出的长度是可变的，比如，一对一、一对多、多对一、多对多，如图 6-1 所示。

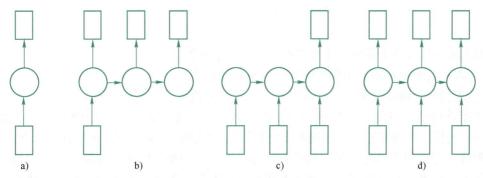

图 6-1 RNN 输入和输出的长度可变
a) 一对一 b) 一对多 c) 多对一 d) 多对多

- 一对一形式（One to One）：每一个输入都有对应的输出。
- 多对一形式（Many to One）：整个序列只有一个输出，如文本分类、情感分析等。
- 一对多形式（One to Many）：一个输入产出一个时序序列，如看图说话。
- 多对多形式（Many to Many）：多个输入对应多个输出，如机器翻译。

能让机器看懂图像还不够，最好还能让机器理解人类的语言。所谓自然语言处理（Natural Language Processing，NLP）就是让计算机具备处理、理解和运用人类语言的能力。实际上，NLP 的任务难度要远大于计算机视觉。以 NLP 的一个应用案例——机器翻译为例，分析基于深度学习的自然语言处理问题是如何被规范为一个从输入到输出的有监督机器学习问题的。

大家都用过机器翻译，如谷歌翻译、百度翻译、有道翻译。模型输入的是一段待翻译的中文、英文或者任意国家的文字，总的来说，输入是由一个个单词或者文字组成的序列文本。那么作为翻译的结果，输出也是由一个个单词或者文字组成的序列文本，只不过换了一种语言，所以在机器翻译这样一个自然语言处理问题中，研究的关键在于如何构建一个深度学习模型来将输入语言转化为输出语言。可以看到它们的输入输出形式都是序列化的。

IMDb 数据集有 5 万条来自网络电影数据库的评论，需要将电影评论分类为正和负。输入是由一个个单词或者文字组成的序列文本，输出则是一个单独的类别。

以"我喜欢诺兰"文件序列为例，预测其情感类型：正面评价或者负面评价。

从分类的角度看，这是一个简单的二分类问题，可以使用全连接神经网络来处理这个问题。对于每个词通过 Net1 提取语义特征，再将单词的所有特征合并，通过 Net2 输出序列的类别概率分布。如图 6-2 所示。

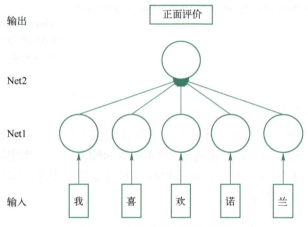

图 6-2　全连接神经网络模型

结果表明这种方法并不好，主要是存在下面两个问题：

1）输入序列数据在不同的例子中可以有不同的长度。

2）全连接神经网络结果并不能共享从文本不同位置所学习到的特征。

全连接神经网络只能单独处理一个个的输入，前一个输入和后一个输入是完全没有关系的。但现在的任务需要能够更好地处理序列的信息，即前面的输入和后面的输入是有关系的。

当理解一句话的意思时，孤立地理解这句话的每个词是不够的，需要处理这些词连接起来的整个序列。如果需要对依赖于先前输入状态（如消息）的序列数据进行操作，或者序列数据可以在输入或输出中，或者同时在输入和输出中，这时就需要循环神经网络（RNN）。RNN 对之前发生在数据序列中的事是有一定记忆的，这有助于系统获取上下文。理论上讲，RNN 有无限的记忆，这意味着它有无限回顾的能力。

6.2.3　循环神经网络典型结构

全连接神经网络和卷积神经网络结构都是从输入层到隐藏层再到输出层，层与层之间是全连接或者部分连接，但每层之间的节点不是连接的。循环神经网络的主要用途是处理和预测序列数据，它可以描述一个序列当前的输出与之前信息的关系，会记忆之前的信息，并利用之前的信息影响后面节点的输出。

循环神经网络的典型结构如图 6-3 所示，通过隐藏状态来存储之前时间步的信息，有一条单向流动的信息流是从输入单元到达隐藏单元的，与此同时另一条单向流动的信息流从隐藏单元到达输出单元。

循环神经网络一个重要的概念是时刻，输入单元的输入集被标记为 $\{X_0, X_1, \cdots, X_t, X_{t+1}, \cdots\}$，而输出单元（Output Units）的输出集则被标记为 $\{O_0, O_1, \cdots, O_t, O_{t+1}, \cdots\}$。RNN 包含隐藏单元 A，隐藏单元完成了最为主要的工作。输入单元经过隐藏单元 A 后会输出一个状态变量 h，也称其为隐藏变量。在某一时刻 t，隐藏单元 A 读取 t 时刻的输入 X_t，输出一个状态变量 h_t 和输出 O_t。

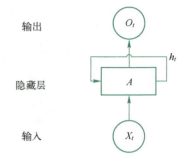

图 6-3 循环神经网络的典型结构

将循环神经网络按时间展开后，可以得到如图 6-4 所示的结构。这个网络在 t 时刻接收到输入之后，隐藏层的值是 h_t，输出值是 O_t。h_t 与 O_t 的值不仅取决于 X_t，还取决于 h_{t-1}。

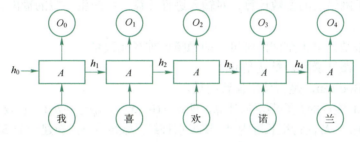

图 6-4 循环神经网络按时间展开后的结构示意图

循环神经网络的参数包括隐藏层的权重 W_{xh}、W_{hh} 和偏差 b_h，可以用下面的公式来表示循环神经网络的计算方法。

$$h_t = \sigma(W_{xh}x_t + W_{hh}h_{t-1} + b_h)$$

状态变量 h_t 是网络的记忆单元。h_t 根据当前输入层的输出与上一步隐藏层的状态进行计算，包含前面所有步的隐藏层状态。如图 6-4 所示，在 t_0 时刻，输入为"我"，h_0 为初始化状态，通常是全 0，通过隐藏单元 A 计算后输出 O_0 与 h_1，由于现在是一个多对一的任务，任务需要预测一条语句所表达的情绪，仅仅需要关心最后一个单词输入后的输出，而不需要知道每个单词输入后的输出，因此 O_0 没有用。在 t_1 时刻，输入为"喜"以及上一次的状态变量 h_1，通过隐藏单元 A 计算后输出 O_1 与 h_2，以此类推。

在传统神经网络中，每一个网络层的参数是不共享的。而在 RNN 中每次输入，每一层都共享参数。每一步都在做相同的事，只是输入不同，因此大大降低了网络中需要学习的参数。在循环神经网络中，激活函数通常采用 tanh 函数，可以选择不使用偏差 b_h 来进一步减少参数量。

6.2.4 SimpleRNNCell 使用方法

SimpleRNNCell 类可以理解为 RNN 中一个时间步的计算，而 RNN 则是把多个这样的 Cell 串联起来统一计算。方框表示一个 Cell 的计算，完整的序列则表示整个 RNN 的计算，如图 6-5 所示。

6.2.4
SimpleRNNCell
使用方法

图 6-5　Cell 计算单元

SimpleRNNCell 继承自 Layer 基类，常用方法如下。
- init()：构造方法，主要用于初始化参数。
- build()：主要用于初始化网络层中涉及的权重参数。
- call()：用于网络层的参数计算，对输入进行计算，并产生相应的输出。

常用参数如下。
- Units：正整数，输出空间的维度，即隐藏层神经元数量。
- Activation：激活函数，默认是 tanh。
- use_bias：Boolean，是否使用偏置向量。

SimpleRNNCell 完成的是隐藏层的计算，即 $\sigma = (W_{xh}x_t + W_{hh}h_{t-1} + b_h)$，仅仅完成了一个时间戳的前向运算。假设输入 X_t 的特征长度为 4，隐藏层神经元数量为 3，新建一个 SimpleRNNCell，代码如下。

In[1]:

```
recurrent_cell = tf.keras.layers.SimpleRNNCell(3)
recurrent_cell.build(input_shape=(None,4))
recurrent_cell.trainable_variables
```

Out[1]:

```
[<tf.Variable 'kernel:0' shape=(4, 3) dtype=float32, numpy=
 array([[-0.2367515 , -0.41837102,  0.8042624 ],
        [ 0.31380486,  0.9068117 ,  0.27508593],
        [ 0.666983  ,  0.08148682,  0.13304424],
        [ 0.6907288 , -0.4374258 ,  0.39348614]], dtype=float32)>,
 <tf.Variable 'recurrent_kernel:0' shape=(3, 3) dtype=float32, numpy=
 array([[ 0.962947  ,  0.16625458,  0.21235   ],
        [-0.25150928,  0.8378108 ,  0.48457828],
        [ 0.09734577,  0.52003115, -0.84858197]], dtype=float32)>,
 <tf.Variable 'bias:0' shape=(3,) dtype=float32, numpy=array([0., 0., 0.], dtype=float32)>]
```

隐藏层 $W_{xh}x_t + W_{hh}h_{t-1}$ 的计算等价于 x_t 与 h_{t-1} 连接后的矩阵乘以 W_{xh} 与 W_{hh} 连接后的矩阵。trainable_variables 参数返回了 SimpleRNNCell 内部的三个张量。tf.Variable 'kernel:0' shape=(4, 3)即为 W_{xh}，tf.Variable 'recurrent_kernel:0' shape=(3, 3)即为 W_{hh}，tf.Variable 'bias:0' shape=(3,)即为 b_h。

上面的计算过程可以用以下公式表示：

$$O_t, h_t = \mathrm{simpleRNNCell}(x_t + h_{t-1})$$

SimpleRNNCell 类并没有维护状态变量 h_t，需要用户自行初始化 h_0，并且记录每个时刻的值。SimpleRNNCell 类的 O_t、h_t 是同一个对象。

假设输入 X 批量大小为 4，序列长度为 80，特征长度为 100，张量形状表示为[b,seq len, word vec]，shape=(4,80,100)。隐藏层神经元数量为 64，则 O_t、h_t 张量形状表示为[b,hdim]，shape=(4, 64)，代码如下。

In[1]:

```
x = tf.random.normal([4, 80, 100])
xt = x[:, 0, :]
h0 = tf.zeros([4, 64])
recurrent_cell = tf.keras.layers.SimpleRNNCell(64)
out, h1 = recurrent_cell(xt, h0)
out.shape, h1[0].shape
```

Out[1]:

(TensorShape([4, 64]), TensorShape([64]))

经过一个时间戳的计算后，输出 O 与状态变量 h 的形状都是（4, 64）。打印两者 ID，可以看到也是一致的，代码如下。

In[2]:

```
print(id(out),id(h1[0]))
```

Out[2]:

1391673627928 1391673627928

实际编程时，用户没有必要自己维护状态变量，可以使用 RNN 类，代码如下。

In[1]:

```
x = tf.random.normal([4, 80, 100])
rnn = tf.keras.layers.RNN(tf.keras.layers.SimpleRNNCell(64))

rnn = tf.keras.layers.RNN(
    tf.keras.layers.SimpleRNNCell(64),
    return_sequences=True,
    return_state=True)
whole_sequence_output, final_state = rnn(x)
print(whole_sequence_output.shape)
print(final_state.shape)
```

Out[1]:

(4, 80, 64)
(4, 64)

6.2.5 RNN 分类 IMDb 数据集

下面将实现一个基于字符级别的循环神经网络的语言模型，并用它来挑战 IMDb 数据集的情感分类问题。首先导入 Keras，并通过 Keras 提供的数据集工具加载 IMDb 数据集，代码见 6.2.1 节。

下面设计用于情感分析的 RNN 模型，使用 tf.keras.Sequential 来构建模型架构。需要使用 Embedding 层和两个 SimpleRNN 层，最后通过 Dense 层分类。输入序列通过 Embedding 层完成词向量编码，循环通过两个 SimpleRNN 层，提取语义特征，取最后一层的最后时间戳的状态输出送入 Dense 层分类，经过激活函数后得到输出概率。

输入是最大长度 max_words 的单词序列，输出是二进制情感标签（0 或 1），代码如下。

In[7]:
```
model = tf.keras.Sequential([
    tf.keras.layers.Embedding(vocabulary_size, 100),
    tf.keras.layers.SimpleRNN(64,return_sequences=True),
    tf.keras.layers.SimpleRNN(64),
    tf.keras.layers.Dense(1)
])
print(model.summary())
```

Out[7]:

Model: "sequential"

Layer (type)	Output Shape	Param #
embedding (Embedding)	(None, None, 100)	1000000
simple_rnn (SimpleRNN)	(None, None, 64)	10560
simple_rnn_1 (SimpleRNN)	(None, 64)	8256
dense (Dense)	(None, 1)	65

Total params: 1,018,881
Trainable params: 1,018,881
Non-trainable params: 0

None

从结果可以看出模型共有 1 018 881 个参数。

使用 Keras 的 compile&fit 方法来训练网络，优化器使用 Adam，学习率设置为 0.001，误差函数选用二分类的交叉熵损失函数 BinaryCrossentropy，测试指标采用准确率，代码如下。

In[8]:
```
model.compile(loss=tf.keras.losses.BinaryCrossentropy(from_logits=True),
              optimizer=tf.keras.optimizers.Adam(1e-4),
              metrics=['accuracy'])
```

编译后就可以开始训练了，设置 epochs 为 20、batch_size 为 64，代码如下。

In[8]:
```
batch_size = 64
num_epochs = 20
x_valid, y_valid = x_train[:batch_size], y_train[:batch_size]
x_train2, y_train2 = x_train[batch_size:], y_train[batch_size:]
history = model.fit(x_train2, y_train2, validation_data=(x_valid, y_valid), batch_size=batch_size, epochs=num_epochs)
```

Out[8]:

Epoch 1/20

```
        390/390 [==============================] - 293s 752ms/step - loss: 0.4042 - accuracy: 0.8136 -
val_loss: 0.2450 - val_accuracy: 0.9375
        Epoch 2/20
        390/390 [==============================] - 289s 741ms/step - loss: 0.2339 - accuracy: 0.9113 -
val_loss: 0.1874 - val_accuracy: 0.9531
        ……
        Epoch 19/20
        390/390 [==============================] - 268s 687ms/step - loss: 0.0108 - accuracy: 0.9968 -
val_loss: 0.3517 - val_accuracy: 0.9375
        Epoch 20/20
        390/390 [==============================] - 258s 660ms/step - loss: 0.0070 - accuracy: 0.9983 -
val_loss: 0.2682 - val_accuracy: 0.9531
```

网络共训练 20 个 Epoch，训练好模型后，使用测试数据验证其准确率，代码如下。

In[9]:

```
test_loss, test_acc = model.evaluate(x_test, y_test, verbose=0)
print('Test Loss: {}'.format(test_loss))
print('Test Accuracy: {}'.format(test_acc))
```

Out[9]:

Test Loss: 0.792600691318512
Test Accuracy: 0.8471199870109558

导入 matplotlib 并创建一个辅助函数来绘制计算图，代码如下。

In[10]:

```
import matplotlib.pyplot as plt

def plot_graphs(history, metric):
    plt.plot(history.history[metric])
    plt.plot(history.history['val_'+metric], '')
    plt.xlabel("Epochs")
    plt.ylabel(metric)
    plt.legend([metric, 'val_'+metric])
    plt.show()
```

In[11]:

```
plot_graphs(history,'accuracy')
plot_graphs(history,'loss')
```

在训练过程中画出 accuracy 和 loss 曲线能够更直观地观察网络训练的状态，以便更好地优化网络的训练，如图 6-6 所示。

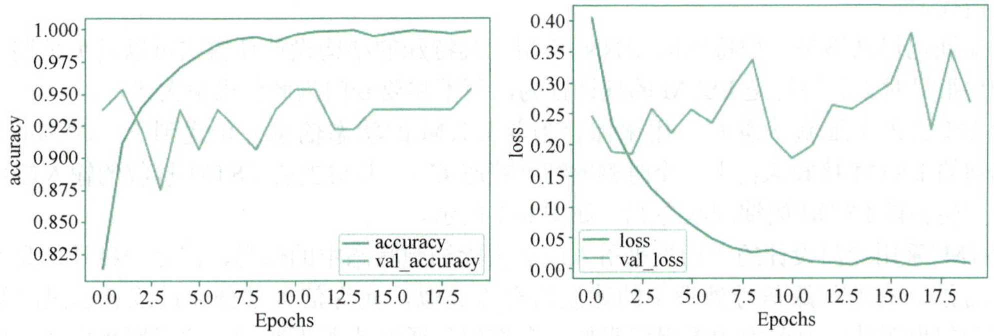

图 6-6 accuracy 和 loss 曲线图

6.2.6 RNN 梯度消失

现在已经了解了 RNN 是如何工作的，并且应用到具体的问题上，即使用 RNN 分类 IMDb 数据集。有兴趣的读者还可以推导 RNN 的反向传播过程，这时会发现 RNN 算法有个很大的问题，即 RNN 梯度消失（Vanishing gradients with RNNs）的问题。

举个语言模型的例子，如果有句子："红烧肉是这样做的，五花肉加姜片料酒焯水改刀成块状，葱切段、姜蒜切片……加入酱油、料酒和冰糖翻炒上色之后加入沸水，加盖，转中小火炖 1 个小时 40 分钟后开盖，转大火收汤至黏稠即可。"其标签是红烧肉。

整个句子最有效的信息是红烧肉，句子非常长，但是 RNN 模型是按顺序依次输入到网络中的，因此它很难捕获这次长期的依赖效应。

RNN 首先从左到右前向传播，然后反向传播。但是反向传播会很困难，因为存在梯度消失的问题，后面的输出误差很难影响前面层的计算。事实上梯度消失在训练 RNN 时是首要的问题，尽管梯度爆炸也会出现，但是梯度爆炸很明显，因为指数级的梯度会让参数变得极大，以至于网络参数崩溃。

6.3 任务 2：AI 诗人

"飞流直下三千尺，疑是银河落九天。"

可以让 AI 像李白一样写诗吗？

语言模型中一句话通常包含几十个词，这意味着 RNN 的层数有几十层，这会带来梯度消失问题与长期依赖问题。RNN 由于这两大问题在实际应用中很少使用，而 LSTM 通过门机制完美地解决了这两个问题。

6.3.1 长短期记忆（LSTM）

基本 RNN 单元可以对具有时间序列的数据建模，但当输入时间序列太长时，RNN 模型中较早时刻的隐藏层状态很难一直传递下去。补救这一问题的措施是 1997 年首先被 Sepp Hochreiter 和 Jurgen Schmidhuber 提出的长短期记忆（Long Short Term Memory，LSTM）

6.3.1
长短期记忆
（LSTM）

模型。在这个模型中，常规的神经元（即一个将 S 型激活应用于其输入线性组合的单位）被存储单元所代替。

长短期记忆网络是一种特殊的 RNN 模型，其特殊的结构设计使得它可以避免长期依赖问题，记住很早时刻的信息是 LSTM 的默认行为，而不需要专门为此付出很大代价。

LSTM 引入了细胞状态 C_t，用来保存当前 LSTM 的状态信息并传递到下一时刻的 LSTM 中。当前的 LSTM 接收来自上一个时刻的细胞状态 C_{t-1}，并与当前 LSTM 接收的输入信号 x_t 共同作用产生当前 LSTM 的细胞状态 C_t，如图 6-7 所示。

LSTM 采用专门设计的"门"来引入或者去除细胞状态中的信息，门是一种让信息选择性通过的方法。有的门跟信号处理中的滤波器有点类似，允许信号部分通过或者通过时被门加工。有的门也跟数字电路中的逻辑门类似，允许信号通过或者不通过。这里所采用的门由一个激活函数为 Sigmoid 的全连接层和一个按位的乘法操作构成。

LSTM 主要包括三个不同的门结构：遗忘门、记忆门和输出门，这三个门用来控制 LSTM 的信息保留和传递。

1. 遗忘门

遗忘门是用来"忘记"信息的。在 LSTM 的使用过程中，有一些信息不是必要的，因此遗忘门的作用就是来选择这些信息并"忘记"它们。遗忘门决定了细胞状态 C_{t-1} 中的哪些信息将被遗忘。遗忘门的工作原理如图 6-8 所示。

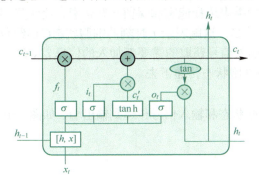

图 6-7　LSTM 的细胞状态 C_t

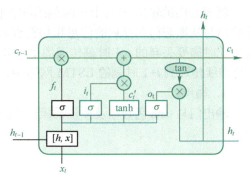

图 6-8　遗忘门

遗忘门由一个激活函数为 Sigmoid 的全连接层和一个按位乘操作构成。全连接层参数为 $W_f b_f$，输入为 t 时刻的 x_t 和 $t-1$ 时刻 LSTM 的上一个输出信号 h_{t-1}，这两个信号输入到全连接层中，然后输出信号 f_t，f_t 是一个 0～1 的数值（1 表示完全保留，0 表示完全舍弃），并与 C_{t-1} 相乘来决定 C_{t-1} 中的哪些信息将被保留，哪些信息将被舍弃。其公式为

$$f_t = \sigma(W_f[h_{t-1}, x_t] + b_f)$$

2. 记忆门

记忆门由输入门 i_t 与候选记忆细胞 C'_t 和一个按位乘操作构成。记忆门的作用与遗忘门相反，它决定新输入的信息 x_t 和 h_{t-1} 中哪些信息将被保留。

输入门是激活函数为 Sigmoid 的全连接层，网络参数为 $W_i b_i$，候选记忆细胞是激活函数为 tanh 的全连接层，网络参数为 $W_c b_c$，如图 6-9 所示。输入门公式为 $i_t = \sigma(W_f[h_{t-1}, x_t] + b_i)$，候选记忆细胞公式为 $C'_t = \tanh(W_C[h_{t-1}, x_t] + b_c)$。

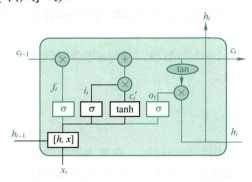

图 6-9　记忆门

输入门与遗忘门一样，它接收 x_t 和 h_{t-1} 作为输入，然后输出一个 0～1 的数值 i_t 来决定哪些

信息需要被更新。

候选记忆细胞的作用是将输入的 x_t 和 h_{t-1} 整合，然后通过一个全连接层来创建一个新的状态候选向量 C_t'，C_t' 值范围为 $-1\sim 1$。

记忆门的输出由输入门与候选记忆细胞的输出决定，i_t 与 C_t' 相乘来选择哪些信息将被新加入到 t 时刻的细胞状态 C_t 中。

有了遗忘门和记忆门，就可以更新细胞状态 C_t 了。

$$C_t = f_t c_{t-1} + i_t C_t'$$

将遗忘门的输出 f_t 与上一时刻的细胞状态 C_{t-1} 相乘来选择遗忘和保留一些信息，将记忆门的输出与从遗忘门选择后的信息相加得到新的细胞状态 C_t。这就表示 t 时刻的细胞状态 C_t 已经包含了此时需要丢弃的 $t-1$ 时刻传递的信息和 t 时刻从输入信号获取的需要新加入的信息 $i_t \times C_t'$。C_t 将继续传递到 $t+1$ 时刻的 LSTM 网络中，作为新的细胞状态传递下去。

3. 输出门

输出门与 tanh 函数以及按位乘操作共同作用将细胞状态和输入信号传递到输出端，如图 6-10 所示。

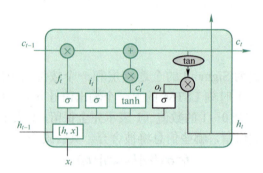

图 6-10 输出门与输出

输出门就是将 $t-1$ 时刻传递过来并经过前面遗忘门与记忆门选择后的细胞状态 C_{t-1}，与 $t-1$ 时刻的输出信号 h_{t-1} 和 t 时刻的输入信号 x_t 整合到一起，作为当前时刻的输出信号。公式为

$$o_t = \sigma(W_o[h_{t-1}, x_t] + b_o)$$

$$h_t = o_t \tanh(C_t)$$

x_t 和 h_{t-1} 经过一个输出门，输出门是激活函数为 Sigmoid 的全连接层，网络参数为 $W_o b_o$，输出一个 $0\sim 1$ 的数值 o_t。

C_t 经过 tanh 函数得到一个 $-1\sim 1$ 的数值，并与 o_t 相乘得到输出信号 h_t，同时 h_t 也作为下一时刻的输入信号传递到下一阶段。

6.3.2 文本生成：AI 诗人

可以让 AI 像诗人一样写作吗？如果可以，它能为剧中的每个角色写出有意义的文字吗？核心思想非常简单：以真实文本作为输入，并输入到即将训练的神经网络模型中，然后用训练好的模型来生成新文本，这些文本看起来像是作家所写的，具体步骤如下。

6.3.2
文本生成：AI 诗人

1. 导入数据

导入 TensorFlow 和其他相关库，下载文本数据集，代码如下。

In[1]:

```
import tensorflow as tf
import numpy as np
import os
import time

path_to_file = tf.keras.utils.get_file('shakespeare.txt', 'https://storage.googleapis.com/download.tensorflow.org/data/shakespeare.txt')
```

Out[1]:

Downloading data from https://storage.googleapis.com/download.tensorflow.org/data/shakespeare.txt
1122304/1115394 [==============================] - 0s 0us/step

首先查看文本长度与内容，代码如下。

In[2]:

```
text = open(path_to_file, 'rb').read().decode(encoding='utf-8')
# 文本长度是指文本中的字符个数
print ('Length of text: {} characters'.format(len(text)))
```

Out[2]:

Length of text: 1115394 characters

In[3]:

```
# 查看文本中的前 50 个字符
print(text[:50])
```

Out[3]:

First Citizen:
Before we proceed any further, hear me speak.

2. 处理文本

在训练之前需要将字符串映射到数字表示值。即创建两个对照表，一个用于将字符映射到数字，另一个用于将数字映射到字符，代码如下。

In[4]:

```
# 文本中的非重复字符
vocab = sorted(set(text))
# 创建从非重复字符到索引的映射
char2idx = {u:i for i, u in enumerate(vocab)}
idx2char = np.array(vocab)
text_as_int = np.array([char2idx[c] for c in text])
```

In[5]:

```
print ('{} unique characters'.format(len(vocab)))
```

Out[5]:

65 unique characters

每个字符都有一个对应的整数表示值。打印从 0 到 len(unique) 的索引映射字符，代码如下。

In[6]:

```
print('{')
for char,_ in zip(char2idx, range(20)):
    print('  {:4s}: {:3d},'.format(repr(char), char2idx[char]))
print('  ...\n}')
```

Out[6]:

```
{
  '\n':   0,
  ' ' :   1,
  '!' :   2,
  ...
  'A' :  13,
  'B' :  14,
  'C' :  15,
  ...
}
```

In[8]：

```
# 显示文本前 13 个字符的整数映射
print ('{} ---- characters mapped to int ---- > {}'.format(repr(text[:13]), text_as_int[:13]))
```

Out[8]：

```
'First Citizen' ---- characters mapped to int ---- > [18 47 56 57 58  1 15 47 58 47 64 43 52]
```

模型需要执行的任务是给定一个字符或者一个字符序列，预测下一个最可能出现的字符是什么。输入是字符序列形式的大量文本，训练任务是学习在给定先前字符序列的情况下如何预测下一个字符，即字符级语言模型。

3. 创建训练样本和目标

将文本划分为训练样本和训练目标。每个训练样本都包含从文本中选取的 seq_length 个字符。相应的目标也包含相同长度的文本，但是将所选的字符序列向右顺移一个字符。将文本拆分成文本块，每个块的长度为 seq_length+1 个字符。例如，假设 seq_length 为 4，文本为 "Hello"，则可以将 "Hell" 创建为训练样本，将 "ello" 创建为目标，代码如下。

In[9]：

```
# 设定每个输入句子长度的最大值
seq_length = 100
examples_per_epoch = len(text)//seq_length
# 创建训练样本/目标
char_dataset = tf.data.Dataset.from_tensor_slices(text_as_int)
for i in char_dataset.take(5):
    print(idx2char[i.numpy()])
```

Out[9]：

```
F
i
r
s
t
```

使用 batch 方法可以轻松将单个字符转换为所需长度的序列，代码如下。

In[10]：
```
sequences = char_dataset.batch(seq_length+1, drop_remainder=True)
for item in sequences.take(5):
    print(repr(''.join(idx2char[item.numpy()])))
```

Out[10]：

'First Citizen:\nBefore we proceed any further, hear me speak.\n\nAll:\nSpeak, speak.\n\nFirst Citizen:\nYou '
'are all resolved rather to die than to famish?\n\nAll:\nResolved. resolved.\n\nFirst Citizen:\nFirst, you k'
"now Caius Marcius is chief enemy to the people.\n\nAll:\nWe know't, we know't.\n\nFirst Citizen:\nLet us ki"
"ll him, and we'll have corn at our own price.\nIs't a verdict?\n\nAll:\nNo more talking on't; let it be d"
'one: away, away!\n\nSecond Citizen:\nOne word, good citizens.\n\nFirst Citizen:\nWe are accounted poor citi'

对于每个序列，使用 map 方法先复制再顺移，以创建输入文本和目标文本。map 方法可以将一个简单的函数应用到每一个批次（Batch）。打印第一批样本的输入与目标值，代码如下。

In[11]：
```
def split_input_target(chunk):
    input_text = chunk[:-1]
    target_text = chunk[1:]
    return input_text, target_text
dataset = sequences.map(split_input_target)
# 打印第一批样本的输入与目标值
for input_example, target_example in  dataset.take(1):
    print ('Input data: ', repr(''.join(idx2char[input_example.numpy()])))
    print ('Target data:', repr(''.join(idx2char[target_example.numpy()])))
```

Out[11]：

Input data: 'First Citizen:\nBefore we proceed any further, hear me speak.\n\nAll:\nSpeak, speak.\n\nFirst Citizen:\nYou '

Target data: 'irst Citizen:\nBefore we proceed any further, hear me speak.\n\nAll:\nSpeak, speak.\n\nFirst Citizen:\nYou '

4．创建训练批次

使用 tf.data 将文本拆分为可管理的序列，在把这些数据输送至模型之前，需要将数据重新排列（Shuffle）并打包为批次，代码如下。

In[12]：
```
# 批大小
BATCH_SIZE = 64
# 设定缓冲区大小，以重新排列数据集
# tf.data 可以处理无限序列，不会在内存中重新排列，它维持一个缓冲区，在缓冲区重新排列元素
BUFFER_SIZE = 10000
dataset = dataset.shuffle(BUFFER_SIZE).batch(BATCH_SIZE, drop_remainder=True)
dataset
```

Out[12]：

'First Citizen' ---- characters mapped to int ---- > [18 47 56 57 58 1 15 47 58 47 64 43 52]

5．构建模型

使用 tf.keras.Sequential 来定义模型，使用以下三个层来定义模型。

1）tf.keras.layers.Embedding：嵌入层（输入层）。一个可训练的对照表，它会将每个字符的

数字映射到具有 embedding_dim 个维度的高维度向量。

2）tf.keras.layers.LSTM：LSTM 层：一种层大小等于单位数（units = rnn_units）的 RNN。

3）tf.keras.layers.Dense：密集层（输出层），带有 vocab_size 个单元输出。

代码如下。

In[13]:
```
# 词集的长度
vocab_size = len(vocab)
# 嵌入的维度
embedding_dim = 256
# RNN 的单元数量
rnn_units = 1024
def build_model(vocab_size, embedding_dim, rnn_units, batch_size):
    model = tf.keras.Sequential([
      tf.keras.layers.Embedding(vocab_size, embedding_dim,
                                batch_input_shape=[batch_size, None]),
      tf.keras.layers.LSTM(128, dropout=0.5, return_sequences=True),
      # 第二个 LSTM 层，返回序列作为下一层的输入
      tf.keras.layers.LSTM(128, dropout=0.5, return_sequences=True),
      # 对每一个时间点的输出都做 SoftMax，预测下一个词的概率
      tf.keras.layers.Dense(vocab_size)
    ])
    return model
model = build_model(
    vocab_size = len(vocab),
    embedding_dim=embedding_dim,
    rnn_units=rnn_units,
    batch_size=BATCH_SIZE)
model.summary()
```

Out[13]:

Model: "sequential"

Layer (type)	Output Shape	Param #
embedding (Embedding)	(64, None, 256)	16640
lstm (LSTM)	(64, None, 128)	197120
lstm_1 (LSTM)	(64, None, 128)	131584
dense (Dense)	(64, None, 65)	8385

Total params: 353,729
Trainable params: 353,729
Non-trainable params: 0

6. 添加优化器和损失函数

使用标准的 tf.keras.losses.sparse_categorical_crossentropy 损失函数。因为模型返回逻辑回归，所以需要设定命令行参数 from_logits，代码如下。

In[14]:
```
def loss(labels, logits):
    return tf.keras.losses.sparse_categorical_crossentropy(labels, logits, from_logits=True)
model.compile(optimizer='adam', loss=loss)
```

7. 开始训练

为了使训练时间合理，使用 10 个周期来训练模型，代码如下。

In[15]:
```
# 检查点保存至的目录
checkpoint_dir = './training_checkpoints'
# 检查点的文件名
checkpoint_prefix = os.path.join(checkpoint_dir, "ckpt_{epoch}")
checkpoint_callback=tf.keras.callbacks.ModelCheckpoint(
    filepath=checkpoint_prefix,
    save_weights_only=True)
history = model.fit(dataset, epochs=10, callbacks=[checkpoint_callback])
```

Out[15]:
```
Epoch 1/10
172/172 [==============================] - 3s 18ms/step - loss: 3.2131
Epoch 2/10
172/172 [==============================] - 3s 18ms/step - loss: 2.4937
    ...
Epoch 10/10
172/172 [==============================] - 3s 18ms/step - loss: 1.9127
```

8. 生成文本

由于 RNN 状态从时间步长传递到时间步的方式，模型一旦构建就只接受固定大小的批次数据。要使用不同的 batch_size 运行模型，需要重建模型并从检查点恢复权重。

首先加载最新的检查点，代码如下。

In[16]:
```
tf.train.latest_checkpoint(checkpoint_dir)
model = build_model(vocab_size, embedding_dim, rnn_units, batch_size=1)
model.load_weights(tf.train.latest_checkpoint(checkpoint_dir))
model.build(tf.TensorShape([1, None]))
```

编写 def generate_text(model, start_string)函数，完成文本生成功能。设置起始字符串，初始化 RNN 状态并设置要生成的字符个数。用起始字符串和 RNN 状态，获取下一个字符的预测分布。然后用分类分布计算预测字符的索引，把这个预测字符当作模型的下一个输入。

模型返回的 RNN 状态被输送回模型。现在，模型有更多上下文可以学习，而非只有一个字符。在预测出下一个字符后，更改过的 RNN 状态被再次输送回模型。模型就是通过不断从前面预测的字符获得更多上下文进行学习。

为生成文本，模型的输出被输送回模型作为输入。查看生成的文本，会发现这个模型知道什么时候使用大写字母，什么时候分段，而且模仿出了作者的风格。由于训练的周期短，模型尚未学会生成连贯的句子。代码如下。

In[17]:
```
def generate_text(model, start_string):
```

```
# 评估步骤（用学习过的模型生成文本）

# 要生成的字符个数
num_generate = 1000

# 将起始字符串转换为数字（向量化）
input_eval = [char2idx[s] for s in start_string]
input_eval = tf.expand_dims(input_eval, 0)

# 空字符串用于存储结果
text_generated = []

temperature = 1.0

model.reset_states()
for i in range(num_generate):
    predictions = model(input_eval)
    predictions = tf.squeeze(predictions, 0)

    predictions = predictions / temperature
    predicted_id = tf.random.categorical(predictions, num_samples=1)[-1,0].numpy()

    input_eval = tf.expand_dims([predicted_id], 0)

    text_generated.append(idx2char[predicted_id])

return (start_string + ''.join(text_generated))
```

In[18]：
```
print(generate_text(model, start_string=u"ROMEO: "))
```

Out[18]：

ROMEO: their strong with crosshy
Call me so much in lost its hit but braw a barmness, and they can had no other.
Go fly, poor poor house, scend I oce
The honest may bears away to hear along with what?
If they dare smone to meet an inmastrit outly; the fairest friends he make been subjects.

虽然本模型中有些句子符合语法规则，但是大多数句子没有意义。这个模型尚未学习到单词的含义，但请考虑以下几点。

1）此模型是基于字符的。训练开始时，模型不知道如何拼写一个英文单词，甚至不知道单词是文本的一个单位。

2）输出文本的结构类似于剧本，文本块通常以角色名字开始，而且角色名字全部采用大写字母。

3）此模型由小批次（Batch）文本训练而成（每批 100 个字符）。此模型能生成更长的文本序列，并且结构连贯。若想改进结果，最简单的方式是将训练周期 EPOCHS 增加为 30。

4）可以测试使用不同的起始字符串，或者尝试增加另一个 RNN 层以提高模型的准确率。

拓展项目

清华大学实验室开发的作诗机器人"九歌"亮相央视黄金档节目《机智过人》。它与三位人类检验员一起作诗，由 48 位投票团成员判断哪首诗为机器人所做。结果"九歌"成功混淆视听，先后淘汰了北大的陈更与武大的李四维。

华为也推出了一款华为诺亚方舟实验室新推出的写诗 AI"乐府"，其不仅能写诗、作词，而且还能写藏头诗。

生成我国的古诗词与自由生成文本不同，通常需要满足内容和形式两个方面的要求。我国的古诗词有各种各样的形式，比如五律、七律、五绝、七绝，每一种都有相应的押韵、平仄、字数、对仗等规定；在内容方面，一首诗要围绕着一个主题展开，同时还要保证内容的连贯性，它的要求相对而言是比较复杂的。

本项目的任务要求是使用循环神经网络实现的古诗生成器，能够完成古体诗的自动生成，即实现一个 AI 诗人。

训练数据集可以使用 Chinese-Poetry，它是最全的中文诗歌古典文集数据库、最全的中华古典文集数据库，包含 5.5 万首唐诗、26 万首宋诗、2.1 万首宋词和其他古典文集。包括唐宋两朝近 1.4 万名诗人和两宋时期 1500 名词人。网站提供了用 JSON 格式保存的数据集，选择诗句内容提取出来保存在文件 poetry.txt 中，共 4 万首唐诗作为训练集。具体步骤如下。

1）文本预处理，需对 4 万首唐诗文件进行预处理。
2）生成数据集。
3）构建模型。
4）训练与测试模型。

项目 7　预测汽车油耗效率：TensorFlow.js 应用开发

项目描述

　　TensorFlow.js 是一个使用 JavaScript 进行机器学习开发的库，用于在浏览器和 Node.js 训练和部署机器学习模型。TensorFlow.js 支持使用 JavaScript 在浏览器端部署，也与微信小程序有很好的集成。TensorFlow.js 支持所有 Python 可以加载的模型，在 Node.js 环境中直接调用 API 即可使用，在浏览器环境中需要转换为浏览器支持的 JSON 格式。TensorFlow.js 提供了一系列预训练好的模型，包括图像识别、语音识别、人体姿态识别、物体识别、文字分类等。

　　本项目将通过预测汽车油耗效率、手写数字识别两个项目介绍使用 TensorFlow.js 进行 TensorFlow 模型的开发、训练和部署，让用户体验直接在浏览器加载 TensorFlow，通过本地 CPU 或者 GPU 资源进行所需的机器学习运算，灵活地进行各种 AI 应用的开发。

思维导图

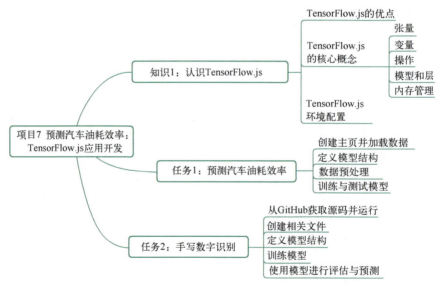

项目目标

1. **知识目标**
   - 了解 TensorFlow.js 的优点。
   - 了解 TensorFlow.js 的相关概念。
   - 掌握 TensorFlow.js 环境配置。

2. **技能目标**
   - 能通过 Layers API 创建模型。

- 能通过 Core API 创建模型。
- 能在浏览器中使用 TensorFlow.js。
- 能在 Node.js 中使用 TensorFlow.js。
- 能熟练使用 Node.js。
- 熟悉 TensorFlow.js 模型部署，开发相关 AI 应用。

7.1 认识 TensorFlow.js

TensorFlow.js 是 TensorFlow 的 JavaScript 版本，支持 GPU 硬件加速，可以运行在 Node.js 或浏览器环境中。它不但支持基于 JavaScript 从头开发、训练和部署模型，也可以用来运行已有的 Python 版 TensorFlow 模型，或者基于现有的模型进行继续训练。

7.1 认识 TensorFlow.js

7.1.1 TensorFlow.js 的优点

Google 针对浏览器、移动端、IoT 设备及大型生产环境均提供了相应的扩展解决方案，TensorFlow.js 就是 JavaScript 语言版本的扩展，在它的支持下，前端开发者就可以直接在浏览器环境中实现深度学习的功能。

在 2017 年，一个叫作 DeepLearn.js 的工程诞生了，这是一款基于 WebGL 加速的开放源代码 JavaScript 机器学习库，该库可以直接在浏览器中运行，而无须进行安装，也无须借助后端运行。

DeepLearn.js 不仅通过利用 WebGL 大幅提高了在 GPU 上执行计算的速度，同时还能够执行完整全面的反向传播。2018 年 3 月，DeepLearn.js 团队与 TensorFlow 团队合并，重命名为 TensorFlow.js。

浏览器环境在构建交互型应用方面有着天然优势，而端侧机器学习不仅可以分担部分云端的计算压力，也具有更好的隐私性，同时还可以借助 Node.js 在服务端继续使用 JavaScript 进行开发，这对于前端开发者而言非常友好。除了提供统一风格的术语和 API，TensorFlow 的不同扩展版本之间还可以通过迁移学习来实现模型的复用，或者在预训练模型的基础上定制自己的深度神经网络。

TensorFlow.js 架构如图 7-1 所示，在 TensorFlow.js 中可以使用底层 Core API 或最高级的 Layers API 在浏览器上开发模型，也能基于浏览器运行已训练好的模型。例如，在网页端训练一个模型来识别图片或语音，训练一个模型以新颖的方式玩游戏或构建一个能作曲的神经网络等。

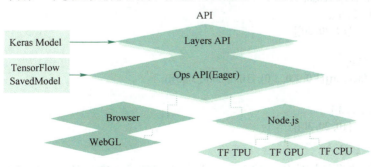

图 7-1　TensorFlow.js 架构

TensorFlow.js 支持 GPU 硬件加速。在 Node.js 环境中，如果有 CUDA 环境支持，或者在浏览器环境中有 WebGL 环境支持，那么 TensorFlow.js 可以使用硬件进行加速。

TensorFlow.js 还有如下优势。

1）TensorFlow.js 是开箱即用的开发库，开发者无须花精力去解决基础且复杂的数学问题。

2）由于可运行于浏览器，TensorFlow.js 减少了服务器的运算，提高了服务器资源利用效率，增强了客户端响应运算结果的速度。

3）使用语言是 JavaScript，前端工程师不需要学习其他后端语言，降低了入门门槛。

4）由于浏览器的 WebGL 可调用 GPU，所以 TensorFlow.js 会使用 GPU 加速模型的运算，提高运算效率。

5）Node 和 Python 一样都是使用 C++编写的环境，所以在 Node 环境下进行运算的速度目前与在 Python 环境下不相上下。

6）TensorFlow.js 的模型可以跟 Python 等其他语言模型进行互转。

7）浏览器可以很好地将机器训练过程可视化，同时浏览器可调用设备的摄像头、传声器等增加机器学习的应用场景，让机器学习更接近用户。

7.1.2 TensorFlow.js 的核心概念

TensorFlow.js 不仅可以提供低级的机器学习构建模块，还可以提供高级的模块类似 Keras 的 API 来构建神经网络。

7.1.2
TensorFlow.js 的核心概念—模型与内存管理

在 TensorFlow.js 中可以通过以下两种方式创建机器学习模型。

1）使用 Layers API（使用层构建模型）。

2）使用 Core API（借助低级运算，如 tf.matMul()、tf.add()等）。

TensorFlow.js 为机器学习提供低级构建模块，以及构建神经网络的高级 Keras Layers API。下面简要介绍一些核心组件。

1. 张量（Tensor）

TensorFlow.js 的中心数据单元是张量（Tensor），其是一维或多维数组。一个 Tensor 实例的 shape 属性定义了其数组形状。

Tensor 主要构造函数是 tf.tensor 函数，代码如下。

```
// 2×3 Tensor
const shape = [2, 3]; // 2 行, 3 列
const a = tf.tensor([1.0, 2.0, 3.0, 10.0, 20.0, 30.0], shape);
a.print(); // 打印 Tensor 值
// 输出[[1 , 2 , 3 ],
//      [10, 20, 30]]

// 推断其形状
const b = tf.tensor([[1.0, 2.0, 3.0], [10.0, 20.0, 30.0]]);
b.print();
// 输出[[1 , 2 , 3 ],
//      [10, 20, 30]]
```

2. 变量（Variable）

变量用张量的值进行初始化。然而，与张量不同的是，变量的值是可变的，用户可以使用

assign 方法为现有变量分配一个新的张量，代码如下。

```
const initialValues = tf.zeros([5]);
const biases = tf.variable(initialValues); // initialize biases
biases.print(); // 输出[0, 0, 0, 0, 0]

const updatedValues = tf.tensor1d([0, 1, 0, 1, 0]);
biases.assign(updatedValues); // 更新 biases 的值
biases.print(); // 输出[0, 1, 0, 1, 0]
```

3．操作（Ops）

Tensor 可以用于保存数据，而操作则可用于操作数据。TensorFlow.js 提供了多种适用于张量的线性代数和机器学习运算的操作。由于 Tensor 是不可改变的，这些操作不会改变它们的值，而会返回新的 Tensor。这些运算不仅包含 add、sub 和 mul 等二元运算，同时还包括 square 等一元运算，代码如下。

```
const e = tf.tensor2d([[1.0, 2.0], [3.0, 4.0]]);
const f = tf.tensor2d([[5.0, 6.0], [7.0, 7.0]]);

const e_plus_f = e.add(f);
e_plus_f.print();
// 输出[[6 , 8 ],
//      [10, 12]]

const d = tf.tensor2d([[1.0, 2.0], [3.0, 4.0]]);
const d_squared = d.square();
d_squared.print();
// 输出[[1, 4 ],
//      [9, 16]]
```

4．模型和层

在 TensorFlow.js 中有两种创建模型的方式：可以用高层 API（Layers API）来建立模型，也可以用 Core API 来搭建相同的模型。

Layers API 有两种方式创建模型：第一种是创建 Sequential 模型，另一种是创建 Functional 模型。

Sequential 模型将网络的每一层简单叠在一起。用户可以将需要的层按顺序写在一个列表里，然后将列表作为 sequential()函数的输入，代码如下。

```
const model = tf.sequential({
  layers: [
    tf.layers.dense({inputShape: [784], units: 32, activation: 'relu'}),
    tf.layers.dense({units: 10, activation: 'softmax'}),
  ]
});
```

也可以通过 tf.model()来创建 LayersModel，可以用 tf.model()来创建任何非闭环的计算图。使用 tf.model()API 建立和上文相同模型的例子如下。

```
// 用 apply()方法创建任意计算图
const input = tf.input({shape: [784]});
const dense1 = tf.layers.dense({units: 32, activation: 'relu'}).apply(input);
const dense2 = tf.layers.dense({units: 10, activation: 'softmax'}).apply(dense1);
```

```
const model = tf.model({inputs: input, outputs: dense2});
```

在每一层用 apply()将上一层的输出作为本层的输入。

不同于 Sequential Model 使用 inputShape 来定义第一层的输入，用 tf.input()创建的符号张量作为第一层的输入。

Layers API 提供了大量方便的工具，如权重初始化、模型序列化、训练监测、可迁移性和安全检查。当遇到如下情况时，可能会需要使用 Core API。

1）需要更多灵活性和控制。

2）不需要序列化或可以创造自己的序列化方法。

用 Core API 写的模型包含了一系列函数，这些函数以一个或多个张量作为输入，并输出另一个张量。可以用 Core API 来重写之前定义的模型，代码如下。

```
// 这两个 Dense 层的权重和偏差
const w1 = tf.variable(tf.randomNormal([784, 32]));
const b1 = tf.variable(tf.randomNormal([32]));
const w2 = tf.variable(tf.randomNormal([32, 10]));
const b2 = tf.variable(tf.randomNormal([10]));

function model(x) {
    return x.matMul(w1).add(b1).relu().matMul(w2).add(b2).softmax();
}
```

5．内存管理

因为 TensorFlow.js 使用了 GPU 来加速数学运算，因此当 TensorFlow 处理张量和变量时就有必要来管理 GPU 内存。在 TensorFlow.js 中，可以通过 dispose 和 tf.tidy 这两种方法来管理内存。

可以在张量或变量上调用 dispose 来清除它并释放其 GPU 内存，代码如下。

```
const x = tf.tensor2d([[0.0, 2.0], [4.0, 6.0]]);
const x_squared = x.square();
x.dispose();
x_squared.dispose();
```

进行大量的张量操作时使用 dispose 可能会很麻烦。TensorFlow.js 提供了另一个函数 tf.tidy，它对 JavaScript 中的常规范围起到类似的作用，不同的是它针对的是 GPU 支持的张量。

tf.tidy 执行一个函数并清除所有创建的中间张量，释放它们的 GPU 内存，但其不会清除内部函数的返回值，代码如下。

```
const average = tf.tidy(() => {
    const y = tf.tensor1d([1.0, 2.0, 3.0, 4.0]);
    const z = tf.ones([4]);

    return y.sub(z).square().mean();
});

average.print()
```

使用 tf.tidy 将有助于防止应用程序中的内存泄露。它也可以用来更谨慎地控制内存何时回收。

7.1.3 TensorFlow.js 环境配置

JavaScript 项目中有两种主要的方式来获取 TensorFlow.js：通过脚本标签（Script tags）或从

YARN（或者 NPM）安装并使用 Parcel、Webpack 或 Rollup 等工具构建工程。如果用户是 Web 开发新手，或者从未听说过诸如 Webpack 或 Parcel 的工具，建议用户使用脚本代码。如果用户比较有经验或想编写更大的程序，则可以使用构建工具进行探索。

1．使用 Script tags

在浏览器中加载 TensorFlow.js，最方便的办法是在 HTML 中直接引用 TensorFlow.js 发布的 NPM 包已经打包安装好的 JavaScript 代码，代码如下。

```
<script src="https://cdn.jsdelivr.net/npm/@TensorFlow/tfjs@2.0.0/dist/tf.min.js"></script>
```

将下面的代码添加到 HTML 文件中，在浏览器中打开该 HTML 文件。

```html
<html>
  <head>
    <!-- Load TensorFlow.js -->
    <script src="https://cdn.jsdelivr.net/npm/@TensorFlow/tfjs@2.0.0/dist/tf.min.js"></script>

    <!-- Place your code in the script tag below. You can also use an external .js file -->
    <script>
      // 注意这里没有导入语句。因为上面的脚本标签，所以在索引页面上有 "tf"
      // because of the script tag above.
      console.log(tf.version.tfjs);
      const a = tf.tensor([[1, 2], [3, 4]]);
      console.log('shape:', a.shape);
      a.print();
    </script>
  </head>
  <body>
  </body>
</html>
```

使用〈F12〉打开开发人员工具，可以方便地调试用户自己的代码。可随时在任何网页上使用〈F12〉工具，从而快速调试 JavaScript、HTML 和级联样式表（CSS），还可以跟踪并查明网页或网络的性能问题。网页运行结果如图 7-2 所示。

图 7-2　网页运行结果

2．通过 Parcel 打包执行

服务器端使用 JavaScript，首先需要按照 NodeJS.org 官网的说明，完成最新版本 Node.js 的安装，步骤如下。

1）建立 TensorFlow.js 项目目录。

2）初始化项目管理文件 package.json，代码如下。

```
$ yarn init
yarn init v1.22.5
question name (test):
question version (1.0.0):
question description: TensorFlow.js test
question entry point (index.js):
question repository url: index.html
question author:
question license (MIT):
question private:
success Saved package.json
Done in 47.23s.
```

3）在目录下创建两个文件，index.html 和 index.js。在 index.html 中通过 script 标签引入 index.js 就可以了，在 index.js 中写一段简单的测试代码。index.html 代码如下。

```html
<html>
  <body>
    <h4>TFJS example<hr/></h4>
    <div id="micro-out-div">TensorFlow.js Test</div>
    <script src="./index.js"> </script>
  </body>
</html>
```

index.js 代码如下。

```js
import * as tf from '@TensorFlow/tfjs'
console.log(tf.version.tfjs)
const shape = [2, 3]; // 2 行, 3 列
const a = tf.tensor([1.0, 2.0, 3.0, 10.0, 20.0, 30.0], shape);
a.print(); // 打印 Tensor 值
```

4）修改 package.json 配置文件。如果参与 JavaScript 项目，则肯定使用过 package.json 文件。package.json 文件是项目的清单，它可以做很多事情。例如，它是工具的配置中心，它也是 NPM 和 YARN 存储所有已安装软件包名称和版本的地方。开发依赖是指在项目的开发阶段需要依赖、线上运营阶段不需要依赖的第三方包，如测试的软件包、webpack 或 Babel，代码如下。

```json
{
  "name": "test",
  "version": "1.0.0",
  "description": "TensorFlow.js test",
  "main": "index.js",
  "repository": "index.html",
  "license": "MIT",
  "engines": {
     "node": ">=7.9.0"
  },
  "dependencies": {
     "@TensorFlow/tfjs": "2.0.0"
  },
  "scripts": {
    "watch": "cross-env NODE_ENV=development parcel index.html --no-hmr --open",
    "build": "cross-env NODE_ENV=production parcel build index.html --no-minify --public-url ./",
    "link-local": "yalc link"
```

```
    },
    "devDependencies": {
      "@babel/core": "^7.0.0-0",
      "@babel/plugin-transform-runtime": "^7.1.0",
      "babel-preset-env": "~1.6.1",
      "clang-format": "~1.2.2",
      "cross-env": "^5.1.6",
      "parcel-bundler": "~1.12.5",
      "yalc": "~1.0.0-pre.22"
    }
  }
```

5）安装依赖。运行 YARN 安装依赖，代码如下。

```
$  yarn
yarn install v1.22.5
info No lockfile found.
[1/5] Validating package.json...
[2/5] Resolving packages...
warning babel-preset-env > browserslist@2.11.3: Browserslist 2 could fail on reading Browserslist >3.0 config used in other tools.
[3/5] Fetching packages...
info fsevents@1.2.13: The platform "win32" is incompatible with this module.
info "fsevents@1.2.13" is an optional dependency and failed compatibility check. Excluding it from installation.
[4/5] Linking dependencies...
warning "@TensorFlow/tfjs > @TensorFlow/tfjs-data@2.0.0" has unmet peer dependency "seedrandom@~2.4.3".
[5/5] Building fresh packages...
success Saved lockfile.
Done in 194.90s.
```

6）运行查看结果。执行 yarn watch 来启动开发服务器，代码如下。

```
$  yarn watch
yarn run v1.22.5
$ cross-env NODE_ENV=development parcel index.html --no-hmr --open
Server running at http://localhost:1234
√   Built in 15.67s.
```

接着在浏览器中打开该网址，运行结果如图 7-3 所示。

图 7-3　运行结果

7.2　任务 1：预测汽车油耗效率

这个任务是简单的线性回归的实验，用来预测汽车的油耗效率 MPG，将使用一个小数据集和一个简单的模型，帮助读者熟悉使用 TensorFlow.js 进行训练模型的基本流程、概念和语法。

首先创建一个使用 TensorFlow.js 在浏览器中训练模型的网页，然后给定汽车的功率（Horsepower），使用模型预测汽车油耗（MPG），具体流程如下。

- 加载数据并准备进行训练。
- 定义模型结构。
- 训练模型，并监视其性能。
- 评估模型。

7.2
任务1：预测汽车油耗效率-1

7.2
任务1：预测汽车油耗效率-2

7.2.1 创建主页并加载数据

建立一个 HTML 文件，在头信息中，通过将 NPM 模块转换为在线可以引用的免费服务 cdn.jsdelivr.net，来加载 @TensorFlow/tfjs 和 @TensorFlow/tfjs-vis 两个 TFJS 模块。tfjs-vis 是 TensorFlow.js 进行浏览器可视化的一组实用工具库。HTML 文件名为 index.html，代码如下。

```
<!DOCTYPE html>
<html>
<head>
  <title>TensorFlow.js Tutorial</title>
  <!-- Import TensorFlow.js -->
  <script src="https://cdn.jsdelivr.net/npm/@TensorFlow/tfjs@2.0.0/dist/tf.min.js"></script>
  <!-- Import tfjs-vis -->
  <script src="https://cdn.jsdelivr.net/npm/@TensorFlow/tfjs-vis@1.0.2/dist/tfjs-vis.umd.min.js"></script>
  <!-- Import the main script file -->
  <script src="index.js"></script>

</head>
<body>
</body>
</html>
```

在与上面的 HTML 文件相同的文件夹中，创建一个名为 index.js 的文件，并将以下代码放入其中。

```
async function getData() {
    const carsDataResponse = await fetch('https://storage.googleapis.com/tfjs-tutorials/carsData.json');
    const carsData = await carsDataResponse.json();
    const cleaned = carsData.map(car => ({
        mpg: car.Miles_per_Gallon,
        horsepower: car.Horsepower,
    }))
    .filter(car => (car.mpg != null && car.horsepower != null));

    return cleaned;
}

async function run() {
    // 加载并绘制将要进行训练的原始输入数据
    const data = await getData();
    const values = data.map(d => ({
        x: d.horsepower,
        y: d.mpg,
```

```
      }));
      tfvis.render.scatterplot(
        {name: 'Horsepower v MPG'},
        {values},
        {
          xLabel: 'Horsepower',
          yLabel: 'MPG',
          height: 300
        }
      );
      // 添加更多代码
    }
    document.addEventListener('DOMContentLoaded', run);
```

首先需要加载数据,并对要用于训练模型的数据进行格式化(预处理)和可视化。从服务端获取 JSON 文件中加载数据集。数据集中包含了每辆给定汽车的许多特性,如 MPG(油耗)、Cylinders(气缸数量)、Displacement(排气量)、Weight(车重)。然后提取有关 Horsepower 和 MPG 的数据作为训练数据,代码如下。

```
{
    "Name": "chevrolet chevelle malibu",
    "Miles_per_Gallon": 18,
    "Cylinders": 8,
    "Displacement": 307,
    "Horsepower": 130,
    "Weight_in_lbs": 3504,
    "Acceleration": 12,
    "Year": "1970-01-01",
    "Origin": "USA"
},
```

run()是项目的主函数,后面的功能将陆续添加在这里。通过 map 来获得将要进行训练的特性,通过 tfvis 将数据绘制成散点图,如图 7-4 所示。

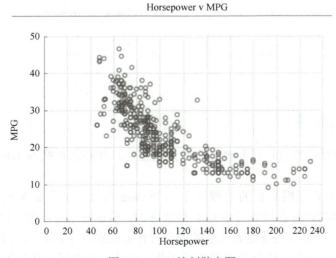

图 7-4　tfvis 绘制散点图

为了避免阻塞整个程序的执行，可能耗时的函数应当尽量使用异步方式，也就是 function getData()关键字之前的 async。

7.2.2 定义模型结构

TensorFlow.js 有两种创建模型的方式，一种是 tf.sequential()，另一种是 tf.model()，tf.sequential()是一个线性堆叠 Layers 的模型，而 tf.model()定义的神经元网络层与层之间的关系较为随意。TensorFlow.js 完整模仿了 Keras 的模型定义方式，模型定义代码如下。

```
function createModel() {
    // 创建 Sequential 模型
    const model = tf.sequential();
    // 添加输入层
    model.add(tf.layers.dense({inputShape: [1], units: 1, useBias: true}));
    // 添加输出层
    model.add(tf.layers.dense({units: 1, useBias: true}));
    return model;
}
```

因为数据比较简单，所以使用了两层全连接神经网络。只有功耗这一个输入值，所以输入的张量形状是[1]，输出的神经元数量也为 1（油耗）。useBias 是神经元权重计算中的偏置量，可以不用显式设为 True。

首先实例化一个 tf.sequential 对象，然后调用 add 方法为网络添加一个输入层，该输入层将自动连接到具有一个隐藏单元的 Dense 层。inputShape 形状为[1]，因为有 1 个数字作为输入（即给定汽车的功率）。最后再添加一个输出 Dense 层，units 为 1（即输出为一个数字，油耗）。

模型定义完成后，需要在 run()函数中添加调用，并调用可视化工具提供的 modelSummary 方法，将模型在浏览器中显示，代码如下。模型各层的参数状况如图 7-5 所示。

```
// 创建模型
const model = createModel();
tfvis.show.modelSummary({name: 'Model Summary'}, model);
```

Model Summary

Layer Name	Output Shape	# Of Params	Trainable
dense_Dense1	[batch,1]	2	true
dense_Dense2	[batch,1]	2	true

图 7-5 模型各层的参数状况

7.2.3 数据预处理

在数据载入的时候需要进行预处理，将数据规范化，并将其转换为 TensorFlow 处理起来更高效的张量类型。

JavaScript 语言在大规模数据的处理上不如 Python 高效，其中最突出的问题是内存的回收。用户对于浏览器的内存占用本身也是非常敏感的。TensorFlow.js 为了解决这个问题，专门提供了 tf.tidy()函数。使用方法是把大规模的内存操作放置在这个函数的回调中执行，函数调用完成后，tf.tidy()得到控制权，进行内存的清理工作，防止内存泄露，代码如下。

```
function convertToTensor(data) {
  // 使用 tf.tidy 执行一个函数并清除该函数中间过程创建的 tensor

  return tf.tidy(() => {
    // 打乱数据集
    tf.util.shuffle(data);

    // 转换为张量
    const inputs = data.map(d => d.horsepower);
    const labels = data.map(d => d.mpg);

    const inputTensor = tf.tensor2d(inputs, [inputs.length, 1]);
    const labelTensor = tf.tensor2d(labels, [labels.length, 1]);

    // 数据做归一化操作（让输入、输出映射到 0～1）
    const inputMax = inputTensor.max();
    const inputMin = inputTensor.min();
    const labelMax = labelTensor.max();
    const labelMin = labelTensor.min();

    const normalizedInputs = inputTensor.sub(inputMin).div(inputMax.sub(inputMin));
    const normalizedLabels = labelTensor.sub(labelMin).div(labelMax.sub(labelMin));

    return {
      inputs: normalizedInputs,
      labels: normalizedLabels,
      // 返回数据
      inputMax,
      inputMin,
      labelMax,
      labelMin,
    }
  });
}
```

convertToTensor 函数首先使用 tf.util.shuffle 方法打乱数据集中数据顺序，创建特征向量 inputTensor 与标签向量 labelTensor，将原始数据转变为 TensorFlow 可读的张量格式。最后对输入和输出的数据做归一化操作（让输入和输出映射到 0～1），保证后期更有效地训练。

7.2.4　训练与测试模型

训练和测试的代码与 TensorFlow 非常类似，用 model.fit() 做训练，用 model.predict() 做预测。模型训练的过程和结果可以使用 TensorFlow-vis 图表工具可视化出来，显示在浏览器中。其中训练部分使用回调函数，目的是能够动态地显示训练的过程。代码如下。

```
async function trainModel(model, inputs, labels) {
  // 准备好要训练的模型
  model.compile({
    optimizer: tf.train.adam(),
    loss: tf.losses.meanSquaredError,
    metrics: ['mse'],
```

```
    });

    const batchSize = 32;
    const epochs = 50;

    return await model.fit(inputs, labels, {
      batchSize,
      epochs,
      shuffle: true,
      callbacks: tfvis.show.fitCallbacks(
        { name: 'Training Performance' },
        ['loss', 'mse'],
        { height: 200, callbacks: ['onEpochEnd'] }
      )
    });
  }
```

模型优化算法使用 adam，使用均方差作为判断训练结果的参数。训练模型采用分批采样训练，一次采样 32 条（batchSize）训练数据，遍历所有样本 50 次（epochs），shuffle 设置为 True，表示打乱数据集。最后设置了 callback，可以在每一个训练周期显示训练情况。

在 run() 函数添加训练代码如下，运行后结果如图 7-6 所示。

```
// 将数据转换为可用于训练的表单
const tensorData = convertToTensor(data);
const {inputs, labels} = tensorData;
// 训练模型
await trainModel(model, inputs, labels);
console.log('Done Training');
```

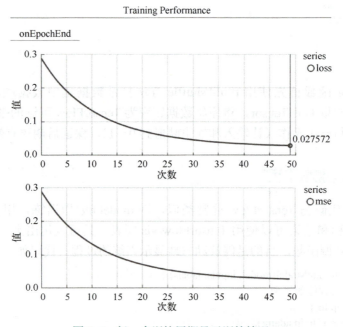

图 7-6　每一个训练周期显示训练情况

训练完成后,调用 testModel()函数来预测油耗,代码如下。

```javascript
function testModel(model, inputData, normalizationData) {
  const {inputMax, inputMin, labelMin, labelMax} = normalizationData;

  // 使用 tf.linspace 生成随机数据用于进行预测,创建值为 0~1 且平均分配的 100 个数
  // 为了将数据恢复到原始范围(而不是 0~1),我们使用规范化时计算的值,但只需反转操作
  const [xs, preds] = tf.tidy(() => {

    const xs = tf.linspace(0, 1, 100);
    const preds = model.predict(xs.reshape([100, 1]));

    const unNormXs = xs
      .mul(inputMax.sub(inputMin))
      .add(inputMin);

    const unNormPreds = preds
      .mul(labelMax.sub(labelMin))
      .add(labelMin);

    // 非规范化数据
    return [unNormXs.dataSync(), unNormPreds.dataSync()];
  });

  const predictedPoints = Array.from(xs).map((val, i) => {
    return {x: val, y: preds[i]}
  });

  const originalPoints = inputData.map(d => ({
    x: d.horsepower, y: d.mpg,
  }));

    tfvis.render.scatterplot(
    {name: 'Model Predictions vs Original Data'},
    {values: [originalPoints, predictedPoints], series: ['original', 'predicted']},
    {
      xLabel: 'Horsepower',
      yLabel: 'MPG',
      height: 300
    }
  );
}
```

调用 tf.linspace()方法创建在 0~1 平均分配的 100 个值,然后调用 predict()方法预测。在 run()函数添加以下调用代码,运行后结果如图 7-7 所示。

```javascript
testModel(model, data, tensorData);
```

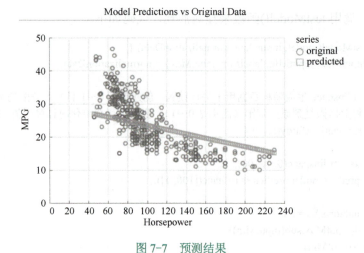

图 7-7　预测结果

7.3　任务 2：手写数字识别

下面使用 CNN 构建一个 TensorFlow.js 模型来识别手写数字。首先训练分类器，让它查看数千个图像以及其标签，然后使用模型从未见过的测试数据来评估分类器的准确性。

7.3
任务 2：手写数字识别-1

7.3.1　从 GitHub 获取源码并运行

TensorFlow.js 在其示例官网 https://github.com/TensorFlow/tfjs-examples 中已经公开了许多例子，MNIST 项目目录如图 7-8 所示。

7.3
任务 2：手写数字识别-2

图 7-8　MNIST 项目目录

从 GitHub 克隆项目代码，以获取项目所需的 HTML、JS 文件和配置文件的副本，代码如下。

```
$ git clone https://github.com/TensorFlow/tfjs-examples.git
$ cd tfjs-examples/ mnist
```

图 7-8 的项目中包含三类文件。第一类是 HTML 文件，文件主要包含页面的基本结构，将其命名为 index.html，它包含一些 div 标签、一些 UI 元素以及一个源标签，以 JavaScript 代码插入文件，如 index.js。

第二类是 JavaScript 代码，代码通常分为几个文件，以提供良好的可读性。用于更新可视化元素的代码位于 ui.js 中，而用于下载数据的代码位于 data.js 中。

第三类重要文件是软件包配置文件 package.json，这是 NPM 软件包管理器。如果用户以前从未使用过 NPM 或 YARN，建议在 https://docs.npmjs.com/getting-started/what-is-npm 上浏览 NPM "入门"文档，并逐渐熟悉以便能够构建并运行示例代码。下面将使用 YARN 作为包管理器。

在 mnist 代码目录中包含以下文件。

1）index.html：HTML 根文件，提供 DOM 根并调用 JS 脚本。
2）index.js：根文件，用于加载数据、定义模型、训练循环并指定 UI 元素。
3）data.js：实现下载和访问 MNIST 数据集。
4）ui.js：用于更新可视化元素。
5）package.json：软件包配置文件，描述了构建和运行此示例所需的依赖项。

使用 yarn 命令构建，运行 MNIST 代码如下。

```
$ yarn
$ yarn watch
```

本项目将使用脚本代码实现相关功能。

7.3.2 创建相关文件

在同一目录下创建 index.html 文件、index.js 文件，复制 tfjs-examples/mnist 目录下 data.js 文件。index.html 文件代码如下。

```html
<!DOCTYPE html>
<html>
<head>
    <meta charset="utf-8">
    <meta http-equiv="X-UA-Compatible" content="IE=edge">
    <meta name="viewport" content="width=device-width, initial-scale=1.0">
    <title>TensorFlow.js Tutorial</title>

    <!-- Import TensorFlow.js -->
    <script src="https://cdn.jsdelivr.net/npm/@TensorFlow/tfjs@1.0.0/dist/tf.min.js"></script>
    <!-- Import tfjs-vis -->
    <script src="https://cdn.jsdelivr.net/npm/@TensorFlow/tfjs-vis@1.0.2/dist/tfjs-vis.umd.min.js"></script>

    <!-- Import the data file -->
    <script src="data.js" type="module"></script>

    <!-- Import the main script file -->
    <script src="index.js" type="module"></script>
```

```
</head>
<body>
</body>
</html>
```

data.js 实现了数据预处理，其功能与 Python 代码类似。其中包含了 MnistData 类，从 MNIST 数据集中随机批量提取 MNIST 图像。

MnistData 将整个数据集分为训练数据和测试数据。在训练模型时，分类器将使用训练集进行训练。在评估模型时，使用测试集中的数据以检查模型对新数据的泛化情况。

MnistData 有两个 public 方法：nextTrainBatch（batchSize）从训练集中返回一批随机图像及其标签；nextTestBatch（batchSize）从测试集中返回一批图像及其标签。

在训练 MNIST 分类器时，为了模型的预测不受图像顺序的影响，随机打乱数据集是非常重要的。例如，如果先将所有 1 位数字提供给模型，那么在此阶段的训练中，模型可能学会简单地预测 1。如果只给模型提供 2，它可能会简单地转换到仅预测 2，并且从不预测 1。

在 index.js 文件中添加一下代码加载数据集并显示 20 张图片，代码如下，结果如图 7-9 所示。

```javascript
import {MnistData} from './data.js';

async function showExamples(data) {
  // 创建容器
  const surface =
    tfvis.visor().surface({ name: 'Input Data Examples', tab: 'Input Data'});

  // 读取 20 张图片
  const examples = data.nextTestBatch(20);
  const numExamples = examples.xs.shape[0];

  // 显示每张图片
  for (let i = 0; i < numExamples; i++) {
    const imageTensor = tf.tidy(() => {
      // 将图片转为 28×28 像素
      return examples.xs
        .slice([i, 0], [1, examples.xs.shape[1]])
        .reshape([28, 28, 1]);
    });

    const canvas = document.createElement('canvas');
    canvas.width = 28;
    canvas.height = 28;
    canvas.style = 'margin: 4px;';
    await tf.browser.toPixels(imageTensor, canvas);
    surface.drawArea.appendChild(canvas);

    imageTensor.dispose();
  }
}

async function run() {
  const data = new MnistData();
```

```
    await data.load();
    await showExamples(data);
}

document.addEventListener('DOMContentLoaded', run);
```

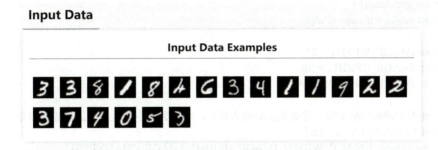

图 7-9　显示 20 张图片

构建一个本地服务器来解决跨域问题，如使用 Chrome Web 服务器（Web Server for Chrome），如图 7-10 所示。否则 Chrome Web 服务器跨域加载本地文件错误，出现的错误如下。

Access to script at 'file:///E:/mnist/data.js' from origin 'null' has been blocked by CORS policy: Cross origin requests are only supported for protocol schemes: http, data, chrome, chrome-extension, chrome-untrusted, https.

图 7-10　Chrome Web 服务器

7.3.3　定义模型结构

现在已经知道 MNIST 数据集的神经网络采用什么样的输入，以及它应该生成什么样的输出。神经网络的输入张量形状为[null，28，28，1]，输出张量形状为[null，10]，其中第二维度对应十个可能的数字。下面将定义一个卷积图像分类模型，使用 Sequential 模型，其中张量将连续地从一层传递到下一层。

在 index.js 文件中添加以下代码。

```
function getModel() {
  const model = tf.sequential();

  const IMAGE_WIDTH = 28;
  const IMAGE_HEIGHT = 28;
  const IMAGE_CHANNELS = 1;

  // 在卷积神经网络的第一层必须指定输入形状，然后为发生在这一层的卷积操作指定一些参数
  model.add(tf.layers.conv2d({
    inputShape: [IMAGE_WIDTH, IMAGE_HEIGHT, IMAGE_CHANNELS],
    kernelSize: 5,
    filters: 8,
    strides: 1,
    activation: 'relu',
    kernelInitializer: 'varianceScaling'
  }));

  model.add(tf.layers.maxPooling2d({poolSize: [2, 2], strides: [2, 2]}));

  model.add(tf.layers.conv2d({
    kernelSize: 5,
    filters: 16,
    strides: 1,
    activation: 'relu',
    kernelInitializer: 'varianceScaling'
  }));
  model.add(tf.layers.maxPooling2d({poolSize: [2, 2], strides: [2, 2]}));

  model.add(tf.layers.flatten());

  const NUM_OUTPUT_CLASSES = 10;
  model.add(tf.layers.dense({
    units: NUM_OUTPUT_CLASSES,
    kernelInitializer: 'varianceScaling',
    activation: 'softmax'
  }));

  const optimizer = tf.train.adam();
  model.compile({
    optimizer: optimizer,
    loss: 'categoricalCrossentropy',
    metrics: ['accuracy'],
  });

  return model;
}
```

首先用 tf.sequential 实例化 Sequential 模型，然后为它添加层。

（1）添加第一层

第一层是一个二维卷积层。卷积在图像上滑动滤波器窗口以学习空间不变的变换，即图像不同部分的图案或目标将以相同方式处理。

使用 tf.layers.conv2d 来创建二维卷积层，它接收一个定义层结构的配置对象作为输入，代码如下。

```
model.add(tf.layers.conv2d({
    inputShape: [28, 28, 1],
    kernelSize: 5,
    filters: 8,
    strides: 1,
    activation: 'relu',
    kernelInitializer: 'VarianceScaling'
}));
```

配置对象中的参数说明如下。

1）inputShape：流入模型第一层数据的形状。MNIST 样本是 28×28 像素的黑白图片。图片数据的规范格式是[row,column,depth]，所以形状是[28,28,1]。

2）kernelSize：应用于输入数据的滑动卷积滤波器窗口的大小。设置 kernelSize 为 5，表示一个 5×5 的正方形卷积窗口。

3）filters：应用于输入数据，大小为 kernelSize 的滤波器窗口的数量。

4）strides：滑动窗口的步长，即每次在图片上移动时，滤波器将移动多少个像素。指定步长为 1，这意味着过滤器将以 1 像素为单位滑过图片。

5）activation：卷积完成后应用于数据的激活函数，设置为 ReLU 函数。

6）kernelInitializer：用于随机初始化模型权重的方法。

（2）添加第二层

为模型添加第二层：最大池化层，使用 tf.layers.maxPooling2d 创建它，该层将通过计算每个滑动窗口的最大值来缩减卷积结果的大小，代码如下。

```
model.add(tf.layers.maxPooling2d({
    poolSize: [2, 2],
    strides: [2, 2]
}));
```

参数说明如下。

1）poolSize：应用于输入数据的滑动窗口大小。设置 poolSize 为[2,2]，池化层将对输入数据应用 2×2 窗口。

2）Stride：滑动窗口的步长。

由于 poolSize 和 strides 都是 2×2，所以池窗口将完全不重叠。这意味着池化层会将前一层激活图的大小减半。

（3）添加剩余层

重复使用层结构是神经网络中的常见模式。在模型中添加第二个卷积层，并在其后添加池化层。在第二个卷积层中，将滤波器数量从 8 增加到 16。没有指定 inputShape，因为它可以从前一层的输出形状中推断出来。

接下来添加一个 Flatten 层，将前一层的输出平铺到一个向量中。

最后添加一个 Dense 层，它将执行最终的分类。在 Dense 层前先对"卷积层+池化层"的输出执行 Flatten 也是神经网络中的另一种常见模式。

（4）定义优化器

使用自适应矩估计（Adam）优化器，Adam 算法是一种对随机目标函数执行一阶梯度优化的算法，该算法基于适应性低阶矩估计。

（5）编译模型

编译模型时需要传入一个由优化器、损失函数和一系列评估指标组成的配置对象。损失函数使用常用于优化分类任务的交叉熵（categorical_crossentropy）。Categorical_crossentropy 度量模型的最后一层产生的概率分布与标签给出的概率分布之间的误差，这个分布在正确的类标签中为 1（100%）。

对于评估指标将使用准确度，该准确度可以衡量所有预测中正确预测的百分比。

模型各层的参数状况如图 7-11 所示。

输入数据	模型		
建筑学模型			
层名	输出形状	参数	可训练
conv2d_Conv2D1	[batch,24,24,8]	208	true
max_pooling2d_MaxPooling2D1	[batch,12,12,8]	0	true
conv2d_Conv2D2	[batch,8,8,16]	3,216	true
max_pooling2d_MaxPooling2D2	[batch,4,4,16]	0	true
flatten_Flatten1	[batch,256]	0	true
dense_Dense1	[batch,10]	2,570	true

图 7-11 模型各层的参数

7.3.4 训练模型

现在已经成功地定义了模型的拓扑结构，下一步就是训练并评估训练的结果。在 index.js 文件中添加以下代码。

```
async function train(model, data) {
    const metrics = ['loss', 'val_loss', 'acc', 'val_acc'];
    const container = {
        name: 'Model Training', tab: 'Model', styles: { height: '1000px' }
    };
    const fitCallbacks = tfvis.show.fitCallbacks(container, metrics);

    const BATCH_SIZE = 512;
    const TRAIN_DATA_SIZE = 5500;
    const TEST_DATA_SIZE = 1000;

    const [trainXs, trainYs] = tf.tidy(() => {
        const d = data.nextTrainBatch(TRAIN_DATA_SIZE);
```

```
          return [
              d.xs.reshape([TRAIN_DATA_SIZE, 28, 28, 1]),
              d.labels
          ];
      });

      const [testXs, testYs] = tf.tidy(() => {
          const d = data.nextTestBatch(TEST_DATA_SIZE);
          return [
              d.xs.reshape([TEST_DATA_SIZE, 28, 28, 1]),
              d.labels
          ];
      });

      return model.fit(trainXs, trainYs, {
          batchSize: BATCH_SIZE,
          validationData: [testXs, testYs],
          epochs: 10,
          shuffle: true,
          callbacks: fitCallbacks
      });
  }
```

开始训练前先定义需要监视的指标，['loss', 'val_loss', 'acc', 'val_acc']分别表示训练集的准确度和损失值以及验证集的准确度和损失值。验证集的最大作用是方便用户了解模型效率、调试超参数。

trainXs 是训练集，将用这个训练集训练模型，testXs 是验证集，在每个时期结束时对模型进行测试，在训练过程中，验证集中的数据永远不能用于训练。

数据集需要调整为模型期望的形状，调整后的形状为[num_examples，image_width，image_height，channels]，然后再将它们输入模型。对于每个数据集，都有输入（Xs）和标签（Ys）。

model.fit 调用指定 BATCH_SIZE 设置为 512，每次批量处理 512 张图片，MNIST 数据集中单张图片的维度为[28,28,1]，意味数据的实际形状是[512,28,28,1]。

一般而言，使用较大的批次与使用较小的批次相比，其好处是它对模型的权重产生了更一致且变化较小的渐变更新。在优化过程中，只能在对多个样本中的梯度进行平均后更新内部参数。这有助于避免因错误的样本（如错误标记的数字）而改向错误的方向。但批次越大，训练期间就需要更多的内存。在给定相同数量训练数据的情况下，较大的批次大小会导致每个时期的梯度更新数量较少。如果使用较大的批次，请确保相应地增加 Epochs，以免在训练过程中无意地减少了权重更新的次数。

model.fit 设置验证集 validationData 为[testXs, testYs]。在训练期间需要验证损失和准确性，了解模型是否以及何时过度拟合。

model.fit 是异步函数，因此如果后续操作依赖于 fit 调用的完成，则需要对其使用 await。需要在模型训练后使用测试数据集对模型执行评估。

在 index.js 文件 run 函数中添加以下代码。

```
      const model = getModel();
      tfvis.show.modelSummary({name: 'Model Architecture', tab: 'Model'}, model);
```

await train(model, data);

图 7-12 是准确率和损失曲线，执行 10 个周期，每个周期由大约 110 批次组成。训练集和验证集的值由不同的颜色符号显示。经过 10 个阶段的训练，最终得到的评价准确率为 95.0%。

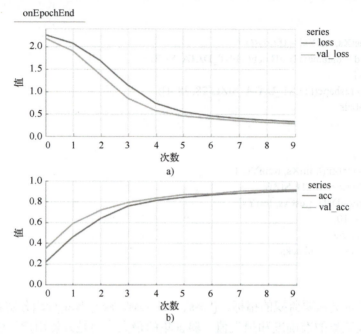

图 7-12　准确率（acc）和损失（loss）曲线
a）损失曲线　b）准确率曲线

7.3.5　使用模型进行评估与预测

现在已经有一个训练有素的模型。如何评估它的性能以及使用它来对手写数字的图像进行真正的分类？

评估性能代码如下，在 **index.js** 文件中添加以下代码。

```javascript
const classNames = ['Zero', 'One', 'Two', 'Three', 'Four', 'Five', 'Six', 'Seven', 'Eight', 'Nine'];

function doPrediction(model, data, testDataSize = 500) {
    const IMAGE_WIDTH = 28;
    const IMAGE_HEIGHT = 28;
    const testData = data.nextTestBatch(testDataSize);
    const testxs = testData.xs.reshape([testDataSize, IMAGE_WIDTH, IMAGE_HEIGHT, 1]);
    const labels = testData.labels.argMax(-1);
    const preds = model.predict(testxs).argMax(-1);

    testxs.dispose();
    return [preds, labels];
}
```

```
async function showAccuracy(model, data) {
    const [preds, labels] = doPrediction(model, data);
    const classAccuracy = await tfvis.metrics.perClassAccuracy(labels, preds);
    const container = {name: 'Accuracy', tab: 'Evaluation'};
    tfvis.show.perClassAccuracy(container, classAccuracy, classNames);

    labels.dispose();
}

async function showConfusion(model, data) {
    const [preds, labels] = doPrediction(model, data);
    const confusionMatrix = await tfvis.metrics.confusionMatrix(labels, preds);
    const container = {name: 'Confusion Matrix', tab: 'Evaluation'};
    tfvis.render.confusionMatrix(container, {values: confusionMatrix, tickLabels: classNames});

    labels.dispose();
}
```

准备 500 张图片作为测试集，调用 model.predict 预测结果，可以稍后增加测试集以在更大的测试集上进行测试。

模型为每个类输出一个概率，argMax 函数提供了最高概率类的索引，可以找出最大的概率，并指定使用它作为预测。

在 run 函数中添加以下代码开始预测。

```
await showAccuracy(model, data);
await showConfusion(model, data);
```

通过预测结果和标签，可以计算每个类的准确度，结果如图 7-13 所示。

输入数据	模型	评估
		准确度

类	准确度	#样本
Zero	1	49
One	1	59
Two	0.9138	58
Three	0.9661	59
Four	0.9512	41
Five	0.8936	47
Six	1	48
Seven	0.9348	46
Eight	0.8605	43
Nine	0.82	50

图 7-13 每个类的准确度

使用 tfvis.metrics.confusionMatrix 绘制混淆矩阵如图 7-14 所示，混淆矩阵又称为可能性表格或错误矩阵，它是一种特定的矩阵，用来呈现算法性能的可视化效果，通常用于监督学习，而非监督学习通常用匹配矩阵（Matching Matrix）。其每一列代表预测值，每一行代表实际的类别。这个名字来源于它可以非常容易地表明多个类别是否有混淆。

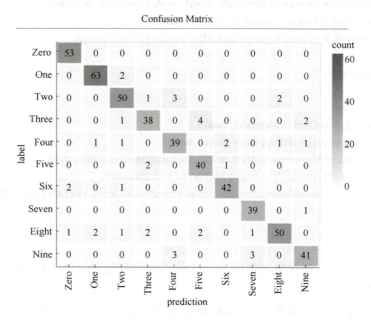

图 7-14　混淆矩阵

拓展项目

　　TensorFlow 官网提供了很多在用户项目中开箱即用的 TensorFlow.js 预训练模型，如图像分类、对象检测、姿势估计、文本恶意检测等，同时提供了很多演示项目，如会学习的机器、Node.js 高音预测等，请参见 https://tensorflow.google.cn/js/demos?hl=zh_cn。

　　"剪刀石头布"是人们经常玩的游戏，日常生活中做一些纠结的决策，有时候也常常使用这种规则得出最后的选择，人们能很轻松地认知这些手势，"石头"呈握拳状，"布"掌心摊开，"剪刀"食指和中指分叉，如何让机器识别这些手势？

　　本项目任务要求使用 TensorFlow.js 实现根据摄像头采集的手势图像来确定它代表剪刀、石头、布中的哪一个。

　　Laurence Moroney 提供了大量的优秀数据，其中也包括剪刀、石头、布的手势图像。数据集链接地址为 http://www.laurencemoroney.com/rock-paper-scissors-dataset/

　　本项目任务是图像分类任务，所需工作任务包括数据图像的采集、模型的训练、参数的调整，最终得到模型文件（如 VGG、ResNet 等），并在网页端部署，最后使用网络摄像头测试自己做出的代表石头、剪刀、布的手势图像。

项目 8　花卉识别：TensorFlow Lite

项目描述

TensorFlow 生态系统有着丰富的工具链，TensorFlow Serving 是使用广泛的高性能服务器端部署平台，TensorFlow.js 支持使用 JavaScript 在浏览器端部署，TensorFlow Lite 加速了端侧机器学习的发展，它支持 Android、iOS、嵌入式设备以及极小的微控制单元（Microcontroller Unit，MCU）上。全球超过 40 亿设备部署了 TensorFlow Lite，谷歌、Uber、网易、爱奇艺、腾讯等公司的应用都使用了 TensorFlow Lite。

本项目为一个图像识别项目，基于 TensorFlow Lite，优化 MobileNet 模型并在 Android 手机上识别四种花的种类，掌握如何通过相应工具将模型转化成适合手机设备的格式，并在 Android 应用中部署转换后的模型。

思维导图

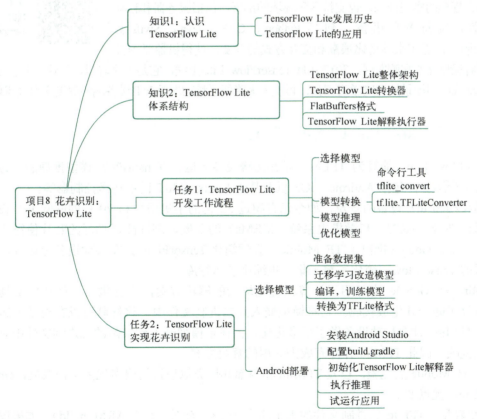

项目目标

1. **知识目标**
- 了解 TensorFlow Lite 的发展历史。

- 了解 TensorFlow Lite 的应用。
- 掌握 TensorFlow Lite 的整体架构。
- 掌握 TensorFlow Lite 转换器作用。
- 掌握 FlatBuffers 格式。
- 掌握 TensorFlow Lite 解释执行器特点及工作过程。

2. 技能目标

- 能通过相应工具将模型转化。
- 能在 Android 应用中部署转换后的模型。
- 能熟练掌握 Android Studio 编程工具。
- 能配置 build.gradle 构建项目。
- 能熟练掌握迁移学习改造模型,开发相应 AI 应用。

8.1 认识 TensorFlow Lite

2015 年底,Google 开源了端到端的机器学习开源框架 TensorFlow,它既支持大规模的模型训练,也支持各种环境的部署,包括服务器和移动端的部署,支持各种语言,包括 Python、C++、Java、Swift 甚至 JavaScript。而近年来移动化浪潮和交互方式的改变,使得机器学习技

8.1 认识 TensorFlow Lite

术开发朝着轻量化的端侧发展,2017 年底 TensorFlow Lite 上线,它是一个轻量、快速、兼容度高的专门针对移动式应用场景的深度学习工具,再次大大降低了移动端及 IoT 设备端的深度学习技术门槛。

8.1.1 TensorFlow Lite 发展历史

TensorFlow Lite(简写为 TFLite)是在边缘设备上运行 TensorFlow 模型推理的官方框架,它可以跨平台运行,包括 Android、iOS 以及基于 Linux 的 IoT 设备和微控制器等。

伴随移动和 IoT 设备的普及,如今已有超过 32 亿的手机用户和 70 亿的联网 IoT 设备。并且随着微控制器(MCU)和微机电系统(MEMs)的发展,高性能低功耗的芯片使得"万物"智能有了可能。Google 推出了 TF Mobile,尝试简化 TensorFlow 并在移动设备上运行,它是一个缩减版的 TensorFlow,简化了算子集,也缩小了运行库。

TFMini 是 Google 内部用于计算机视觉场景的解决方案,它提供了一些转换工具压缩模型,进行算子融合并生成代码。它将模型嵌入到二进制文件中,这样就可以在设备上运行和部署模型。TFMini 针对移动设备做了很多优化,但在把模型嵌入到实际的二进制文件中时兼容性存在较大挑战,因此 TFMini 并没有成为通用的解决方案。

基于 TF Mobile 的经验,以及 TFMini 和内部其他类似项目的很多优秀工作成果,Google 设计了 TFLite,优点如下。

1)更轻量。TFLite 二进制文件的大小约为 1MB(针对 32 位 ARM build);如果仅使用支持常见图像分类模型(Inception v3 和 MobileNet)所需的运算符,TFLite 二进制文件的大小不到 300KB。

2)特别为各种端侧设备优化的算子库。

3)能够利用各种硬件加速。

8.1.2 TensorFlow Lite 的应用

全球有超过 40 亿的设备上部署着 TFLite,如 Google Assistant、Google Photos、Uber、Airbnb 以及国内的许多公司如网易、爱奇艺和 WPS 等都在使用 TFLite。端侧机器学习在图像、文本和语音等方面都有非常广泛的应用。

TFLite 能解决的问题越来越多元化,这带来了应用的大量繁荣。在移动应用方面,网易使用 TFLite 做 OCR 处理,爱奇艺使用 TFLite 呈现视频中的 AR 效果,而 WPS 用 TFLite 来做一系列文字处理。TFLite 在图像和视频方面广泛应用,比如 Google Photos、Google Arts & Culture。

TFLite 在离线语音识别方面有很多突破,比如 Google Assistant 宣布了完全基于神经网络的移动端语音识别,其效果和服务器端十分接近,服务器模型需要 2GB 大小,而手机端只需要 80MB。端侧语音识别非常有挑战,它的进展代表着端侧机器学习时代的逐步到来。一方面依赖于算法的提高,另一方面 TFLite 框架的高性能和模型优化工具也起到了很重要的作用。Google Pixel 4 手机上发布了 Live Caption,自动把视频和对话中的语言转化为文字,大大提高了有听力障碍人群的体验。此外,模型越来越小,Google Assistant 的语音功能部署在非常多元的设备上,比如手机端、手表、车载设备和智能音箱上,全球设备超过 10 亿台。

TFLite 支持微控制单元(MCU),可以应用于 IoT 领域,MCU 是单一芯片的小型计算机,没有操作系统,只有内存,内存可能只有几十 KB。TFLite 发布了若干 MCU 上可运行的模型,比如识别若干关键词的语音识别模型和简单的姿态检测模型,模型大小都只有 20KB 左右,基于此可构建更智能的 IoT 应用,如出门问问智能音箱使用 TFLite 来做热词唤醒,科沃斯扫地机器人使用 TFLite 在室内避开障碍物。如何让用户用更少的时间进行清扫工作是科沃斯不断追求的目标,它使用了机器视觉,可以识别这个过程中的一些障碍物,选择了用 TFLite 部署深度神经网络,将推理速度提高了 30%,提高了用户的体验。

TFLite 也非常适合工业物联智能设备的开发,因为它能够很好地支持如树莓派及其他基于 Linux SoC 的工业自动化系统。创新奇智应用 TFLite 开发智能质检一体机、智能读码机等产品,将其应用到服装厂质检等场景。

8.2 TensorFlow Lite 体系结构

TFLite 是一组工具,可帮助开发者在移动设备、嵌入式设备和 IoT 设备上运行 TensorFlow 模型。它支持设备端机器学习推断,其延迟较低,且二进制文件很小。

8.2 TensorFlow Lite 体系结构

8.2.1 TensorFlow Lite 整体架构

TFLite 包括四个主要组件:
- TFLite 解释器(Interpreter)。
- TFLite 转换器(Converter)。

- 算子库（Op Kernels）。
- 硬件加速代理（Hardware Accelerator Delegate）。

TFLite 采用更小的模型格式，并提供方便的模型转换器，可将 TensorFlow 模型转换为方便解释器使用的格式，并可引入优化以减小二进制文件的大小且提高性能。比如将 SavedModel 或 GraphDef 格式的 TensorFlow 模型转换成 TFLite 专用的模型文件格式，在此过程中会进行算子融合和模型优化，以压缩模型、提高性能。

TFLite 采用更小的解释器，可在手机、嵌入式 Linux 设备和微控制器等很多不同类型的硬件上运行经过专门优化的模型。安卓应用只需 1MB 左右的运行环境，在 MCU 上甚至可以小于 100KB。

TFLite 算子库目前有 130 个左右，它与 TensorFlow 的核心算子库略有不同，并做了移动设备相关的优化。

在硬件加速层面，对于 CPU 利用了 ARM 的 NEON 指令集做了大量的优化。同时，TFLite 还可以利用手机上的加速器，比如 GPU 或者 DSP 等。另外，最新的安卓系统提供了 Android 神经网络 API，让硬件厂商可以扩展支持这样的接口。

图 8-1 展示了在 TensorFlow 2.0 中 TFLite 模型转换过程，用户在自己的工作平台使用 TensorFlow API 构造 TensorFlow 模型，然后使用 TFLite 模型转换器转换成 TFLite 文件格式（FlatBuffers 格式）。在设备端，TFLite 解释器接受 TFLite 模型，调用不同的硬件加速器（比如 GPU）进行执行。

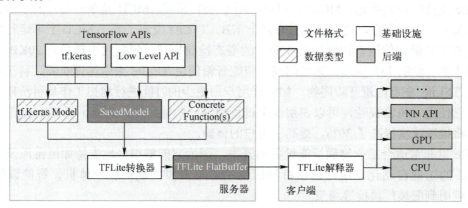

图 8-1　TFLite 模型转换过程

8.2.2　TensorFlow Lite 转换器

TFLite 转换器可以接受不同形式的模型，包括 tf.Keras Model 和 SavedModel，开发者可以用 tf.Keras 或者低层级的 TensorFlow API 来构造 TensorFlow 模型，然后使用 Python API 或者命令行的方式调用转换器。

（1）Python API

调用 tf.lite.TFLiteConverter，可用 TFLiteConverter.from_saved_model()或 TFLiteConverter.from_keras_model()。

（2）命令行

命令行如下。

tflite_convert -saved_model_dir=/tmp/mobilenet_saved_model --output_file=/tmp/mobilenet.tflite

转换器做了以下优化工作。

1）算子优化和常见的编译优化，比如算子融合、常数折叠或无用代码删除等。TFLite 实现了一组优化的算子内核，转化成这些算子能在移动设备上实现性能大幅度提升。

2）量化的原生支持。在模型转换过程中使用训练后量化非常简单，不需要改变模型，最少情况只需多加一行代码，设置 converter.optimizations=[tf.lite.Optimize.DEFAULT]。

8.2.3 FlatBuffers 格式

TFLite 模型采用 FlatBuffers 文件格式，更注重实时性、内存高效，这在内存有限的移动环境中是极为关键的。它支持将文件映射到内存中，然后直接进行读取和解释，不需要额外解析。将其映射到干净的内存页上，减少了内存碎片化。

TFLite 代码中 schema.fbs 文件使用 FlatBuffers 定义 TFLite 模型文件格式，关键样例代码如图 8-2 所示。

TFLite 模型文件是一个层次的结构，具体如下。

1）TFLite 模型由子图构成，同时包括用到的算子库和共享的内存缓冲区。

2）张量用于存储模型权重，或者计算节点的输入和输出，它引用 Model 内存缓冲区的一片区域，可以提高内存效率。

3）每个算子实现有一个 OperatorCode，它可以是内置的算子，也可以是自定制算子，有一个名字。

4）每个模型的计算节点包含用到的算子索引，以及输入/输出用到的 Tensor 索引。

5）每个子图包含一系列的计算节点、多个张量，以及子图本身的输入和输出。

```
table Model {
  operator_codes:[
    OperatorCode];
  subgraphs:[SubGraph];
  buffers:[Buffer];
}

table SubGraph {
  tensors:[Tensor];
  inputs:[int];
  outputs:[int];
  operators:[Operator];
}

table Tensor {
  shape:[int];
  type:TensorType;
  buffer:uint;
}

table OperatorCode {
  builtin_code:BuiltinOperator;
  custom_code:string;
}

table Operator {
  opcode_index:uint;
  inputs:[int];
  outputs:[int];
  builtin_options:BuiltinOptions;
  custom_options:[ubyte];
}
```

图 8-2 TFLite schema.fbs 样例代码

8.2.4 TensorFlow Lite 解释执行器

TFLite 解释执行器针对移动设备从头开始构建，具有以下特点。

（1）轻量级

在 32 位安卓平台下，编译核心运行时得到的库大小只有 100KB 左右，如果加上所有 TFLite 的标准算子，编译后得到的库大小是 1MB 左右。它依赖的组件较少，力求实现不依赖任何其他组件。

（2）快速启动

TFLite 既能够将模型直接映射到内存中，同时又有一个静态执行计划，在转换过程中基本上可以提前直接映射出将要执行的节点序列。采取了简单的调度方式，算子之间没有并行执行，而算子内部可以多线程执行以提高效率。

（3）内存高效

在内存规划方面，TFLite 采取了静态内存分配。当运行模型时，每个算子会执行 prepare 函数，它们会分配一个单一的内存块，而这些张量会被整合到这个大的连续内存块中，不同张量之间甚至可以复用内存以减少内存分配。

使用解释执行器通常包含以下四步。

1）加载模型：将 TFLite 模型加载到内存中，该内存包含模型的执行图。

2）转换数据：模型的原始输入数据通常与所期望的输入数据格式不匹配。例如，可能需要调整图像大小或更改图像格式，以兼容模型。

3）运行模型推理：使用 TFLite API 执行模型推理。

4）解释输出：解释输出模型推理结果，比如模型可能只返回概率列表，而实际工作中需要将概率映射到相关类别，并将其呈现给最终用户。

TFLite 提供了多种语言的 API，正式支持的有 Java、C++和 Python，实验性的包括 C、Object C、C#和 Swift。用户可以从零开始自己编译 TFLite，也可以利用已编译好的库，Android 开发者可以使用 JCenter Bintray 的 TFLite AAR，而 iOS 开发者可通过 CocoaPods 在 iOS 系统上获取。

8.3 任务 1：TensorFlow Lite 开发工作流程

使用 TFLite 的工作流程包括如下步骤，如图 8-3 所示。

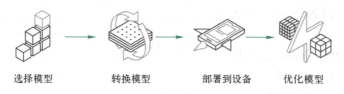

图 8-3　TFLite 的工作流程

（1）选择模型

用户可以使用自己的 TensorFlow 模型、在线查找模型，还可以从 TensorFlow 预训练模型中选择一个模型直接使用或重新训练。

（2）转换模型

如果使用的是自定义模型，则需要使用 TFLite 转换器将模型转换为 TFLite 格式。

（3）部署到设备

使用 TFLite 解释器（提供多种语言的 API）在设备端运行模型。

（4）优化模型

使用模型优化工具包缩减模型的大小并提高其效率，同时能最大限度地降低对准确率的影响。

8.3.1　选择模型

TFLite 允许在移动端（Mobile）、嵌入式（Embeded）和物联网（IoT）设备上运行 TensorFlow 模型。TensorFlow 模型是一种数据结构，这种数据结构包含了在解决一个特定问题时训练得到的机器学习网络逻辑和知识。

有多种方式可以获得 TensorFlow 模型，从使用预训练模型（Pre-Trained Models）到训练自己的模型。为了在 TFLite 中使用模型，模型必须转换成一种特殊格式。TFLite 提供了转换、运行 TensorFlow 模型所需的所有工具。

为了避免重复开发，Google 将训练好的模型放在 TensorFlow Hub，如图 8-4 所示。开发人员可以复用这些已经训练好且经过充分认证的模型，节省训练时间和计算资源。这些训练好的模型既可以直接部署，也可以用于迁移学习。

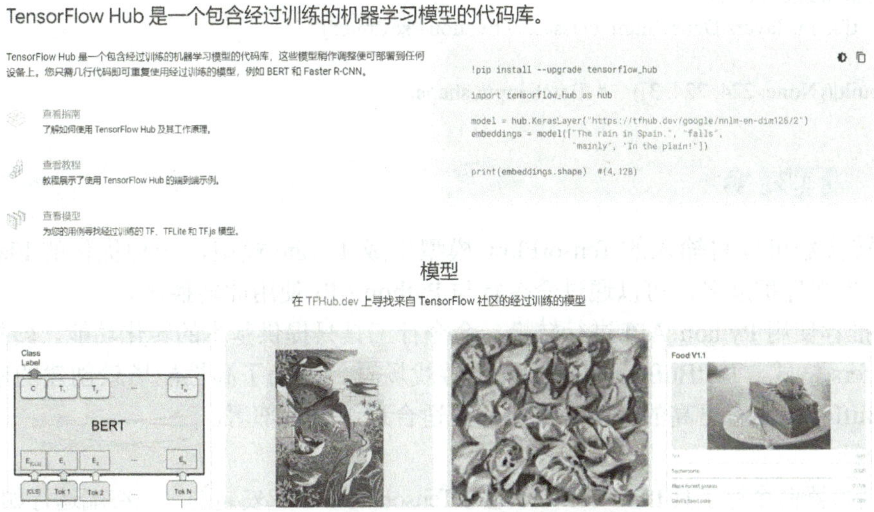

图 8-4　TensorFlow Hub

打开 TensorFlow Hub 网站的主页，在页面左侧可以选取类别，如 Text、Image、Video 和 Publishers 等选项，或在搜索框中输入关键字搜索所需要的模型。

以 MobileNet 为例，搜索到的模型如图 8-5 所示，在选择模型时请注意 TensorFlow 的版本。

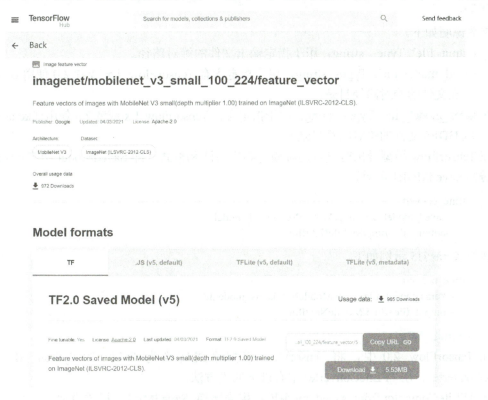

图 8-5　MobileNet 下载页面

可以直接下载模型，或者使用 hub.KerasLayer，代码如下。

```
m = tf.keras.Sequential([
hub.KerasLayer("https://hub.TensorFlow.google.cn/google/imagenet/MobileNet_v3_small_100_224/feature_vector/5", trainable=False),
    tf.keras.layers.Dense(num_classes, activation='softmax')
])
m.build([None, 224, 224, 3])   # Batch input shape.
```

8.3.2 模型转换

TFLite 转换器可以将输入的 TensorFlow 模型生成 TFLite 模型，一种优化的 FlatBuffers 格式，以.tflite 为文件扩展名，可以通过命令行与 Python API 使用此转换器。

Google 推荐使用 Python API 进行转换，命令行工具只提供基本的转化功能。转换后的原模型为 FlatBuffers 格式。FlatBuffers 主要应用于游戏场景，是为了高性能场景创建的序列化库，与 Protocol Buffer 相比有更高的性能等优势，更适合边缘设备部署。

1. 命令行

TFLite 转换器命令行工具 tflite_convert 是与 TensorFlow 一起安装的，在终端运行如下命令。

```
$ tflite_convert --help
`--output_file`. Type: string. Full path of the output file.
`--saved_model_dir`. Type: string. Full path to the SavedModel directory.
`--keras_model_file`. Type: string. Full path to the Keras H5 model file.
`--enable_v1_converter`. Type: bool. (default False) Enables the converter and flags used in TF 1.x instead of TF 2.x.
```

参数说明如下。

- output_file`. Type：string，用于指定输出文件的绝对路径。
- saved_model_dir`. Type：string，用于指定含有 TensorFlow 1.x 或者 2.0 使用 SavedModel 生成文件的绝对路径目录。
- keras_model_file`. Type：string，用于指定含有 TensorFlow 1.x 或者 2.0 使用 tf.keras model 生成 HDF5 文件的绝对路径目录。

在 TensorFlow 模型导出时支持两种模型导出方法和格式，即 SavedModel 和 Keras H5。

转换 SavedModel 示例如下。

```
tflite_convert \
  --saved_model_dir=/tmp/MobileNet_saved_model \
  --output_file=/tmp/MobileNet.tflite
```

转换 Keras H5 示例如下。

```
tflite_convert \
  --keras_model_file=/tmp/MobileNet_keras_model.h5 \
  --output_file=/tmp/MobileNet.tflite
```

2. Python API

在 TensorFlow 2.0 中，将 TensorFlow 模型格式转换为 TFLite 的 Python API 是 tf.lite.TFLiteConverter。在 TFLiteConverter 中有以下的类方法。

- TFLiteConverter.from_saved_model()：用来转换 SavedModel 格式模型。

- TFLiteConverter.from_keras_model()：用来转换 tf.keras 模型。
- TFLiteConverter.from_concrete_functions()：用来转换 concrete functions。

若要详细了解 TFLite Converter API，则运行 print(help(tf.lite.TFLiteConverter))。TensorFlow 2.x 模型是使用 SavedModel 格式存储的，并通过高阶 tf.keras.* API（Keras 模型）或低阶 tf.* API（用于生成具体函数）生成。

以下示例演示了如何将 SavedModel 转换为 TFLite 模型的过程。

```
import TensorFlow as tf

# 转换模型
converter = tf.lite.TFLiteConverter.from_saved_model(saved_model_dir) # path to the SavedModel directory
tflite_model = converter.convert()

# 保存模型
with open('model.tflite', 'wb') as f:
    f.write(tflite_model)
```

以下示例演示了如何将 Keras 模型转换为 TFLite 模型的过程。

```
import TensorFlow as tf

# 使用高级 tf.keras.*APIs 创建模型
model = tf.keras.models.Sequential([
    tf.keras.layers.Dense(units=1, input_shape=[1]),
    tf.keras.layers.Dense(units=16, activation='relu'),
    tf.keras.layers.Dense(units=1)
])
model.compile(optimizer='sgd', loss='mean_squared_error') # compile the model
model.fit(x=[-1, 0, 1], y=[-3, -1, 1], epochs=5) # train the model
# 生成 SavedModel
tf.saved_model.save(model, "saved_model_keras_dir")

# 转换模型
converter = tf.lite.TFLiteConverter.from_keras_model(model)
tflite_model = converter.convert()

# 保存模型
with open('model.tflite', 'wb') as f:
    f.write(tflite_model)
```

8.3.3 模型推理

TFLite 解释器接收一个模型文件，执行模型文件在输入数据上定义的运算符，输出推理结果，通过模型运行数据以获得预测的过程。

解释器适用于多个平台，提供了一个简单的 API，用于从 Java、Swift、Objective-C、C++ 和 Python 运行 TFLite 模型。

从 Java 中调用解释器的方式如下。

```
try (Interpreter interpreter = new Interpreter(TensorFlow_lite_model_file)) {
    interpreter.run(input, output);
}
```

如果手机中有 GPU，因 GPU 比 CPU 执行更快的浮点矩阵运算，所以速度提升能有显著效果。例如，在有 GPU 加速的手机上运行 MobileNet 图像分类，模型运行速度可以提高 5.5 倍。

TFLite 解释器可以配置委托（Delegates）以在不同设备上使用硬件加速。GPU 委托（GPU Delegates）允许解释器在设备的 GPU 上运行适当的运算符。

下面的代码显示了从 Java 中使用 GPU 委托的方式。

```
GpuDelegate delegate = new GpuDelegate();
Interpreter.Options options = (new Interpreter.Options()).addDelegate(delegate);
Interpreter interpreter = new Interpreter(TensorFlow_lite_model_file, options);
try {
    interpreter.run(input, output);
}
```

TFLite 解释器很容易在 Android 与 iOS 平台上使用。Android 开发人员应该使用 TensorFlow Lite AAR。iOS 开发人员应该使用 CocoaPods for Swift or Objective-C。

TFLite 解释器同样可以部署在 Raspberry Pi 和基于 ARM64 主板的嵌入式 Linux 系统上。

8.3.4 优化模型

TFLite 提供了优化模型大小和性能的工具，通常对准确性影响甚微。模型优化的目的是在给定设备上实现性能、模型大小和准确性的理想平衡。根据任务的不同，用户需要在模型复杂度和大小之间做取舍。如果任务需要高准确率，那么用户可能需要一个大而复杂的模型。对于精确度不高的任务，最好使用小一点的模型，因为小的模型不仅占用更少的磁盘和内存，也一般更快更高效。

量化使用了一些技术，可以降低权重的精确表示，并且可以降低存储和计算的激活值。量化的好处如下。

- 对现有 CPU 平台的支持。
- 激活值的量化降低了用于读取和存储中间激活值的存储器访问成本。
- 许多 CPU 和硬件加速器实现提供 SIMD 指令功能，这对量化特别有益。

TFLite 对量化提供了多种级别的量化支持。

- TensorFlow Lite post-training quantization 量化使权重和激活值的 Post Training 更简单。
- Quantization-aware training 可以以最小精度下降来训练网络，这仅适用于卷积神经网络的一个子集。

以下的 Python 代码片段展示了如何使用预训练量化进行模型转换。

```
import TensorFlow as tf
converter = tf.lite.TFLiteConverter.from_saved_model(saved_model_dir)
converter.optimizations = [tf.lite.Optimize.OPTIMIZE_FOR_SIZE]
tflite_quant_model = converter.convert()
open("converted_model.tflite", "wb").write(tflite_quant_model)
```

8.4 任务 2：TensorFlow Lite 实现花卉识别

下面将使用 TFLite 实现花卉识别 App，在 Android 设备上运行图像识别模型 MobileNets_v2

来识别花卉。本项目实施步骤如下。

1）通过迁移学习实现花卉识别模型。
2）使用 TFLite 转换器转换模型。
3）在 Android 应用中使用 TFLite 解释器运行它。
4）使用 TFLite 支持库预处理模型输入和后处理模型输出。

最后实现一个在手机上运行的 App，可以实时识别照相机所拍摄的花卉，如图 8-6 所示。

8.4.1 选择模型

选择 MobileNet v2 进行迁移学习，用以实现花卉模型的识别。MobileNet v2 是一个基于流线型的架构，它使用深度
可分离的卷积来构建轻量级的深层神经网。可用于图像分类任务，比如猫狗分类、花卉分类等。提供一系列带有标注的花卉数据集，该算法会载入在 ImageNet-1000 上的预训练模型，在花卉数据集上做迁移学习。

使用小型数据集时，通常会利用在同一域中的较大数据

图 8-6 花卉识别 App

集上训练的模型所学习的特征，这是通过实例化预先训练的模型并在顶部添加全连接的分类器来完成的。预训练的模型被"冻结"并且仅在训练期间更新分类器的权重。在这种情况下，卷积提取了与每幅图像相关的所有特征，只需训练一个分类器，根据所提取的特征集确定图像类。

通过微调进一步提高性能，调整预训练模型的顶层权重，以便模型学习特定数据集的高级特征，当训练数据集很大并且非常类似于预训练模型训练的原始数据集时，通常建议使用此技术。具体步骤如下。

1. 导入相关库

代码如下。

In[1]:
```
import TensorFlow as tf
assert tf.__version__.startswith('2')
import os
import numpy as np
import matplotlib.pyplot as plt
```

2. 准备数据集

该数据集可以在 http://download.TensorFlow.org/example_images/flower_photos.tgz 下载。每个子文件夹都存储了一种类别花的图片，子文件夹的名称就是花类别的名称。平均每一种花有 734 张图片，图片都是 RGB 色彩模式的。代码如下。

In[2]:
```
_URL = "http://download.TensorFlow.org/example_images/flower_photos.tgz"
zip_file = tf.keras.utils.get_file(origin=_URL,
                                    fname="flower_photos.tgz",
                                    extract=True)
```

base_dir = os.path.join(os.path.dirname(zip_file), 'flower_photos')

数据集解压后存放在.keras\datasets\flower_photos 目录下。

```
2016/02/11  04:52    <DIR>          daisy
2016/02/11  04:52    <DIR>          dandelion
2016/02/09  10:59            418,049 LICENSE.txt
2016/02/11  04:52    <DIR>          roses
2016/02/11  04:52    <DIR>          sunflowers
2016/02/11  04:52    <DIR>          tulips
```

将数据集划分为训练集和验证集。训练前需要手动加载图像数据，完成包括遍历数据集的目录结构、加载图像数据以及返回输入和输出。可以使用 Keras 提供的 ImageDataGenerator 类，它是 keras.preprocessing.image 模块中的图片生成器，负责生成一个批次一个批次的图片，以生成器的形式给模型训练。

ImageDataGenerator 的构造函数包含许多参数，用于指定加载后如何操作图像数据，包括像素缩放和数据增强。

接着需要一个迭代器来逐步加载单个数据集的图像。这需要调用 flow_from_directory()函数并指定该数据集目录，如 train、validation 目录，函数还允许配置与加载图像相关的更多细节。target_size 参数允许将所有图像加载到一个模型需要的特定大小，设置为大小是（224, 224）的正方形图像。

batch_size 默认为 32，意思是训练时从数据集中的不同类中随机选出 32 张图片，此处将该值设置为 64。在评估模型时，可能还希望以确定性顺序返回批处理，这可以通过将 shuffle 参数设置为 False。代码如下。

In[3]:

```
IMAGE_SIZE = 224
BATCH_SIZE = 64

datagen = tf.keras.preprocessing.image.ImageDataGenerator(
    rescale=1./255,
    validation_split=0.2)

train_generator = datagen.flow_from_directory(
    base_dir,
    target_size=(IMAGE_SIZE, IMAGE_SIZE),
    batch_size=BATCH_SIZE,
    subset='training')

val_generator = datagen.flow_from_directory(
    base_dir,
    target_size=(IMAGE_SIZE, IMAGE_SIZE),
    batch_size=BATCH_SIZE,
    subset='validation')
```

Out[3]:

Found 2939 images belonging to 5 classes.
Found 731 images belonging to 5 classes.

In[4]:

```
for image_batch, label_batch in train_generator:
    break
image_batch.shape, label_batch.shape
```

Out[4]:

```
((64, 224, 224, 3), (64, 5))
```

保存标签文件，代码如下。

In[5]:

```
print (train_generator.class_indices)
labels = '\n'.join(sorted(train_generator.class_indices.keys()))
with open('labels.txt', 'w') as f:
    f.write(labels)
```

3．迁移学习改造模型

实例化一个预加载了 ImageNet 训练权重的 MobileNet v2 模型，代码如下。

In[6]:

```
IMG_SHAPE = (IMAGE_SIZE, IMAGE_SIZE, 3)

# 从预训练模型 MobileNet v2 创建基础模型
base_model = tf.keras.applications.MobileNetV2(input_shape=IMG_SHAPE,
                                               include_top=False,
                                               weights='imagenet')
```

Out[6]:

```
Downloading data from https://storage.googleapis.com/tensorflow/keras-applications/mobilenet_v2/mobilenet_v2_weights_tf_dim_ordering_tf_kernels_1.0_224_no_top.h5
9412608/9406464 [==============================] - 2s 0us/step
```

MobileNet v2 模型默认将图片分类到 1000 类，每一类都有各自的标注。因为本问题分类只有 5 类，所以构建模型的时候增加 include_top=False 参数，表示不需要原有模型中最后的神经网络层（分类到 1000 类），以便增加自己的输出层。

由于是通过迁移学习改造模型，所以不改变基础模型的各项参数变量，因为这样才能保留原来大规模训练的优势。使用 model.trainable=False，在训练中，基础模型的各项参数变量不会被新的训练修改数据。

用户需要选择用于特征提取的 MobileNet v2 层，显然，最后一个分类层（在"顶部"，因为大多数机器学习模型的图表从下到上）并不是非常有用。相反，用户将遵循通常的做法，在展平操作之前依赖于最后一层，该层称为瓶颈层，与最终/顶层相比，瓶颈层保持了很多通用性。随后在原有模型的后面增加一个池化层对数据降维。最后是一个 5 个节点的输出层，因为需要的结果只有 5 类。

要从特征块生成预测，请用 5×5 在空间位置上进行平均，使用 tf.keras.layers.GlobalAveragePooling2D 层将特征转换为每个图像对应一个 1280 元素向量，代码如下。

In[7]:

```
base_model.trainable = False
model = tf.keras.Sequential([
    base_model,
    tf.keras.layers.Conv2D(32, 3, activation='relu'),
    tf.keras.layers.Dropout(0.2),
```

```
    tf.keras.layers.GlobalAveragePooling2D(),
    tf.keras.layers.Dense(5, activation='softmax')
])
```

4. 编译，训练模型

在训练之前先编译模型，损失函数使用类别交叉熵，代码如下。

In[8]:

```
model.compile(optimizer=tf.keras.optimizers.Adam(),
              loss='categorical_crossentropy',
              metrics=['accuracy'])
```

Out[8]:

Model: "sequential"

Layer (type)	Output Shape	Param #
MobileNetv2_1.00_224 (Functi	(None, 7, 7, 1280)	2257984
conv2d (Conv2D)	(None, 5, 5, 32)	368672
dropout (Dropout)	(None, 5, 5, 32)	0
global_average_pooling2d (Gl	(None, 32)	0
dense (Dense)	(None, 5)	165

Total params: 2,626,821
Trainable params: 368,837
Non-trainable params: 2,257,984

训练模型，训练和验证准确性/损失的学习曲线如图8-7所示，代码如下。

In[9]:

```
epochs = 10
history = model.fit(train_generator, steps_per_epoch=len(train_generator),
                    epochs=epochs, validation_data=val_generator,
                    validation_steps=len(val_generator))
```

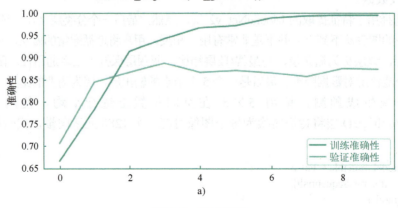

图 8-7　学习曲线
a) 训练和验证准确性

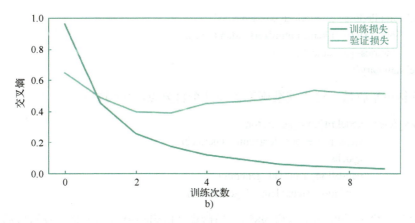

图 8-7 学习曲线（续）
b）训练和验证损失

5. 微调

设置 model.trainable=False 参数后，训练期间将不更新预训练网络的权重，只在 MobileNet v2 基础模型上训练了几层。如果希望进一步提高性能，其方法是训练预训练模型顶层的权重以及刚添加的分类器。

只有在训练顶层分类器并将预先训练的模型设置为不可训练之后，才应尝试此操作。如果在预先训练的模型上添加一个随机初始化的分类器并尝试联合训练所有层，则梯度更新的幅度将太大，并且预训练模型将忘记它学到的东西。

应该尝试微调少量顶层而不是整个 MobileNet 模型，前几层学习非常简单和通用的功能，这些功能可以推广到几乎所有类型的图像，随着层越来越高，这些功能越来越多地针对训练模型的数据集。微调的目的是使这些专用功能适应新数据集，而不是覆盖通用学习。

首先取消冻结模型的顶层，代码如下。

In[10]:

```
base_model.trainable = True
# 查看基础模型有多少层
print("Number of layers in the base model: ", len(base_model.layers))

# 从这一层开始微调
fine_tune_at = 100

# 冻结 fine_tune_at 层之前的所有层
for layer in base_model.layers[:fine_tune_at]:
    layer.trainable =   False
```

Out[10]:

```
Number of layers in the base model:  155
```

取消冻结 base_model，MobileNet v2 模型网络一共 155 层，前 100 层仍设置为无法训练，然后重新编译模型，并恢复训练。使用低学习率编译模型，代码如下。

In[11]:

```
model.compile(loss='categorical_crossentropy',
        optimizer = tf.keras.optimizers.Adam(1e-5),
        metrics=['accuracy'])
model.summary()
```

如果训练得更早收敛，这将使准确率提高几个百分点，代码如下。

```
history_fine = model.fit(train_generator,
            steps_per_epoch=len(train_generator),
            epochs=5,
            validation_data=val_generator,
            validation_steps=len(val_generator))
```

经过微调后，模型精度几乎达到 98%，当微调 MobileNet v2 基础模型的最后几层并在其上训练分类器时，验证损失远远高于训练损失，模型可能有一些过度拟合。

6. 转换为 TFLite 格式

使用 tf.saved_model.save 保存模型，然后将模型保存为 TFLite 兼容格式。

SavedModel 包含一个完整的 TensorFlow 程序，其不仅包含权重值，还包含计算。它不需要原始模型构建代码就可以运行，代码如下。

```
saved_model_dir = 'save/fine_tuning'
tf.saved_model.save(model, saved_model_dir)

converter = tf.lite.TFLiteConverter.from_saved_model(saved_model_dir)
tflite_model = converter.convert()

with open('save/fine_tuning/assets/model.tflite', 'wb') as f:
    f.write(tflite_model)
```

模型文件保存在 save\fine_tuning\assets 目录下。

8.4.2 Android 部署

前面已经使用 MobileNet v2 创建、训练和导出了自定义 TFLite 模型，并导出了以下经过训练的 TFLite 模型文件和标签文件。接下来将在手机端部署并运行一个使用该模型识别花卉图片的 Android 应用。

8.4.2
Android 部署

1. 准备工作

TensorFlow 官网提供了很多 TensorFlow Lite 示例，可从 GitHub 下载源代码，代码如下。

```
git clone https://github.com/TensorFlow/examples.git。
```

项目代码位于目录 examples/lite/codelabs/flower_classification/android/，start 目录下为项目模板，finish 目录下是项目完整代码。

安装 Android Studio，确认 Android Studio 版本在 3.0 以上，如图 8-8 所示。

单击 Android Studio "启动" 按钮，从弹出式窗口中选择 "打开现有 Android Studio 项目" （Open an Existing Project），如图 8-9 所示。

图 8-8　Android Studio 版本信息

图 8-9　使用 Android Studio 打开项目

工作目录中选择 examples/lite/codelabs/flower_classification/android/finish。

将 TensorFlow Lite 模型文件 model.tflite、标签文件 label.txt 复制到项目文件夹下/android/start/app/src/main/assets/。

2. 配置 build.gradle

首次打开项目时，会看到一个"Gradle 同步"（Gradle Sync）弹出式窗口，询问是否要使用 Gradle 封装容器。在 Gradle 同步前先将模型文件复制到 assets 目录下。

要使用 TFLite 需要导入对应的库，这里通过修改 build.gradle 来实现。

在 dependencies 下增加'org.TensorFlow:TensorFlow-lite:+'，代码如下。

```
implementation('org.TensorFlow:TensorFlow-lite:0.0.0-nightly') { changing = true }
implementation('org.TensorFlow:TensorFlow-lite-gpu:0.0.0-nightly') { changing = true }
implementation('org.TensorFlow:TensorFlow-lite-support:0.0.0-nightly') { changing = true }
```

在 Android 下增加 aaptOptions，以防止 Android 在生成应用程序二进制文件时压缩 TensorFlow Lite 模型文件，代码如下。

```
aaptOptions {
  noCompress "tflite"
}
```

运行 Gradle Sync 开始 Android 环境部署，运行结果如图 8-10 所示。

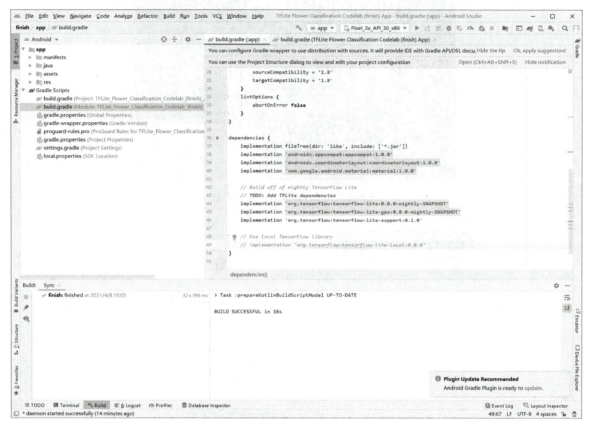

图 8-10　Gradle 同步结果

因为获取 SDK 和 Gradle 编译环境等资源，需要先给 Android Studio 配置 proxy 或者使用国内的镜像，可将 build.gradle 中的 maven 源 google()和 jcenter()分别替换为国内镜像，代码如下。

```
buildscript {
    repositories {
        maven { url 'https://maven.aliyun.com/nexus/content/repositories/google'}
        maven { url 'https://maven.aliyun.com/nexus/content/repositories/jcenter'}
    }
    dependencies {
        classpath 'com.android.tools.build:gradle:3.5.1'
    }
}
allprojects {
    repositories {
        maven { url 'https://maven.aliyun.com/nexus/content/repositories/google'}
        maven { url 'https://maven.aliyun.com/nexus/content/repositories/jcenter'}
    }
}
```

3. 初始化 TFLite 解释器

推理过程是通过解释器（Interpreter）来执行，首先是读取模型，将 .tflite 模型加载到内存中，其中包含了模型的执行流图。

修改 ClassifierFloatMobileNet.java 文件的 ClassifierFloatMobileNet 类，添加 model.tflite 和 label.txt，代码如下。

```java
public class ClassifierFloatMobileNet extends Classifier {
    ...
    // TODO: Specify model.tflite as the model file and labels.txt as the label file
    @Override
    protected String getModelPath() {
        return "model.tflite";
    }

    @Override
    protected String getLabelPath() {
        return "labels.txt";
    }
    ...
}
```

在 Classifier.java 文件中的 Classifier 类里声明 TFLite 解释器 tflite，如果有 GPU，还需要声明 GPU 代理 gpuDelegate，代码如下。

```java
protected Classifier(Activity activity, Device device, int numThreads) throws IOException {
    ...
    // TODO: Declare a GPU delegate
    private GpuDelegate gpuDelegate = null;

    /** An instance of the driver class to run model inference with TensorFlow Lite. */
    // TODO: Declare a TFLite interpreter
    protected Interpreter tflite;
    ...
}
```

在 Classifier 类构造函数中创建 tflite 实例，代码如下。

```java
protected Classifier(Activity activity, Device device, int numThreads) throws IOException {
    ...
        switch (device) {
            case GPU:
                // TODO: Create a GPU delegate instance and add it to the interpreter options
                gpuDelegate = new GpuDelegate();
                tfliteOptions.addDelegate(gpuDelegate);
                break;
            case CPU:
                break;
        }
        tfliteOptions.setNumThreads(numThreads);
        // TODO: Create a TFLite interpreter instance
```

```
        tflite = new Interpreter(tfliteModel, tfliteOptions);
        ...
    }
```

4. 执行推理

TFLite 解释器初始化后，开始编写代码以识别输入图像。TFLite 无须使用 ByteBuffer 来处理图像，它提供了一个方便的支持库来简化图像预处理，同样还可以处理模型的输出，并使 TFLite 解释器更易于使用。需要做的工作如下。

1）数据转换（Transforming Data）：将输入数据转换成模型接收的形式或排布，如 resize 原始图像到模型输入大小。

2）执行推理（Running Inference）：这一步使用 API 来执行模型，其中包括创建解释器、分配张量等。

3）解释输出（Interpreting Output）：用户取出模型推理的结果并解读输出，如分类结果的概率。

首先处理摄像头的输入图像，修改 Classifier.java 文件中的 loadImage 方法，代码如下。

```
        private TensorImage loadImage(final Bitmap bitmap, int sensorOrientation) {
            ...
            // TODO: Define an ImageProcessor from TFLite Support Library to do preprocessing
            ImageProcessor imageProcessor =
                new ImageProcessor.Builder()
                    .add(new ResizeWithCropOrPadOp(cropSize, cropSize))
                    .add(new ResizeOp(imageSizeX, imageSizeY, ResizeMethod.NEAREST_NEIGHBOR))
                    .add(new Rot90Op(numRoration))
                    .add(getPreprocessNormalizeOp())
                    .build();
        return imageProcessor.process(inputImageBuffer);
        ...
    }
```

修改 recognizeImage 方法执行推理，将预处理后的图像提供给 TFLite 解释器，代码如下。

```
        public List<Recognition> recognizeImage(final Bitmap bitmap, int sensorOrientation) {
            ...
            // TODO: Run TFLite inference
            tflite.run(inputImageBuffer.getBuffer(), outputProbabilityBuffer.getBuffer().rewind());
            ...
        }
```

最后从模型输出中获取类别及其概率，代码如下。

```
        public List<Recognition> recognizeImage(final Bitmap bitmap, int sensorOrientation) {
            ...
            // TODO: Use TensorLabel from TFLite Support Library to associate the probabilities with category labels
            Map<String, Float> labeledProbability =
                new TensorLabel(labels, probabilityProcessor.process(outputProbabilityBuffer))
                    .getMapWithFloatValue();
            ...
        }
```

labeledProbability 是将每个类别映射到其概率的对象。TFLite 支持库提供了一个方便的实用程序，可将模型输出转换为概率图，使用 getTopKProbability(..)方法从 labeledProbability 中提取前几个最可能的标签。

5. 试运行应用

应用可以在 Android 设备上运行，也可以在 Android Studio 模拟器中运行。如果计算机没有摄像头就必须选择 Android 设备运行该应用。

Android Studio 可轻松设置模拟器，选择"Tools"→"AVD Manager"即可，如图 8-11 所示。

图 8-11 设置模拟器

如需设置模拟器的相机，需要在"Android 虚拟设备管理器"（Android Virtual Device Manager，AVDM）中创建一个新设备。从 AVDM 主页面中单击"创建虚拟设备"（Create Virtual Device）按钮，如图 8-12 所示。

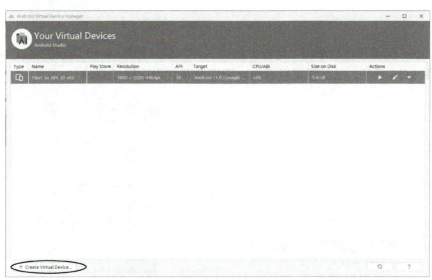

图 8-12 创建虚拟设备

然后在"验证配置"（Verify Device Configuration）页面（虚拟设备设置的最后一页）中单击"显示高级设置"（Show Advanced Settings）按钮，如图 8-13 所示。

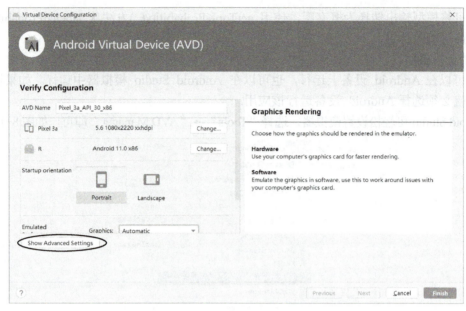

图 8-13　高级设置

如果在 Android 设备上运行，设置手机启用"开发者模式"和"USB 调试"，否则无法将该应用从 Android Studio 加载到手机上。

如需启动构建和安装过程，运行 Gradle 同步，如图 8-14 所示。

图 8-14　运行 Gradle 同步

运行 Gradle 同步后，请单击"运行"按钮▶，需要从如图 8-15 所示的窗口中选择设备，运行结果如图 8-16 所示。从可以看出，识别的花卉为玫瑰（roses）。

图 8-15　选择设备

图 8-16　识别花卉的运行结果

拓展项目

TensorFlow 官网提供了很多 TFLite 示例应用，用户可以探索经过预先训练的 TFLite 模型，了解如何在示例应用中针对各种机器学习应用场景使用这些模型。并且 TensorFlow 分别提供了 Android 设备、iOS 设备以及 Raspberry Pi 上的应用实现代码，如图 8-17 所示。

图 8-17　图像分类示例应用

本项目任务要求是基于 TFLite 开发一个 Android 示例应用程序，应用程序利用设备的摄像头来实时地检测和显示一个人的关键部位。

通过 PoseNet 模型实现人体姿势估计，PoseNet 可以通过检测关键身体部位的位置来估计图像或者视频中的人体姿势。例如，该模型可以估计图像中人的手肘或膝盖位置。

可参考示例代码网址为https://github.com/tensorflow/examples/tree/master/lite/examples/posenet/android。

该 PoseNet 示例应用程序功能是捕捉摄像头拍摄的帧，并实时覆盖图像上的关键点。应用程序对每张传入的摄像头图像执行以下操作。

- 从摄像头预览中获取图像数据并转换格式。
- 创建一个位图对象来保存来自 RGB 格式帧数据的像素。将位图裁剪并缩放到模型输入的大小，以便将其传递给模型。
- 从 PoseNet 库中调用 estimateSinglePose()函数来获取 Person 对象。
- 将位图缩放至屏幕大小，在 Canvas 对象上绘制新的位图。
- 使用从 Person 对象中获取的关键点位置在画布上绘制骨架。显示置信度超过特定阈值（默认值为 0.2）的关键点。

参 考 文 献

[1] ZHANG A,李沐,LIPTON Z C,等. 动手学深度学习[M]. 北京:人民邮电出版社,2019.
[2] 龙良曲. TensorFlow 深度学习[M]. 北京:清华大学出版社,2020.
[3] SHUKLA N. TensorFlow 机器学习[M]. 刘宇鹏,杨锦锋,滕志扬,译. 北京:机械工业出版社,2019.
[4] RAMSUNDAR B,ZADEH R B. 基于 TensorFlow 的深度学习[M]. 北京:中国电力出版社,2019.
[5] 辛大奇. 深度学习实战[M]. 北京:水利水电出版社,2020.
[6] 柯博文. TensorFlow 深度学习[M]. 北京:清华大学出版社,2022.
[7] 古德费洛,本吉奥,库维尔. 深度学习[M]. 赵申剑,黎彧君,符天凡,等译. 北京:人民邮电出版社,2017.